행복한 여행자, 길을 걷다

행복한 여행자, 길을 걷다

지은이 손봉기
펴낸이 임상진
펴낸곳 (주)넥서스

초판 1쇄 발행 2017년 7월 20일
초판 2쇄 발행 2017년 7월 25일

출판신고 1992년 4월 3일 제311-2002-2호
10880 경기도 파주시 지목로 5
Tel (02)330-5500 Fax (02)330-5555

ISBN 979-11-6165-051-7   13980

가격은 뒤표지에 있습니다.
잘못 만들어진 책은 구입처에서 바꾸어 드립니다.

www.nexusbook.com

플래닝북스는 넥서스의 여행 전문 브랜드입니다.

행복한 여행자, 길을 걷다

손봉기 지음

우리는 무엇을 위해 여행을 떠나는가

평소 여행을 좋아하지 않는 선배에게 전화가 왔다. 유럽 배낭여행을 간다고 한다. 그래서 여행 프로그램을 소개해 주었다. 여러 가지 힘든 일이 있어 여행을 핑계 삼아 잠시 도피하려는 것 같았다. 여행을 다녀온 지 한참이 지나서야 선배 생각이 나서 전화를 했더니 선배의 목소리에 여행에서 느꼈던 감동이 생생하게 실려 있었다. 여행이 너무 좋았다는 것이다. 그러면서 로마 카타콤베에서 엉엉 울었다고 이야기한다.

카타콤베는 로마 근교에 있는 지하 생활 공간으로 로마 황제의 박해를 피해서 기독교인들이 숨어 지내던 곳이다. 선배는 기독교인도 아니고 그들의 삶에 깊은 감명을 받은 것도 아니라고 했다. 그저 눈물이 샘솟듯 나왔다고 한다.

같은 회사에 근무하는 동료 여사원의 이야기도 비슷하다. 출장으로 유럽 배낭여행을 혼자 가니 초반에 무척 힘들고 외로웠단다. 로마에 도착해 성 베드로 성당에 갔는데 미켈란젤로의 피에타 상을 보는 순간 엉엉 울었다고 한다. 미켈란젤로의 작품인 피에타 상은 마리아가 죽은 예수를 끌어안고 있는 조각상으로 그 경건함과 아름다움이 절정을 이룬다. 그런데 동료 여사원의 이야기는 자신이 기독교인도 아니고 피에타 상이 너무 멀리 있어 예술적 감동을 주기에 부족했지만 그저 눈물이 났다고 한다.

바로 여행의 신을 만난 순간이다.

여행을 하는 모든 사람들이 여행의 신을 만나는 것은 아니다. 여행 중 여행의 신을 만났다면 그는 누구보다도 축복받은 여행을 했다고 자부해도 좋다.

여행의 신을 만났는지 확인하는 방법은 간단하다. 여행 중 주위의 아무런 눈치도 보지 않고, 아무런 이유도 없이 갑자기 소리 내어 울었다면 여행의 신을 만난 것이다. 나는 지리산 자락에 있는 천은사에서 여행의 신을 만났다.

상쾌한 아침 공기와 지난밤부터 내린 보슬비 덕분에 5킬로미터 남짓한 천은사까지의 도보 여행을 기분 좋게 시작한다. 천은사로 가는 지리산 자락의 2차선 국도는 아침이라 차가 없어 걷기에 안성맞춤이다. 새벽안개가 살며시 자태를 가려 장엄하면서 경이로움이 넘치는 지리산을 배경으로 끝없이 펼쳐진 들판과 맑은 저수지가 햇살에 반짝이며 아침 축제를 열고 있다.

도보 여행은 자동차 여행과 달리 색다른 묘미가 있다. 휙휙 지나가는 길가의 풍경이 아니라 땅과 닿아 있는 두 발을 통해 온몸으로 전해 오는 지리산의 웅장한 기상이 온몸을 자극한다. 마치 바늘로 피부를 꼭꼭 찍듯 선명하게 전해져 온다.

드디어 천은사가 보인다. 천은사를 둘러보고 나오자 천은사 입구 옆에 전통 찻집인 통나무 휴게실이 있다. 내려가 보니 문이 잠겨 있어 실망하고 가려는데 저쪽 밭에서 주인이 인기척을 들고 나온다. 저수지를 앞에 둔 야외 테이블에 앉아 차를 주문했다. 넓은 저수지 뒤로 낮은 산이 병풍처럼 둘러싸고 그 산들이 저수지에 그대로 담겨져 있다. 이른 아침이라 사람이 없고 마침 보슬비가 내리니 그 고요함과 깨끗함이 온 마음을 감싼다. 맑은 차를 곁에 두고 시간 가는 줄 모르고 앉아 있었다.

1시간이 지나자 음악이 끊겼다. 주인에게 조지 윈스턴의 피아노 곡을 다시 청해 처음부터 다시 들었다. 천은사 스님 한 분이 조금 떨어진 곳에서 함께 음악을 즐기다 일어나 가 버렸다. 그 순간 알 수 없는 눈물이 쏟아졌다. 한 음, 한 음 맑은 피아노의 소리에 갑자기 눈물이 쏟아졌다.

지금까지 살아오면서 얼마나 나는 나를 괴롭혔나.
경제적 안위와 사회적 인정, 가족에 대한 사랑, 헛된 욕심.
한시도 쉬지 않고 이런 목표를 향해 나를 몰아세웠다.

울음이 계속 쏟아졌다. 이제는 아예 대놓고 엉엉 운다. 울음은 묘약처럼 힘들고 지친 나에 대한 연민과 사랑을 싹트게 한다. 그 순간 처음으로 나는 있는 그대로의 나를 받아들이며 안아 주었다. 그렇게 한참을 울고 나니 갑자기 여행이 정말 즐거웠다. 여행의 신을 만나는 순간이었다. 여행의 신을 만나는 순간은 자기를 있는 그대로 사랑하는 순간이다.

여행을 하는 가장 큰 이유는 자신을 사랑하기 위해서이다. 여행은 자신을 사랑하는 힘, 자존감을 키워 줄 뿐만 아니라 인생을 살아가는 데 꼭 필요한 화수분 같은 선물을 준다. 그중 가장 대표적인 것이 일상을 살아가는 힘과 그 속에서의 관계를 소중하게 지키는 지혜이다.

대부분의 사람들은 어려서부터 좋은 대학에 가려고 열심히 공부하고, 대학을 가면 좋은 직장을 갖기를 원해 열심히 학점과 스펙을 쌓고, 사회인이 되면 좋은 가정과 편안한 노후 등을 걱정하며 산다. 우리는 늘 다가오지 않은 미래를 걱정하고 힘들었던 과거에 얽매이며 불안하게 산다. 실제로 우리가 사는 세상을 보면 미래와 과거가 현실을 규정하지 않는다. 미래에 대한 염려와 과거의 아픔이 우리의 현실을 지배하고 있을 뿐이다.

사람이 행복해지기 위해서는 현재를 살아야 한다. 그래서 옛날부터 '카르페 디엠 Carpe Diem', 현재를 살라고 했다. 여행을 하면 철저히 현재를 살게 된다. 여행을 떠나는 순간 일상의 걱정은 잊어버린다. 여행을 하면서 걱정해 봐야 아무 소용이 없다는 것을 알기 때문이다. 그래서 여행을 하면 하루하루 그날의 행복을 위해서 산다. 그 힘들이 모여 여행에서 돌아오면 일상으로 복귀하는 것이 아니라 일상으로 여행하게 된다. 일상을 견디는 것이 아니라 일상을 여행하기 위해서 우리는 낯선 곳을 향해 길을 떠난다.

여행이 주는 최고의 선물은 관계의 회복이다.

인간이 행복해지기 위해서는 관계가 좋아야 한다. 1930년 말, 하버드 대학교 연구팀은 하버드에 입학한 2학년생 268명의 삶과 일반인 남성 456명, 그리고 여성 천재 90명을 72년간 추적하여 행복의 조건에 대한 답을 찾았다. 중간에 재정이 부족해 프로젝트가 좌초될 위기를 극복하고 마침내 그 결과를 발

표했다. 2011년에 베스트셀러가 되었던 책《행복의 조건》이 그 결과물이다. 이 책에서 사람이 살아가면서 행복해지기 위해 가장 필요한 것은 관계라고 이야기한다. 자신을 둘러싸고 있는 가족, 친구, 이웃, 그리고 직장 동료 등과의 관계가 좋아야 행복해질 수 있다고 한다.

또 다른 예로 이탈리아 남부에 있는 장수 마을 샤르데냐 섬을 들 수 있다. 샤르데냐 섬에는 전 세계에서 100세 이상의 노인이 가장 많이 사는 마을인데 그 이유를 알아보니 매일 밤 마을 사람들이 모두 모여서 편안하고 즐거운 시간을 보내기 때문이었다. 좋은 관계가 장수의 비결이라는 이야기이다.

사람이 행복하기 위해서는 주위 사람들과 사이좋게 살아야 한다. 하지만 현실은 반대이다. 우리 사회는 끊임없이 남보다 더 잘살기 위해 경쟁하게 만들고 자연히 서로의 관계를 나쁘게 만든다. 여기에 인간 본연의 질투심이 더해지면 나보다 잘난 사람에 대한 이유 없는 미움에 밤잠을 설치는 경우도 있다.

여행을 떠날 시간이다. 낯선 환경에서 새로운 것을 접하면서 시간을 보내다 보면 가족이나 친구들이 보고 싶어지고 미움은 깃털처럼 가벼워진다. 또한 새로운 환경에서 새롭게 만나는 사람들과의 관계에서 특별한 행복을 느끼기도 한다.

이 책은 지난 20년 동안 전 세계 200개 도시를 여행하며 여행의 본질이자 삶의 본질인 행복을 탐색한 결과물이다. 사람들이 왜 여행을 하는지, 여행이 주는 선물이 우리의 행복과 어떻게 연결되는지 구체적으로 보여 준다. 이 책을 읽으면서 지친 일상과 집착에서 벗어나 자신과 주위 사람들을 사랑하고 현재에 집중하면서 아름다운 삶을 살기를 간절히 기도한다.

여행은 '살아 있다는 사실만으로 삶이 황홀해진다.'는 사실을 알려 준다.

손봉기

차례

part —— 3

행복한 여행자, 신에게 한 걸음 더

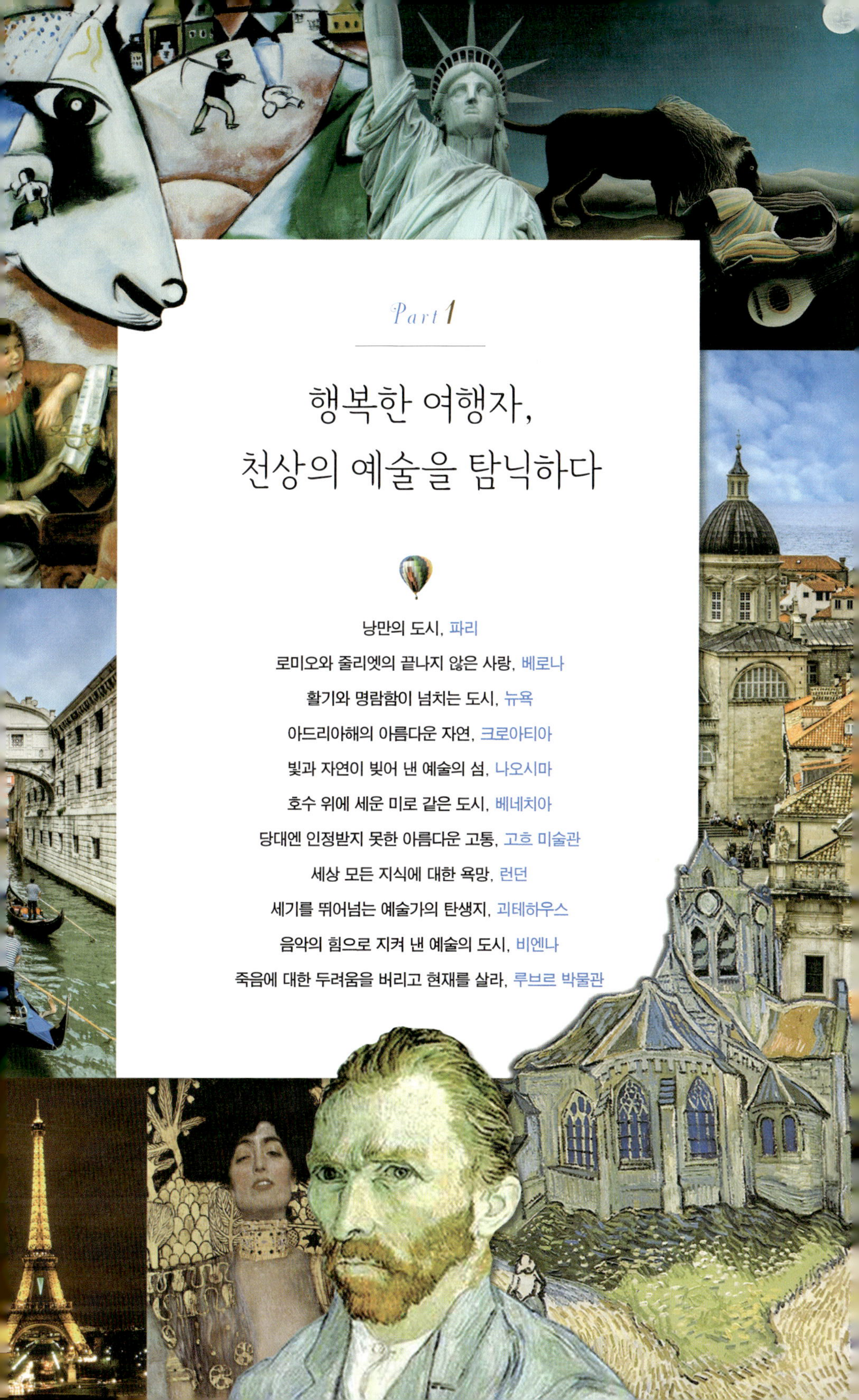

행복한 여행자,
천상의 예술을 탐닉하다

낭만의 도시,
파리

파리의 아침은 물과 함께 시작된다. 도시의 도로마다 물청소차가 다니며 지난밤의 때를 말끔하게 씻어 내어 세련된 상쾌함이 넘친다. 이제 막 문을 연 빵집에서 쏟아져 나오는 바게트와 크루아상의 고소한 향기가 파리의 골목에 활기를 더한다. 몸과 마음이 새로운 에너지로 넘치는 아침에 낭만적 파리의 하루를 시작하고 싶다면 먼저 가야 할 곳은 오르세 미술관이다.

오르세 미술관은 기차역을 개조한 곳으로 사실주의 작품부터 인상파 작품까지 전시되어 있다. 작품을 모두 감상하려면 하루도 시간이 부족하니 자신이 좋아하는 작품을 선택해 집중적으로 감상하는 것이 좋다. 입장하여 제일 먼저 만나야 하는 작품이 르누아르의 〈피아노 앞의 소녀들〉이다.

인상파 화가 중에 유일하게 인물화에만 전념한 르누아르도 풍경이나 정물을 그리기는 했다. 하지만 그는 풍경화나 정물화보다 인물화, 특히 여성

오르세 미술관 기차역을 개조한 곳으로 사실주의 작품부터 인상파 작품까지 전시되어 있다.

의 아름다움과 행복한 남녀, 생기발랄한 아이들을 주로 그리며 세속화된 현대 사회의 행복한 삶의 한 순간을 묘사했다. 그는 살아생전 지인들에게 "그림은 애교 있고 즐겁고 아름다워야 한다."라고 말했다.

〈피아노 앞의 소녀들〉이라는 작품을 보면 피아노 치는 두 소녀가 화면 앞으로 바짝 다가와 있는 클로즈업 구도로 금방이라도 피아노 소리와 소녀들의 숨소리가 들릴 듯하다. 이 작품의 배경인 커튼 색상은 빨강과 초록으로 뒷배경인 침대 위 벽과 액자로 이어지고, 서 있는 언니의 옷과 동생이 앉아 있는 의자로 연결되어 전체적으로 따뜻한 분위기를 나타낸다. 동생의 금발 머리와 매고 있는 파란 리본, 흰 드레스와 파란 허리띠, 피아노 위의 노란색 꽃무늬와 파란 꽃병 등이 연못 위에 돌을 던지듯 화면 전체로 경쾌하게 퍼져 주위와 어울리면서 산뜻한 분위기를 전달한다.

르누아르는 말년에 색채를 이용해 대상에 살을 붙여 주위의 사물과 구별하는 특유의 양식을 개발하였다. 소녀들의 얼굴이나 팔, 뒤로 보이는 커튼

이나 의자 등을 보면 뚜렷한 윤곽선 없이 색채에 의해 실재감을 이루어 부드럽게 주위와 조화를 이루며 평화롭고 따뜻한 분위기를 보여 준다. 르누아르 말년의 최고 대작인 이 작품을 대하면 봄빛같이 따스한 질감과 사랑스러운 분위기에 빠져들며 삶의 행복과 기쁨을 만끽하게 된다.

미술관 1층으로 내려와 입구 쪽으로 가면 밀레의 〈만종〉이 있다.

파리에서 조금 떨어진 마을 바르비종에는 이상적인 아름다움을 그리는 신고전주의를 거부하고 자연과 일하는 농부들의 사실적인 모습을 그리는 화가들이 모여 살았다. 이들을 '바르비종파'라고 부른다. 바르비종파의 수장인 밀레는 시간이 갈수록 생계의 고통에 아이와 아내의 얼굴을 보는 것이 미안했다.

자신의 작품을 팔기 위해 화랑을 돌아다녔지만 어느 곳도 그의 작품을 받아 주지 않았다. 화랑 주인들은 아름다운 여인이나 그리스 신화 같은 이상적인 주제를 원했다. 그가 그린 농부와 자연은 천박하고 쓸모없는 대상으로 여겨져 아무도 관심이 없었다. 힘없이 파리를 배회하던 중에 화랑을 경영하는 친구를 우연히 만난다. 친구는 그의 초라한 모습을 보며 안타까운 마음에 그의 그림을 뺏어 어떻게든 팔아 보겠다고 가져간다. 그 작품이 〈만종〉이다.

19세기 초 영국을 비롯하여 네덜란드, 벨기에 등 유럽에서 미국으로 건너가 자유의 나라를 개척한 사람들이 있다. 그들은 동부에서 서부로 점차

만종 이 작품을 시작으로 미술사는 이상적인 것을 추구하던 신고전주의에서 사실주의로 서서히 바뀌어 갔다.

세력을 넓히며 지금의 미국을 만들었다. 그중 서부에서 석유와 금이 나와 어마어마한 부자가 된 사람들은 파리로 건너와 자신의 부와 교양을 상징하는 많은 미술 작품과 가구를 사 가지고 가는 것이 유행이었다.

밀레의 작품을 가져간 친구는 한창 유행하던 이상미가 넘치는 신고전주의 작품들을 경매에 부쳤다. 앵그르와 다비드의 작품들이 대부분이었다. 밀레의 친구는 경매 중간 슬쩍 밀레의 〈만종〉을 내놓았다. 저것도 그림이냐며 사람들이 웅성거렸다. 천한 농부와 작품의 배경으로 쓰이는 자연을 그리다니 정신 나간 작품이라고 화를 내며 투덜거렸다. 하지만 미국에서 건너온 거부의 눈에 밀레의 〈만종〉은 충격이었다. 자신의 모습이었다. 미국으로 건너가 오로지 종교에 의지하며 서부를 개척하던 자신의 삶이 그대로 담겨 있었다.

뜨겁게 이글거리던 햇빛이 저녁이 되어 편안한 빛으로 변하고 멀리서 들려오는 교회 종소리가 들판으로 퍼지자 일하던 부부는 고개 숙여 고단하지만 충만한 하루의 일상에 감사한다. 일상의 평화와 경건함이 넘치는 작품은 모든 것이 멈춘 듯 영원해 보인다.

미국의 거부는 거액에 이 작품을 사들였고 다음 날 파리에 이 소식이 알려지면서 밀레의 〈만종〉은 순식간에 유명해졌다. 작품을 구입한 미국인이 그림을 맡겨 두고 이탈리아로 가구를 사러 간 사이, 프랑스 정부는 자신들의 문화재를 계속 미국에 빼앗기기 싫어 경매법을 바꾸어 〈만종〉을 재경매에 부친다. 파리로 돌아온 미국인은 화가 나서 천문학적 가격으로 〈만종〉을 다시 낙찰받아 미국으로 가져간다. 미국에 간 〈만종〉은 서부와 동부를 돌면서 미국인들의 열광적 인기를 받으며 최고의 작품이 되었다.

이때부터 사람들은 사실주의 작품을 알게 되었다. 자연이나 농부는 그림의 배경이 아니라 그 자체로 주제가 될 수 있으며 우리들에게 아름다운 감동을 선사할 수 있다는 사실을 깨달았다.

산업혁명이 진행되면 될수록 소외된 인간들의 모습과 그들이 기댈 자연의 아름다움은 더욱 각광받았다. 미술사는 이상적인 것을 추구하던 신고전주의에서 사실주의로 서서히 나아갔다. 이 시절 6·25 전쟁과 분단을 겪으며 미국의 영향을 받았던 우리나라에서도 이발소마다 밀레의 〈만종〉을 걸어 두었고, 우리나라에서 제일 유명한 화가는 밀레가 되었다.

〈만종〉은 최근 프랑스에서 다시 사들여 오르세 미술관에 보관하고 있다.

오르세 미술관을 나와 가까운 카페에 들러 점심을 간단히 먹고 사이요 궁으로 향한다. 지하철역을 빠져나와 사이요 궁으로 들어서면 모두 입이 딱 벌어진다. 에펠 탑이다. 독수리 날개처럼 펼쳐진 사이요 궁 사이로 푸른 하늘을 찌를 듯 거대한 에펠 탑이 솟아 있다. 바로 눈앞에서 웅장하지만 세련된 에펠 탑의 모습이 펼쳐지면 정말 내가 파리에 왔다는 것을 실감하게

에펠 탑 파리의 상징 에펠 탑의 모습에 눈에 들어오는 순간 내가 파리에 왔음을 느끼게 된다.

된다. 많은 여행자들이 샤이요 궁을 찾는 이유는 이곳에서만 에펠 탑 전체를 감상할 수 있기 때문이다. 에펠 탑의 매력이 시들해지면 개선문과 샹젤리제로 간다. 걸어서 20분 정도 걸리는 개선문까지 이어지는 길은 이색적이고 아름다워 걷다 보면 어느새 목적지에 도착해 있다.

파리에 오면 에펠 탑은 올라가지 않더라도 개선문은 올라가야 한다. 이곳에 올라야 세계에서 가장 아름다운 도시 파리를 제대로 감상할 수 있기 때문이다. 개선문을 중심으로 남쪽을 바라보면 직선으로 뻗은 길이 콩코드 광장에 있는 오벨리스크와 만나고 이는 다시 카루젤 개선문과 루브르 박물관으로 이어진다. 반대로 개선문 북쪽을 바라보면 직선으로 뻗은 길이 라 데팡스에 있는 신 개선문인 그랑드 아르슈와 만난다.

파리에 밤이 내리면 화려한 조명이 켜지면서, 개선문을 중심으로 한 일직선상에 기원전 12세기 건축물인 오벨리스크와 기원후 16세기 건축물인 루브르 박물관, 기원후 20세기 건축물인 신 개선문이 떠올라 시공을 초월

개선문과 샹젤리제 거리

하는 아름다운 파리의 밤을 수놓는다. 멀리서 화려한 빛으로 옷을 갈아입은 에펠 탑이 밤하늘에 거대한 레이저 광선을 쏘며 이들을 연결한다. 이렇게 거대한 아름다움을 상상하고 실현하는 파리 사람들이 있기에 파리를 한 번이라도 방문한 여행자들은 파리의 찬란한 밤을 잊지 못한다.

개선문을 내려와 화려한 샹젤리제 거리를 헤매다 보면 파리의 밤이 찾아온다. 프랑스의 만찬을 즐길 시간이다. 노트르담 사원에서 센강을 건너면 소르본 대학 아래 먹자골목이 나온다. 먹자골목에는 세계 각국의 식당들이 늘어서 있다. 프랑스 만찬을 즐기기 위해서는 식당 앞에 있는 세미 풀코스 메뉴 간판을 주의 깊게 보아야 한다.

프랑스식 세미 풀코스는 전식과 본식, 후식 중에 각 한 가지 음식을 선택해서 주문한다. 전식에서 달팽이 요리 에스카르고 Escargots를 볼 수 있다. 프랑스 달팽이 요리는 스무 가지가 넘는데 보통 식당에는 뱅 블랑 au vin blanc, 샤블리 au Chablis, 부르고뉴 Bourgogne 등 세 가지로 나뉜다. 화이트 와인을 넣어 익힌 달팽이를 껍데기에 담아 조린 요리가 뱅 블랑이라면 구운 요리가 샤블리 달팽이 요리이다. 부르고뉴 달팽이 요리는 밑 손질을 하여 익힌 살을 껍데기 안에 넣고 향신 버터를 채워 오븐에 구운 것이다. 이중 가장 잘 맞는 것은 부르고뉴 달팽이 요리이다.

부르고뉴 달팽이 요리는 집게로 달팽이 껍데기를 잡고 포크로 소스가 발린 달팽이 살을 빼 먹으면 된다. 향긋한 향과 함께 오돌오돌 씹히는 맛이 그만이다. 먹고 난 뒷맛도 느끼하지 않고 깨끗하다. 달팽이 요리를 다 먹고 남은 소스에 무한 리필이 되는 바게트 빵을 찍어 먹으면 그 맛도 일품이다. 전식 요리로 달팽이 요리가 부담스러우면 홍합 요리 물 Moules을 주문해도 좋다. 물은 대파, 양파, 소금, 후추, 화이트 와인을 섞은 물로 신선한 홍합을 찐 요리로, 우리 입맛에 잘 맞는다.

전식 다음으로 본식은 스테이크, 연어, 치킨 중 하나를 주문하자.

물론 동행자가 있다면 골고루 주문해서 나누어 먹어도 좋다. 스테이크는 페퍼식과 로크포르식, 두 가지로 나뉜다. 로크포르는 프랑스 치즈의 한 종류로 이것을 이용해 굽는 로크포르식 스테이크는 우리 입맛과는 맞지 않는 편이니 페퍼식으로 주문하는 게 좋다.

스테이크를 웰던으로 주문하면 너무 질겨 먹을 수 없으니 미디엄 정도가 적당하다. 스테이크가 싫다면 연어나 치킨을 주문하면 되지만 연어는 소스가 특이해 우리 입맛에 안 맞는다. 치킨은 전 세계 어디를 가나 공통의 맛을 자랑하니 치킨을 주문하는 것이 무난하다. 후식으로 소르베(아이스크림)를 먹으면 시원하고 입안도 깔끔하다.

여기에 와인을 곁들이면 더욱 훌륭한 식사를 할 수 있다. 와인 종류가 너무 다양해 주문하는 데 어려움을 겪는다면 먼저 가격대를 결정한다. 평소 술을 즐기는 사람이라면 드라이한 것을, 술을 즐기지 않는 사람이라면 스위트한 것을 주문하자. 혼자일 경우 하우스 와인을 시키면 맛있는 와인 한 잔을 내어 준다.

프랑스 요리와 와인으로 맛있는 식사가 끝났다면 이제 유람선을 타러 가

달팽이 요리

파리의 어느 식당 안

야 할 시간이다.

　파리를 여행하면서 센강 유람선을 타지 않는다면 팥 없는 찐빵을 먹는 것과 같다. 파리 유명 관광지들 대부분이 센강 주위에 있어 유람선 한 번으로 여유롭게 파리를 볼 수 있기 때문이다. 파리 유람선 바토무슈의 압권은 해가 질 무렵이다. 해 질 무렵 유람선을 타고 센강을 따라 파리를 가로지르면 신선한 여름밤의 향기와 더불어 다채로운 노을빛의 향연에 젖어든다. 유람선이 센강을 가로지르며 앞으로 나아가면 파리의 아름다운 건축물들이 그림책 펼쳐지듯 차례로 다가왔다가 사라진다. 유람선은 오르세 미술관, 루브르 박물관, 콩코드 광장, 노트르담 사원, 시청사 등 파리의 바로크식 건축물을 지나고 그 사이마다 알렉상드르 3세 다리와 퐁네프 다리 등 22개의 다리를 지난다. 센강 유람선 마지막 환승지 미라보 다리에 도착하면 프랑스의 대표적인 낭만 시인 아폴리네르의 〈미라보 다리 아래 센강이 흐르고〉라는 시가 떠오른다.

미라보 다리 아래 센강이 흐르고
우리들의 사랑도 흐르네
내 기억해야만 한다.
고통 뒤에는 언제나 기쁨이 온다는 것을.

밤이 오고 종이 울려도
세월은 가고 나는 남는다. (중략)

사랑은 흐르는 물처럼 가네.
사랑도 흘러가네.

바토무슈에서 본 노을 파리 유람선 바토무슈의 압권은 해가 질 무렵이다. 해 질 무렵 유람선을 타고 센강을 따라 파리를 가로지르면 다채로운 노을빛을 만날 수 있다.

에펠 탑 조명이 켜진 에펠 탑의 모습은 또 다른 인상이다.

이처럼 삶은 느리고

희망의 별만 반짝거리네.

밤이 오고 종이 울려도

세월은 가고 나는 남는다.

하루하루를 지나가고 주일이 지나가고

흘러간 시간도

사랑도 돌아오지 않는다.

미라보 다리 아래 센강은 흐른다.

서서히 유람선이 어둠을 헤치고 에펠 탑으로 다가가면 에펠 탑은 낮의 날씬하면서 늠름한 철의 조형미를 완전히 털어 내고 시커먼 하늘을 향해 타오르는 거대한 불기둥으로 변해 있다. 지금 이 순간 그냥 죽어도 좋다고 느낄 정도로 여행자는 그 아름다움에 압도당한다. 하지만 아직 압도당하기에는 이르다. 잠시 후 매시 정각에 시작하는 사이키 조명이 에펠 탑을 보석처럼 반짝이면 마치 하늘에서 아름다운 별들이 마구 쏟아지는 듯 절정의 순간을 맛본다. 유람선 안은 여기저기서 감탄하는 소리가 끊이지 않고 셔터 누르는 소리와 플래시가 어우러져 일대 장관을 이룬다. 그렇게 아우성치는 에펠 탑의 아름다움을 뒤로 하고 파리의 밤은 깊어 간다.

로미오와 줄리엣의 끝나지 않은 사랑,
베로나

《로미오와 줄리엣》의 무대이자 이탈리아에서 가장 로맨틱한 도시 베로나 Verona.

그곳에서 벌어지는 여름밤의 오페라는 한낮의 태양보다도 더 뜨겁게 여행자의 마음을 불태운다. 오페라가 벌어지는 원형 경기장은 마치 타임머신을 타고 역사적 현장으로 달려간 듯 생동감을 자아내고 무대 위 가수들은 바로 앞에서 속삭이는 듯 생생하다.

베로나의 중앙역에서 고대 로마 원형 경기장이 있는 브라 광장까지는 2킬로미터 정도이다. 천천히 걸어서 광장에 도착하여 카펠로 거리를 따라 10분 정도 걸으면 줄리엣의 집이 나온다. 13세기에 지어진 집의 아치형 입구를 지나면 담벼락에 사랑의 내용을 담은 낙서가 빽빽하다. 조그만 안마당에는 1972년에 세운 줄리엣의 동상이 있고, 그 앞에 많은 여행자들이 줄을 서 있다. 속설에 의하면 줄리엣의 동상 오른쪽 가슴에 손을 얹고 사랑을 기원하면 영원한 사랑이 이루어진다고 하여 줄리엣의 오른쪽 가슴은 유난히 반짝인다.

건물 정면에 있는 로미오와 줄리엣의 키스로 유명한 발코니 역시 관광객들로 붐벼 사진을 찍으려면 한참 기다려야 한다. 집 안에는 여러 가지 그림과 집기가 전시되어 있으며 특히 비안카의 〈죽음으로 결합한 두 연인〉이라는 그림이 눈에 띈다. 셰익스피어의 작품에서 로미오는 담을 넘어 안마당의 발코니에 나타난 줄리엣과 밤새도록 사랑을 속삭인다.

베로나의 몬테규가와 캐플릿가는 일찍부터 서로 반목, 질시하는 사이였다. 일요일 저녁 줄리엣이 그녀의 집인 캐플릿가의 무도회에서 로미오를 보고 첫눈에 사랑에 빠진다. 다음 날 길거리에서 몬테규와 캐플릿의 양가 사이에 또다시 싸움이 붙었다. 로미오는 줄리엣을 생각해 싸움을 말리려

줄리엣의 집 로미오와 줄리엣의 키스로 유명한 발코니는 관광객들로 붐벼 사진을 찍으려면 한참 기다려야 한다.

했지만 줄리엣의 외사촌 티볼트가 로미오의 친구 머큐시오를 죽이자 그만 티볼트를 죽이고, 그 때문에 영주로부터 추방형을 받았다. 그날 밤 로미오와 줄리엣은 로렌스 신부의 도움으로 비밀 결혼식을 올리고 그녀의 방에서 몰래 만나 눈물의 첫날밤을 치른다.

추방 명령을 받은 로미오는 다음 날 이웃 도시 만투바로 떠나고, 줄리엣은 목요일에 패리스 백작과 결혼하라는 부친의 명령을 받았다. 다급해진 줄리엣은 로렌스 신부와 의논해 42시간 죽음의 상태에 빠지는 약을 받았다. 이렇게 해서 납골당에 안치되면 신부의 연락을 받은 로미오가 구하러 와서 둘이 함께 만투바로 도망치려는 계획이었다. 그러나 결혼식이 수요일로 앞당겨지면서 줄리엣은 화요일 밤에 약을 삼킨다. 결국 신부의 편지가 로미오에게 제때 전달되지 못했고, 줄리엣이 죽었다는 소식만 받은 로미오는 절망한 채 납골당으로 달려와 그녀 옆에서 약을 먹고 자살을 한다. 한발 늦게 깨어난 줄리엣은 로미오의 단검으로 목숨을 끊었다. 그들이 처음 만난 지 5일째인 목요일 밤에 일어난 일이었다.

단 5일간의 짧은 사랑 이야기인《로미오와 줄리엣》이 몇 세기에 걸쳐 세계인의 사랑을 받는 이유는 모든 걸 극복하는 순수한 사랑에 대한 사람들의 열망 때문이다. 순수한 사랑은 세상에 존재하는 수많은 증오의 벽들을 무너뜨리고, 현실적 조건을 따지기 바쁜 사람들의 사람들의 마음을 흔든다.

줄리엣의 집에서 동쪽으로 300미터가 채 못 되는 곳에 로미오의 집이 있지만 건물 외벽이 많이 허물어져 관광객에게 공개하고 있지 않다. 단지 집 우측 하얀 명판에 "로미오는 어디 있지? 너 그 애를 보았니?"라는《로미오와 줄리엣》1막 1장에서 몬테규 부인이 아들을 찾는 대사가 쓰여 있다.

줄리엣의 집에서 남쪽으로 1.2킬로미터 떨어진 산 프란체스코 알 코르소 옛 수도원으로 가면 줄리엣의 무덤이 있다. 지하 무덤으로 내려가는 입구에는 "여기 줄리엣이 누워 있다. 그 아름다움이 묘실을 빛의 향연으로 덮고 있다."라는 《로미오와 줄리엣》 5막 3장에 나오는 구절을 새겨 놓았다. 무덤에는 줄리엣의 집에서 보았던 〈죽음으로 결합한 두 연인〉의 그림과 석관이 있다. 다시 올라와 수도원 정원으로 가면 셰익스피어의 대리석상이 서 있고 그 옆에 있는 건물이 로미오와 줄리엣이 로렌스 신부 앞에서 결혼한 성당이다. 로미오와 줄리엣의 시체는 성당의 담 밖에 묻혀 있다가 셰익스피어의 《로미오와 줄리엣》이 나오면서 수도원에 안치되었으며 1937년에 공개되었다.

《로미오와 줄리엣》의 배경이 되었던 베로나의 중심 광장에는 고대 로마 원형 경기장인 아레나가 있다. 아레나는 프랑스어로 모래를 의미하는데, 이것은 격투 혹은 연극 등이 열리는 장소의 바닥에 모래를 깔아 놓은 것에서 유래한다. 1세기에 지어진 아레나는 길이 152미터, 폭 128미터, 높이 30미터의 경기장으로 원래는 도시를 방위하고 있던 성벽의 외곽에 위치하고 있었지만 시가지의 이동에 따라 현재는 베로나 시가지의 중심에 위치하고 있다. 관객석은 44계단의 대리석으로 지어졌으며 수용 인원은 2만 5천 명이다. 해마다 여름철이면 이곳은 전 세계 오페라 팬들이 꿈에 그리는 '순례지'로 변한다. 이곳에서 매년 6월부터 8월까지 한여름 밤의 꿈처럼 베르디의 오페라 〈아이다〉를 비롯하여 다양한 오페라가 펼쳐지기 때문이다.

〈아이다〉의 줄거리는 이렇다. 에티오피아의 공주인 아이다는 이집트에 끌려와 노예가 된다. 한눈에 아이다에게 반한 이집트 장군 라다메스는 그녀를 향한 사랑과 파라오를 향한 충성 사이에서 갈등한다. 불행은 겹쳐 라다메스는 파라오의 딸인 암네리스의 사랑도 받는다. 라다메스는 전쟁에 패하고 이집트에 숨어 있던 아이다의 아버지인 에티오피아의 왕을 피신시키고 반역죄로 체포된다. 암네리스는 그에게 자백을 부인하도록 간곡히 권하

아레나 베로나의 중심 광장에 있는 고대 로마 원형 경기장이다.

지만 단호히 거절하고 심판을 받는다.

공연 시작 전 2만 명의 관객들이 일제히 촛불을 밝혀 오페라의 지휘자와 연주자에게 경의를 표하는 촛불 의식이 끝나면 공연은 시작된다. 맞은편 관객의 숨소리까지 들릴 듯 음향 효과가 최고인 원형 극장 위로 라다메스의 유명한 아리아 〈청아한 아이다〉가 울려 퍼지면 그 생생한 소리에 관

아이다 아레나에서는 매년 6월부터 8월까지 한여름 밤의 꿈처럼 베르디의 오페라 〈아이다〉가 펼쳐진다.

객들은 숨을 죽이다. 음향과 더불어 감동을 주는 것은 무대 장치이다. 서기 250년에 지어진 고대 로마 원형 경기장을 무대로 삼은 〈아이다〉는 중앙 무대뿐만 아니라 원형 극장을 형성하고 있는 돌계단까지 세트로 사용한다. 〈이기고 돌아오라〉와 〈개선 행진곡〉이 진행되면 어느덧 여행자는 나일 강변의 이집트 신전으로 온 듯한 착각에 빠진다. 특히 금관 악기가 울려 퍼지며 소리가 더욱 풍부해지는 2막 중간, 거대한 피라미드 무대 위로 찬란한 의상으로 치장한 300명의 무희가 올라와 춤을 추는 〈대행진〉은 보는 이로 하여금 입을 다물지 못하게 한다.

유럽에서 야외 오페라로 베로나와 쌍벽을 이루는 곳이 오스트리아 브레겐츠이다. 베로나 오페라가 로마 원형 경기장이라는 역사적 무대를 배경으로 한다면 브레겐츠 오페라는 호수 위 무대에서 자연을 배경으로 오페라를 펼친다.

호수 위로 붉은 노을이 하늘을 뒤덮고 호수의 빛깔마저 빨개지자 오페라가 시작된다. 오늘의 오페라는 모차르트의 〈마술 피리〉이다. 호수 위 15미터에 이르는 거대한 산을 무대로 수많은 배우들과 연주자들이 연기와 노래를 펼친다. 특히 밤의 여왕의 아리아에서 끝없이 이어지는 고음이 무대를

브레겐츠

베로나 야경

꽉 채우면 소름이 돋는다.

〈아이다〉 오페라의 하이라이트는 아이다와 라다메스의 2중창 무대이다. 무대 위 쓰러져 있는 두 연인의 숨소리가 점점 가빠지면서 노래가 하나로 되어 간다. 지상에서의 삶의 고통을 털어 버리고 구원을 알리는 그들의 목소리는 애절하지만 아름답다. 관객들은 이들의 노래에 빠져 아름다운 사랑이 영원한 사랑으로 변해 가는 모습을 안타깝게 지켜본다.

4막으로 구성된 〈아이다〉는 두 번의 쉬는 시간을 포함해 세 시간 넘게 이어지면서 자정을 훨씬 넘긴 12시 40분에 막이 내린다. 공연이 끝난 후 경기장 바깥의 모습은 장관이다. 고풍스러운 건물들이 황금빛 조명 아래 빛나고 브라 광장에는 많은 레스토랑들이 불빛을 밝히며 새벽 2시가 넘도록 오페라를 본 사람들의 수다 삼매경이 이어진다.

활기와 명랑함이 넘치는 도시,
뉴욕

네덜란드의 화가 몬드리안은 1940년 예순여덟의 나이로 뉴욕에 도착했다. 반듯하게 직각으로 구획된 거리와 마천루로 이루어진 경관은 그가 꿈꾸던 도시 그대로였다. 그는 뉴욕에 도착한 첫날 〈부기우기〉 음악을 듣고 뉴욕의 매력에 빠졌다. 그는 경쾌함을 나타내는 노란색 선을 사용해 빨강, 파랑, 회색과 어우러지게 그림을 그렸다. 그림에서는 활기와 명랑함이 터질 듯 넘치고 요란한 비트와 변화무쌍한 리듬이 작품 전체에 가득하다. 이 작품이 몬드리안의 최대 걸작 〈부기우기〉로, 뉴욕 그 자체이다.

뉴욕은 세계에서 가장 풍요로운 도시이다. 이곳을 다녀가는 관광객이 하루 400만 명이 넘고, 1년에 1억 명이 넘는다. 하지만 뉴욕은 언제나 상쾌한 공기로 싱그럽게 빛나며 현대적 세련미를 뽐낸다.

뉴욕 하면 가장 먼저 떠올리는 것이 타임 스퀘어 광장이다. 타임 스퀘어

부기우기

타임 스퀘어

뉴욕 현대 미술관

의 네온사인 광고비가 하루 1억 원이 넘는다니 가히 자본주의 상징이라 할 수 있다. 타임 스퀘어 광장에서 15분 걸어가면 뉴욕 현대 미술관인 모마 MOMA, The Museum of Modern Art가 나온다. 미술관은 세계에서 가장 부유한 도시답게 다른 도시에서 볼 수 없는 현대 작품으로 가득 차 있다. 이름만 들어도 고개가 끄덕여지는 마티스, 칸딘스키, 고흐, 고갱, 샤갈, 달리, 피카소, 잭슨 폴록, 쿠닝, 뒤샹 등 명장의 작품들이 놀라울 정도로 넘쳐난다.

미술관에 들어서자마자 눈길을 끄는 작품은 샤갈의 〈나와 마을〉이다. 지금까지 고흐의 작품이 가장 화려하고 인상 깊었는데 샤갈의 작품을 보는 순간 생각이 바뀌었다. 신비롭고 환상적 분위기의 작품에는 파랑과 빨강, 그리고 초록의 대비 속에 멀리 자신의 고향을 상징하는 교회와 집들이 그려져 있다. 그 옆으로 농구를 짊어진 농부와 우유를 짜는 여인이 등장하며 아래쪽에는 꽃이 핀 나무 한 그루가 있다. 이 모든 것을 뒤로 하고 화면 앞으로 암소의 머리와 샤갈 자신의 얼굴을 크게 그려 놓았다. 샤갈은 자신의 얼굴에 초록색을 사용하여 그리운 고향을 암시하고 있다. 초록색은 샤갈에게 그리움을 나타내는 색이다. 작품 전체에는 시적인 정서가 한없이 펼쳐진다.

샤갈과 함께 시적 서정성으로 여행자를 꼼짝 못하게 하는 작품이 루소의 〈잠자는 집시〉이다. 넓은 광야에는 나무 한 그루, 풀 한 포기 보이지 않는다. 집시 여인은 만돌린과 병을 곁에 둔 채 깊은 잠에 빠져 있다. 사자가 다

나와 마을

잠자는 집시

가와 냄새를 맡지만 여인은 꼼짝하지 않는다. 작품 속 사자는 여인의 꿈속에 나타난 것일지도 모른다. 사막에 비치는 달빛이 너무 서정적이어서인지, 작품은 아름다운 꿈속을 들여다보는 것처럼 환상적이다. 누군가가 말했듯이 작품은 그림이 아니라 그려진 시이자 시적 대상이며 직관과 성실함이 낳은 기적이다.

다음으로 일상에 굶은 여행자의 눈길을 끄는 작품은 마티스의 〈붉은 스튜디오〉이다.

5년 전 러시아 상트페테르부르크에 있는 세계 3대 박물관인 에르미타쥐 박물관을 여행한 적이 있다. 그곳에서 가장 인상적으로 본 작품이 마티스의 〈붉은 방〉이다. 붉은색 공간에서 노란 머리에, 검은 옷과 흰 치마를 두른 여인이 식탁에 과일을 준비하고 있는 일상적 소재의 작품이다. 하지만 작품 안에는 원근법이나 명암이 보이지 않는다. 붉은색 공간에 여인이 존재감 없이 식탁을 차리고 있다. 오히려 식탁 주위 소품이 작품의 주제인 양 강렬한 인상을 준다.

지금 바로 앞에 있는 〈붉은 스튜디오〉 역시 상상의 세계처럼 사물의 모습을 무늬처럼 남겨 놓은 채 실내 공간을 붉은색으로 채워 놓았다. 입체감은 없으며 색채도 음영도 없이 단순한 평면이다. 마티스는 이 작품을 보면서 주제와 의미를 찾으려 하지 말고 그냥 쇼처럼 편안하게 즐기라고 한다. 결국 색채의 마술사 마티스는 색을 대상과 분리하여 색 자체를 사물의 본질을 인식하는 도구로 사용하고 있다.

샤갈과 마티스의 색에 취해 이리저리 돌아다니다가 마침내 미국 작품이 전시된 방으로 들어섰다. 호퍼다. 에드워드 호퍼는 1882년 뉴욕에서 태어나 도시의 일상적인 모습 속에서 소외감이나 고독을 표현했다. 〈주유소〉는 그의 대표작 중 하나이다. 이 작품을 본 알랭 드 보통은 다음과 같이 이야

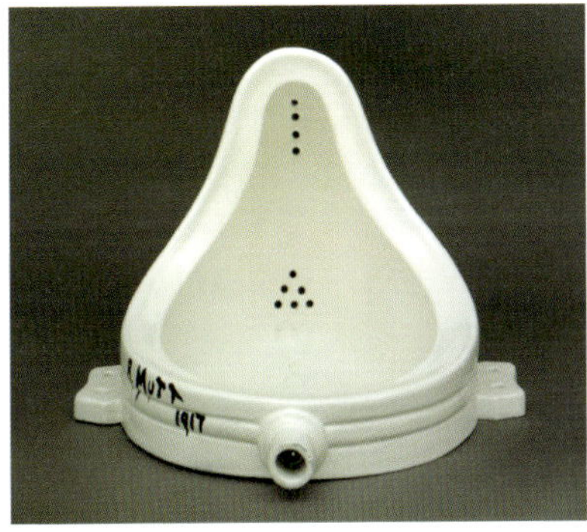

현대 미술관에 전시된 작품들 왼쪽 위에서부터 〈붉은 스튜디오〉, 〈주유소〉, 〈샘〉, 〈무제〉

기한다.

이 작품은 고립에 관한 그림이다. 곧 다가올 어둠 속에 주유소가 하나 있다. 오른쪽으로 펼쳐지는 어둠과 공포는 안전해 보이는 주유소와 대조를 이룬다. 인간의 작은 욕망과 허영의 상징인 커피와 잡지들은 바깥의 드넓은 비인간의 세계, 이따금 곰과 여우의 발에 나뭇가지 소리가 부러지는 소리가 들려오는 넓디넓은 숲과 대립해 서 있다.

호퍼의 그림을 보고 있으면 일상을 살아가는 우리의 마음을 보는 것 같다. 현대인이라면 누구나 느끼는 고독과 적막을 표현하고 있기 때문이다. 그의 작품을 대할 때마다 외롭고 고요한 그 작품 속으로 들어가고 싶은 욕망과 근원적 향수를 불러일으킨다.

마지막 전시실 한가운데 자전거 바퀴가 의자 위에 놓여 있다. 뒤샹의 〈자전거 바퀴〉이다. 프랑스 화가 뒤샹은 1917년 뉴욕 그랜드 갤러리에서 열린 '앙데팡당' 전시에 남성용 소변기 하나를 〈샘〉이라는 제목을 붙여 출품했다. 그는 다른 사람이 만들어 놓은 일상적인 물건이라도 화가의 해석과 배치에 따라 충분히 본질을 보여 줄 수 있다고 믿었다. 미술계의 가장 충격적 사건이었다. 예상대로 전시회 책임자는 뒤샹의 작품에 격렬한 거부감을 보이면서 전시 목록에서 그의 작품을 삭제한다. 뒤샹은 그렇게 예술계의 스타가 되었다. 그 뒤를 이어 예술의 대중화를 꿈꾸면서 리히텐슈타인의 만화적 작품이나 엔디 위홀의 통조림 작품 등 현대적인 팝아트 작품들이 줄을 잇는다.

마지막으로 미니멀리즘의 대가 저드의 〈무제〉를 감상한다. 미니멀리즘은 형태와 윤곽 그리고 모양을 최소화하여 단순함 속에 사물의 본질을 드러내고자 하는 미술 사조로, 손이나 감정 또는 미술가의 흔적조차 없앤 차갑고 기계적인 형식을 취한다. 저드의 작품은 똑같은 색과 형태, 크기의 스테인리스 스틸 상자를 12인치 간격으로 아무런 받침대 없이 전시해 놓았다. 저드는 최소한의 미적인 요소가 개입된, 최대한 사물에 가까운 작품을 제작했다.

미니멀리즘은 현대 건축이나 북유럽의 일상용품 속에 녹아들었다가 지금은 전 세계로 퍼졌다. 가장 대표적인 것이 단순하면서 질리지 않고 고급스러운 휴대폰 디자인이다.

미술관을 빠져나와 그리니치에 위치한 머레이 베이글 Murray's Bagel 식당을 찾아 뉴욕의 대표적 음식인 베이글을 먹었다. 점심시간이라 손님이 엄청나게 많아 망설였지만 줄을 서서 기다렸다. 이름도 모르는 크림치즈가 수북이 쌓여 있는 전시대를 지나 신선한 연어가 들어간 샌드위치 베이글을 주문하여 먹었다. 쫄깃하고 담백한 베이글에 부드럽고 신선한 연어와 아삭거리는 양상추, 그리고 선드라이드 토마토 치즈의 환상적인 맛이 입안에서 녹아들어 기다린 보람을 느낄 수 있었다.

베이글은 가운데 구멍이 있어 도넛처럼 보이지만 맛은 전혀 다르다. 베이글을 살짝 구워서 치즈만 발라 먹어도 바삭하면서도 쫄깃하고 맛있다. 베이글은 한국에서도 쉽게 먹을 수 있지만 뉴욕의 베이글은 수십 가지의 크림치즈를 골라 먹을 수 있어 그 맛이 한층 고급스럽다. 다양한 베이글 중 건포도, 블루베리, 호두, 계피, 양파 등이 들어간 베이글을 추천하며 콜라나 주스보다 커피와 잘 어울린다.

점심을 먹으면서 지도를 펴고 다음 행선지를 정하는데 갈 곳이 너무 많아 쉽지 않다. 뉴욕의 중심지인 맨해튼 다운타운에는 자유의 여신상을 비롯하여 월 스트리트와 뉴욕 증권 거래소, 브루클린 다리가 있으며 맨해튼 중심부에는 엠파이어 스테이트 빌딩과 록펠러 센터, 타임 스퀘어, 현대 미

자유의 여신상

메트로폴리탄 박물관

술관이 자리 잡고 있고 센트럴 파크로부터 시작하는 맨해튼 업타운에는 달팽이 모양의 구겐하임 미술관과 세계 최대 규모의 메트로폴리탄 박물관, 그리고 자연사 박물관이 있다.

반구체로 생긴 뉴욕 자연사 박물관의 헤이든 극장에 들어선다. 의자가 거의 눕듯이 되어 있는 3D 입체 영화관에서 관람한 〈우주의 충돌 Cosmic Collision〉 중 한 장면이 펼쳐진다.

온 세계가 별들로 가득 차 있다.

나는 지금 우주 깊숙한 곳에서 황홀감에 빠져 있다. 내 앞에 수많은 운석이 떠다니며 끊임없이 다른 운석과 부딪히고 점점 큰 별이 되거나 파편으로 남는다. 갑자기 대운석 중 하나가 지구로 맹렬히 돌진한다. 어마어마한 크기의 대운석은 대기권에서 불타 사라지지 않고 엄청난 속도로 지구로 낙하한다. 잠시 후 마침내 지구와 충돌해 상상할 수 없는 큰 화염을 만들고, 이 화염의 큰 파편들이 자전하는 지구의 흐름에 따라 전 육지로 퍼져 나간다. 육지에 있는 모든 생물들이 화염에 죽는다. 차마 눈뜨고 볼 수 없는 생지옥의 참혹한 광경이다.

〈우주의 충돌〉은 2억 4500만 년 전 지구에서 일어난 일을 입체적이고 생

우주의 충돌

자연사 박물관

생하게 보여 준다. 당시 운석의 대충돌로 지구상에 존재하는 모든 생물들이 죽는 과정을 보여 주며 그때 공룡들이 죽어 화석으로 남게 된 사실을 알려 준다.

〈박물관은 살아 있다〉라는 영화로 잘 알려진 뉴욕 자연사 박물관은 전시품 3,600만 점을 소장하고 있는 세계 제일의 자연사 박물관이다. 이곳을 방문하면 길이 12미터, 높이 6미터의 공룡 뼈대와 150톤이 넘는 흰긴수염고래를 재현한 푸른 고래 모험, 그리고 563캐럿 사파이어 '인도의 별'을 볼 수 있다. 하지만 뉴욕 자연사 박물관의 진정한 재미는 따로 있다. 박물관을 시대순으로 관람하면 빅뱅으로 인한 지구의 탄생과 생물의 기원부터 공룡 시대 그리고 포유류인 인간의 진화까지 한눈에 보여 준다. 특히 포유류관은 어린이들에게 가장 인기 있는 곳으로 디오라마 기법으로 다양한 동식물을 그 시대에 맞는 환경과 함께 그대로 재현하고 있다.

자연사 박물관을 나와 오만한 미국에 대한 경고나 다름없는 9·11 테러 현장인 무역센터를 지나 세계 금융 중심지인 월가의 뉴욕 증권 거래소를 찾았다. 뉴욕 월가를 상징하는 큰 수소 브론즈상은 어둠 속에서도 당당하게 고개를 들고 힘찬 숨을 내뿜고 있다. 걸어서 브루클린 다리를 지나 맨해튼이 한눈에 보이는 브루클린 하이츠에 도착했다. 어둠 속에서 불을 밝히는 맨해튼의 마천루는 무척이나 아름답다. 멀리 노을 지는 하늘 아래 자유의 여신상이 이기적이면서도 지적이고, 탐욕스러우면서도 아름다운 자태로 뉴욕을 응시하고 있다.

브로드웨이

완연한 어둠이 내리자 미국에서 유일하게 밤에도 안전한 타임 스퀘어 광장을 찾았다. 세계 최고 수준의 공연을 펼치는 뮤지컬을 감상하기 위해서이다. 오늘 찾은 뮤지컬은 〈레미제라블〉이다. 〈오페라의 유령〉이 여성적인 아름다움을 지닌 대서정시라면, 〈레미제라블〉은 남성적이고 웅장한 사랑을 전하는 대서사시이다. 이 뮤지컬은 혁명을 표현한 장엄한 음악과 무대를 배경으로 남녀의 애절한 사랑을 이야기하면서도 근원적인 인간의 구원을 약속하는 숭고한 사랑을 보여 준다.

〈레미제라블〉은 1800년 초반, 혼란기 프랑스에서 빵 한 조각을 훔친 죄로 극심한 강제 노역에 시달린 뒤 장발장이 풀려나는 장면에서 시작한다. 장발장은 풀려나자마자 다시 도둑질을 하지만, 가톨릭 신부의 배려로 감옥에 가지 않을 수 있었고, 그런 신부의 사랑에 감동하여 평생 남을 위해 살아가겠다고 결심한다. 하지만 오로지 법만 신봉하는 자베르 경감은 장발장을 뒤쫓고, 쫓기는 몸이 된 장발장은 수양딸 코제트와 함께 은둔 생활을 한다. 세월이 흘러 숙녀가 된 코제트는 혁명에 동조하는 마리우스와 사랑에 빠지고, 마리우스를 동경하는 거지 소녀 에포닌은 애타는 눈으로 그 둘을 바라본다. 얼마 후 공화주의자들의 혁명이 일어나는데, 마리우스는 정부군과 싸우다가 부상을 입는다. 마리우스에 대한 질투를 모두 버린 장발장은 부상당한 마리우스를 등에 업고 하수도 구멍을 통해 구사일생으로 탈출한다. 이후 장발장은 코제트와 마리우스를 결혼시키고, 자기의 모든 재산을 그들에게 남긴 뒤 기구한 운명을 마감한다.

〈레미제라블〉에서 가장 돋보이는 것은 파리 뒷골목 빈민가의 무대가 순식간에 성벽 높이의 바리케이트로 변하는 장면이다. 5톤 무게의 거대한 무대 위에서 정부군과 혁명군이 치열한 총격전을 벌이고, 곧이어 웅장한 오케스트라의 연주와 함께 혁명군이 한 명씩 죽어 가는 모습에서 비장함이 느껴진다. 뿌연 연기와 붉은 조명이 가득한 무대를 천천히 회전시키는 원형 회전 무대 기법은 이 작품에서 최초로 사용되었으며 오늘날 많은 뮤지컬에서 차용되고 있다.

〈레미제라블〉이 많은 사랑을 받는 이유는 화려한 무대와 감동적인 스토리 외에도 주옥같은 음악이 많기 때문이다. 그중 가장 인상적인 부분은 코제트와 사랑에 빠진 마리우스를 짝사랑하는 거지 소녀 에포닌이 부르는 〈On My Own〉이다. 고요한 무대 위 카리스마 넘치면서도 애절한 에포닌의 노래가 끝나면 관객들은 기립박수로 화답한다. 그런데 바로 다음 장면에서 에포닌은 무심한 마리우스의 연애편지를 코제트에게 전해 주고 돌아오다 정부군의 총에 맞는다. 그리고 그녀는 마리우스의 품에 안겨 "내 걱정은 하지 마. 이렇게라도 너의 품에 안기니까 행복해."라고 말한 뒤 죽는다. 관객들은 그 절절함과 슬픔에 한숨짓고 눈물을 흘린다.

가슴 시리면서도 아름다운 남녀 간의 사랑 외에도 숭고한 사랑의 감동을 전하는 노래와 장면은 뮤지컬 마지막 부분에 있다. 수양딸 코제트에 대한 사랑을 통해 일생 동안 선행을 실천하고 헌신한 장발장이 죽어 가자 그 죽음 위로 합창이 흐른다.

극이 끝난 후 모든 관객들은 기립박수와 환호성을 보내며 공연장을 떠나지 못한다.

〈레미제라블〉은 전 세계 38개국 223개의 도시에서 22개의 언어로 무려 4만 회의 공연이 이루어졌고 누적 관람객 수가 6,000만 명에 달한다.

아드리아해의 아름다운 자연, 크로아티아

발칸 반도가 재앙의 진원지가 될 것은 누구라도 예견할 수 있는 일이었다. 지리적으로 유럽과 아시아를 연결하는 발칸 반도는 고대 이래로 열강들이 자신의 이익과 세력을 확대해 가기 위한 각축장이었다. 역사적으로 고대 그리스와 페르시아와의 전쟁을 시작으로 비잔틴 제국인 동로마와 이슬람 제국, 합스부르크 제국과 오스만 제국, 러시아와 오스만 제국, 오스트리아와 러시아가 이곳에서 부딪쳤다. 여기에 오스트리아의 가톨릭과 비잔틴 제국의 동방 정교 그리고 오스만 투르크의 이슬람 사이의 치열한 종교 전쟁도 함께했다.

강대국의 패권과 인종과 종교가 뒤섞여 전쟁으로 얼룩진 화약고와 같은 발칸 반도에서 그나마 아드리아해의 아름다운 자연으로 여행객을 불러 모으는 곳이 크로아티아이다.

크로아티아 역시 오스트리아 합스부르크 왕가와 베네치아의 영향을 받다가 2차 세계 대전이 끝나자 유고슬라비아 연방 공화국에 속한다. 이후 유고슬라비아 연방 공화국을 이끌던 티토가 사망하자 신 유고슬라비아 연방이었던 세르비아와의 전쟁을 승리로 이끌면서 1991년 6월 25일 독립한다. 넥타이와 낙하산 그리고 만년필을 처음 발명한 크로아티아에서 가장 유명한 관광지는 플리트비체 국립공원과 두브로브니크이다.

2년 동안 세계 일주를 한 지인이 세계 여행 당시 빠뜨리고 미처 보지 못해 1년 동안 책상 앞에 붙여 두고 꼭 가 보리라고 다짐하다가 마침내 방문하여 탄성을 질렀다는 곳이 플리트비체 국립공원이다. 1979년 유네스코에 의해 세계문화유산으로 등재된 플리트비체 국립공원은 죽기 전에 꼭 보아야 하는 세계 최고의 국립공원으로 천혜의 비경을 간직하고 있다.

플리트비체 국립공원은 아드리아해에서 55킬로미터 떨어져 있어 바다에서 올라오는 따뜻한 공기와 차가운 산의 공기가 만나서 많은 비가 내리기 때문에 울창한 밀림이 형성되었다. 태곳적 자연의 모습을 간직한 이곳에 봄이면 눈 녹은 물이 흘러내려 장엄한 폭포를 쏟아 내고, 여름이면 수천 마리의 반딧불이 반짝이며 매혹적인 밤의 향연을 열고, 가을이면 옥색의 호수와 원색으로 물든 단풍의 풍경이 펼쳐진다. 겨울이면 온통 눈으로 뒤덮여 새하얀 설경으로 방문객들을 설레게 한다.

플리트비체를 방문한 여행자는 대부분 이틀에 걸쳐 상류와 하류 코스로 나누어 여유 있게 트레킹을 한다. 시간이 없는 여행자라면 오전 10시부터 오후 5시에 걸쳐 두 코스를 서둘러 하루에 볼 수 있다. 공원 곳곳에 표지판이 있어 안내원이 없어도 누구나 쉽게 트레킹을 즐길 수 있고 상류 코스와 하류 코스를 이어 주는 배 역시 찾기 쉽다.

다양한 자연을 감상할 수 있는 상류 트레킹 코스는 백운석으로 만들어진

플리트비체 국립공원 1979년 유네스코에 의해 세계문화유산으로 등재된, 죽기 전에 꼭 보아야 하는 천혜의 비경으로 알려졌다.

호수들이 울창한 숲과 어우러져 장관을 연출한다. 입구에서 전기 자동차를 타고 상류 트레킹의 시작점인 정류장에 도착하면 나지막한 나무와 갈대들로 이루어진 숲과 길이 보인다. 천천히 숲을 헤치고 나가면 고요한 하늘 아래 맑고 푸른 호수가 나온다.

호수에서 가장 흔하게 볼 수 있는 것은 송어 떼이다. 바닥까지 훤히 보이는 호수에 송어들이 물 위로 몰려나와 헤엄치고 그 밑으로 고목들이 꿈쩍도 하지 않고 누워 있다. 자연을 보호하기 위해 흙길 이외에 나무 바닥을 깐 산책로가 조성되어 있는데, 발걸음을 옮길 때마다 삐거덕거리는 소리가 나면서 걸으면 걸을수록 상쾌해진다. 아무 생각 없이 호수를 걷다 보면 주위는 깊은 산속이 되었다가 순식간에 여러 갈래 폭포가 떨어지는 원시림으로 변한다. 숲과 호수 그리고 밀림과 폭포가 어우러져 자연의 축복이 가득한 상류 트레킹은 2시간 정도 소요된다.

하류의 여러 호수들은 상류에서 흘러 내려온 물의 압력으로 땅속 동굴이 무너지면서 생성된 것으로 크고 물살이 세다. 석회층 바닥이 맑은 물을 만나 옥빛을 띠는 호수 사이를 걷는 하류 트레킹은 역시 2시간 정도 소요된다. 시작부터 타게 되는 유람선은 호수 위를 떠돌며 맑은 투명 물감 같은 호수를 지난다.

배에서 내려 호숫가를 걷다가 전망대가 보이는 바윗길을 오르면 사진에서 보는 플리트비체의 하이라이트가 펼쳐진다. 칼처럼 뾰족한 암벽과 푸른 숲 사이로 2개의 층을 가진 거대한 산호빛 호수가 여러 갈래로 떨어지는 폭포와 어우러져 장관을 연출한다. 마치 미세하게 움직이는 거대한 생명체를 보는 듯 압도되는 풍광에 여행객들은 할 말을 잃는다. 전망대에서 내려가 호수 한가운데 놓인 다리를 건너 길을 따라가면 전기 자동차가 기다린다. 공원 내의 배나 버스는 환경을 보존하기 위해서 모두 전기를 사용한다.

두브로브니크 아드리아해에 신기루처럼 떠 있는 성채 도시로 도시 자체가 하나의 예술 작품이다.

전기 자동차에 타고 숲 사이를 달려 다시 입구로 돌아온다.

'두브로브니크를 보지 않고 천국을 논하지 말라.' 영국의 극작가 버나드 쇼의 말이다.

아드리아해에 신기루처럼 떠 있는 성채 도시 두브로브니크는 성 밖으로는 코발트빛 바다가 펼쳐지고, 성 안으로는 붉은 지붕이 뒤덮인 한가운데 수많은 여행자들의 발길에 닳고 닳은 플라차 대로가 반짝인다. 구시가를 둘러싸며 25미터 높이로, 약 2킬로미터 뻗어 있는 성벽 길은 두브로브니크 여행의 하이라이트이다.

두브로브니크를 제대로 보기 위해서는 5번을 보아야 한다. 먼저 케이블카를 타고 도시 위로 솟아 있는 산에 올라 한 번 보고, 유람선을 타고 바다로 나아가 다시 보고, 구시가 전체를 감싸는 성벽에서 세 번째로 보고 도심 한가운데를 가로지르는 길을 따라 낮에 한 번, 밤에 한 번 보아야 한다. 몇 번을 보아도 볼 때마다 새로운 두브로브니크는 도시 자체가 하나의 예술 작품이다.

아침 일찍 일어나 필레문을 지나면 플라차 대로가 나오고 그 길 끝에서 412미터의 스르지 산 정상을 오르는 케이블카 타는 곳이 나온다. 케이블카가 두 대밖에 없어 항상 줄지어 서 있으며, 아침 일찍 가야 기다리지 않고 케이블카를 탈 수 있다. 표를 구입해 산을 오르면 보고 또 보아도 눈을 뗄 수 없는 두브로브니크의 전경이 펼쳐진다. 이리저리 사진을 아무리 찍어 보아도 눈에 보이는 그 황홀한 전경을 담을 수 없다.

도시로 내려와 좁은 골목을 지나면 성벽을 오르는 입구가 보인다. 13세기에 짓기 시작하여 16세기에 완성된 두브로브니크 성벽은 도시를 방어하기 위한 목적으로 건축되었으나 최근에는 성벽으로 둘러싼 도시를 감상하기 위해 몰려드는 여행자들로 이전보다 더 바쁘다. 쉴 새 없이 시원한 바람이 부는 성벽 위를 걸으면 붉은빛의 지붕과 조금 덜 붉은 지붕이 교차한다. 붉은 지붕은 전쟁으로 무너져 최근에 지은 것이다. 붉은 지붕 아래 하얀 건물이 성벽을 사이에 두고 푸른 아드리아해와 경쟁하듯 아름다움을 과시한다. 1시간이 넘는 성벽 투어는 바다와 도시가 보여 주는 아름다운 전경으로 언제 지나갔는지 모를 정도로 휙 지나간다.

두브로브니크 구시가를 가로지르는 플라차 대로는 반질반질한 석회암으로 반짝여 '발걸음 소리가 들리지 않고, 발걸음을 볼 수 있는 세상에서 유일한 거리'라고 한 시인이 노래하기도 했다. 원래 이 도로는 바다였던 곳을 메워 약 300미터의 직선로를 만든 것이다.

도시 전체가 유네스코 세계문화유산으로 지정되어 있는 구시가의 여행은 오노프리오 분수부터 시작한다. 15세기에 오노프리오가 만든 이 분수는 12킬로미터 떨어진 강에서 물을 끌어들이기 위해 지어진 것으로 지진으로 파괴되었다가 1870년에 재건되어 지금은 지하 수로와 연결되어 있다. 분수대 반대편에 서 있는 성 사비오르 성당은 1520년에 건립되었으며 1667년대 지진에도 살아남은 유일한 성당이었으나, 1991년 세르비아의 전쟁으로 포격을 당하여 지붕의 70퍼센트가 파괴되었다가 최근에 재건되었다.

성당에서 플라차 대로를 따라 가다 보면 프란체스코 수도원과 약국이 나온다. 파도바와 바그다드의 약국과 함께 유럽에서 가장 오래된 이 약국은 1317년에 설립되어 사람들을 치료하는 역할을 하였으며 육지에 약을 수출하기도 하였다. 지금은 장미 수분 크림을 사려는 관광객들로 붐빈다.

무심코 지나치기 쉬운 프란체스코 수도원의 문 위를 살펴보면 마리아가 죽은 예수를 안고 있는 피에타 상이 보인다. 피에타 상 좌측 인물은 성 제롬이고 피에타 상 우측에 있는 인물은 세례 요한이다.

플라차 대로 원래 이 도로는 바다였던 곳을 메워 약 300미터의 직선로를 만든 것이다.

오노프리오 샘

프란체스코 수도원

　성 제롬은 성경을 그리스어에서 라틴어로 번역한 신부로 크로아티아 중부 지방인 달마티아 전역의 수호신이다. 그는 교황이 머무는 로마 대주교 선거에 입후보했다가 타 후보의 연고나 금품 공세로 후배에게 밀려 대주교가 되지 못했다. 모든 것에 실망한 그는 로마를 떠나 이스라엘 베들레헴의 한 동굴로 들어갔다.

　처음에는 상대 대주교에 대한 분노의 감정이 식혀지지 않아 너무도 고통스러웠으나 언제부터인가 하나님의 치유의 손길이 그의 상처 난 감정을 어루만져 주는 것을 느꼈다. 차츰 마음의 안정을 되찾은 그는 남은 생애 동안 하나님을 위해 고대 그리스어 성경을 라틴어로 번역하기 시작했고, 수년간의 고생 끝에 라틴어 성경을 완성했다. 그는 자신의 상처받은 감정을 하나님의 거룩한 일로 승화시켜 오늘날 많은 사람들로부터 사랑받고 있지만, 오히려 그의 경쟁자였던 로마 대주교의 이름은 아무도 모른다.

　제롬이 동굴에서 성경을 번역할 때 가시가 입속에 낀 사자가 다가와 그가 가시를 뽑아 주었다는 재미있는 일화가 있는데 그 때문인지 그의 조각상 아래 사자를 볼 수 있다.

　1991년 크로아티아가 신 유고슬라비아 연방으로부터 독립을 선언하자 세르비아 군이 3개월 동안 공격을 하면서 두브로브니크 여러 곳이 파괴되었다. 이때 프랑스 학술원 원장인 장 도르메종이 유럽 문명의 상징이 파괴되고 있다며 유럽의 지식인들이 힘을 합쳐 인간 사슬을 만들자고 제안하여 지킨 것이 오늘날의 두브로브니크이다.

전쟁으로부터 살아남은 두브로브니크의 건물들 대부분은 1층에 식당이 있다. 부엌은 일반적으로 맨 위층에 있는데 음식을 할 때의 연기와 투숙객의 편의 때문이다. 귀족들의 저택은 중앙에 홀이 있고 각 코너에 방이 있으며 방의 구조는 똑같다. 귀족들 저택의 부엌 역시 제일 위층에 있다.

플라차 대로 끝에 이르면 창을 들고 있는 올란도 동상이 나온다. 샤를마뉴 대제 시절 옛 스페인 땅에서 마지막까지 이슬람 세력과 싸우며 기독교를 지킨 영웅 롤랑의 이탈리아식 이름이 올란도이다. 그는 강인함과 인내심의 상징으로, 외부와 끊임없이 싸워 온 두브로브니크 사람들의 존경의 대상이 되어 그의 동상이 이곳에 세워졌다.

올란도의 왼손에는 '뒤랑달'이라는 성검이 보이는데 이는 천사가 샤를마뉴에게 내려 준 것으로 그가 올란도의 공적을 치하하며 하사했다. 뒤랑달은 굉장히 예리하여 상대의 투구를 쪼개고도 기수와 말까지 토막을 낼 정도였고, 올란도가 죽어 가면서도 이 검을 적에게 넘기지 않으려고 바위에 내리쳐서 부러트리려 했는데 도리어 바위가 두 조각으로 쪼개졌다고 한다. 칼을 들고 있는 올란도의 오른쪽 팔꿈치에서 손까지의 길이는 이곳의 표준 길이 단위인 1엘로 사용되었다. 1엘은 51.2센티미터이다. 올란도 동상은 국기 게양대로 사용되거나 죄인을 묶거나 고문하거나 처형하는 장소로 이용되었다.

플라차 대로의 끝에는 종탑이 있다. 탑 꼭대기의 종각에서는 매시 정각에 그 시간만큼 종을 치고, 벽면의 문어 시계는 시간만 알려 준다. 또한 아

렉토르 궁전과 올란도 동상

래에 있는 황금빛은 보름달, 은빛은 시간에 따라 변하는 달의 모습을 보여
준다.

종탑 왼쪽에 위치한 스폰자 궁전은 르네상스식 아치와 고딕식 벽면으로
이루어진 두브로브니크에서 가장 아름다운 건물이다. 1516년 지어질 당시
무역을 취급하는 세관으로 사용되었다. 종탑 오른쪽에 있는 성 블라이세
성당은 두브로브니크의 수호성인이자 자유를 상징하는 블라이세를 기리는
성당이다. 그가 베네치아의 정탐꾼을 찾아낸 덕분에 이탈리아의 습격에 대
비하여 성벽을 지을 수 있었다. 그는 이후 두브로브니크의 수호신이자 상
징이 되어 성벽 입구나 성당 입구 그리고 스폰자 궁전 곳곳에서 그의 동상
을 볼 수 있다. 동상은 주교 차림으로 왼손에 도시 모형을 들고 있다.

스폰자 궁전에서 구 항구로 나가는 입구를 지나면 렉토르 궁전이 나온
다. 과거 두브로니크는 35인의 귀족으로 구성된 의회가 도시를 다스렸던
귀족 국가로 귀족들 중 그들을 대표하는 렉토르를 선출했다. 렉토르는 한

달 동안 권력을 위임받아 렉토르 궁전에서 외부인을 접견하고 공문서를 처리하고 법적인 판결을 내리는 일을 하였는데 이 기간 동안 그의 사적인 영향력을 행사하지 못하도록 궁전 밖 출입이 제한되고, 가족과도 떨어져 살았다. 그래서 여러 번 렉토르에 뽑혔던 귀족들이 불평하여 렉토르를 24개월 동안 하게 되면 더 이상 선출하지 않았다고 한다.

렉토르 궁전 앞에는 르네상스 시대 코미디 작가인 마진 드리시치의 동상이 있다. 그는 이 도시에 대한 비판이 가득한 작품을 많이 썼으며 베네치아로 도망간 후 그곳에서 사망했다. 해마다 여름 축제 기간이 되면 그의 작품들이 이곳 광장에서 공연된다.

렉토르 궁전 뒤의 대성당까지 두브로브니크 시내 구경이 끝나면 하루 종일 돌아다녀도 지루하지 않은 골목길을 구석구석 다니다가 해가 질 무렵 구 항구로 가야 한다. 구 항구에서 유람선을 타고 바다로 나가면 아드리아해의 매혹적인 일몰이 구름과 바다를 층층이 물들이는 모습을 감상할 수 있다. 일몰로 인해 도시는 아드리아해의 진주처럼 반짝인다. 두브로브니크는 〈뉴욕타임지〉에서 죽기 전에 꼭 한번 가 보아야 할 장소로 선정되었다.

빛과 자연이 빚어 낸 예술의 섬, 나오시마

감동이 없다. 도대체 왜 사람들은 모네의 〈수련〉에 감동을 하는지 알 수가 없었다. 무지한 나에게 그 진가를 알아보게 한 곳은 일본의 나오시마였다. 나오시마에서 모네의 〈수련〉을 보고 감동한 나는 모네가 〈수련〉을 그렸던 지베르니를 방문하였다.

지베르니에 있는 모네의 집에 도착하여 그가 〈수련〉을 그렸던 작업장을 지나면 집 앞으로 넓은 정원이 펼쳐진다. 정원으로 들어가 다양한 나무와 꽃들을 지나자 모네의 작품에서 보았던 연못과 다리가 있는 〈수련〉의 장소가 나온다. 이곳에 앉아 수련을 바라보니 수련은 하늘빛을 받아 물과 경계 없이 한데 어우러져 깊은 꿈을 꾸고 있다. 모네는 연못 속에 담겨 있는 수련과 빛 그리고 물을 재료로 또 하나의 우주를 창조하며 당시 미의 기준을 바꾸었다.

노란 호박

　시코쿠는 일본 열도를 구성하는 이 4개의 섬 중 가장 작은 섬이자 사누키 우동으로 유명한 곳이다. 여기서 배를 타고 20분쯤 가면 선착장에 쿠사마 야요이의 작품인 〈노란 호박〉이 있는 나오시마가 나온다. 나오시마는 구리 제련소가 있었던 곳으로 구리 폐기물로 황폐한 땅이었는데 교육과 통신이 주 업종인 베네세 그룹의 후쿠다케 소이치로 회장이 예술의 섬으로 바꾸었다.

　인간을 구원하는 것은 결국 자연과 예술이라는 확고한 그의 신념은 주위의 만류를 뿌리치고 버려진 나오시마를 바다와 태양 그리고 미술과 건축이 하나로 어우러진 예술의 섬으로 탈바꿈시켰다.

　나오시마 아트 프로젝트라 불리는 이 계획은 1987년 후쿠다케 회장이 10억 엔을 들여 섬의 절반을 사들이면서 시작되었다. 원래 후쿠다케 회장은 이 섬을 캠핑장으로 이용하려 했으나 자연과의 공조를 중시한 세계적 건축가 안도 타다오를 만나면서 예술의 섬이 되었다.

나오시마 아트 프로젝트는 크게 베네세 하우스, 지추 미술관, 아트 하우스 등 세 가지로 구성되어 있다. 1992년 나오시마 아트 프로젝트는 호텔과 미술관을 결합한 베네세 하우스부터 시작한다. 라틴어로 '좋은 삶'을 의미하는 베네세 하우스의 호텔은 아름다운 세토해가 보이는 언덕 위에 위치하고 있다. 텔레비전은 물론 휴대전화, 컴퓨터와 인터넷 등 모든 문명으로부터 완벽하게 단절되어 있고, 수많은 현대 미술 작품이 호텔을 장식하고 있다.

호텔 옆에 위치한 지추 미술관을 입장하기 위해서는 매표소에서 표를 구입해 10분 정도 걸어야 한다. 미술관으로 가는 길 위로 연못이 보이고 연못 안에는 단아하게 핀 수련들이 하늘거린다. 건물 자체가 예술품인 지추 미술관은 자연과의 조화를 중시하는 안도 타다오의 의도에 따라 지형에 맞게 가라앉히는 식으로 지어져 지하에 입구가 있다.

3층 규모의 미술관은 내·외부 모두 콘크리트로 지어져 문명의 삭막함이 감돌지만, 콘크리트 사이로 새어 들어오는 한 줄기 빛이 빛의 의미를 극대화하고 있다. 이 미술관의 주제인 빛과 자연을 관통하는 세 명의 작가, 9개 작품만이 미술관에 전시되어 있다.

첫 번째 전시실로 들어서자 조금 전 이곳으로 오는 길가에 왜 수련을 심었는지 자연스럽게 알 수 있다. 전시실 큐레이터의 지시에 따라 실내화로 갈아 신고 한참을 기다리자 실내로 들어가라고 한다. 대리석 70만 개로 장식된 번들거리는 바닥을 걸으며 실내로 들어서자 인공 조명 없이 자연 채광으로 이루어진 희미한 조명 아래 생각했던 것보다 큰 전시실이 들어 서 있다. 눈앞에 보이는 사방의 하얀 벽에 무엇인가 반짝거리는데 멀어서 정확한 형체를 알 수가 없다.

한 발 한 발 다가가자 수련들이 여기저기서 넘실거린다. 온 사방 벽이 꽉 채운 수련으로 장식되어 있다. 유럽의 많은 미술관을 다니면서 모네의 〈수련〉을 보았지만 이렇게 장대하면서 화려한 작품은 본 적이 없다. 노을 속 구름처럼 황홀한 이미지를 연출한 모네의 작품에서 수련은 보이지 않는다. 오로지 해와 물이 만나 펼치는 빛의 향연만이 넘쳐나고 있었다. 후쿠다케 회장은 1998년 천문학적 금액을 주고 보스턴 미술관으로부터 〈수련〉을 구입했다고 한다.

다음 작품은 빛의 작가이자 미니멀리즘의 사제인 제임스 터렐의 〈오픈 필드〉이다. 제임스 터렐은 중국의 베트남 침공 때 비행기를 몰다가 죽음에 이르렀던 경험이 계기가 되어 빛을 탐구하는 작가가 되었다. 그는 빛의 화가인 모네가 의식한 문제를 현대적으로 확장해 가며 빛을 입체적으로 보여 주는 작품을 완성했다. 이번에도 역시 큐레이터의 지시에 따라 실내화로 갈아 신고 어두운 전시실로 들어서니 계단 위로 푸른색으로 가득한 작품이 보인다. 불안한 마음으로 작품을 응시하지만 어떤 감동도 없다. 푸른빛밖에 없다.

한참을 보고 있으니 큐레이터가 계단을 올라 작품 앞으로 가라고 해서 계단을 오르는데 마치 작품 속으로 빨려 들어갈 것만 같다. 작품 앞에 서자 큐레이터가 작품 속으로 들어가라고 한다. 자세히 보니 과연 작품 안으

수련

오픈 필드

Time, Timeless, No Time

로 방이 보였다. 두근거리는 마음으로 작품 속으로 들어간다. 작품 속으로 들어가는 순간 모든 방향 감각과 공간감은 사라지고 오직 푸른빛만이 존재한다. 나는 어느새 작품의 일부가 되어 작품 속을 거닌다. 내 주위에는 어떤 것도 존재하지 않는다. 오로지 푸른빛으로 나를 채운다. 그렇게 작품 속을 걸으며 방의 끝에 다다르자 푸른빛의 다음 방이 다시 기다린다. 푸른빛에 무장 해제된 나는 그저 허허거리며 정신을 놓아 버린다.

미술관에서 마지막 만난 작품은 미국의 작가 월트 드 마리의 〈Time, Timeless, No Time〉이다. 성스러운 신전을 연상시키는 전시실에 들어서자 금박을 입힌 27가지 나무 모형이 2.2미터의 구형 화강암을 둘러싸고 엄숙한 분위기를 연출하고 있다. 해의 움직임에 따라 치밀하게 배치된 전시실 창으로 빛이 들어오면 금박의 사각 모형과 중앙의 둥근 구가 다양한 이미지를 창출하면서 관람자를 압도한다. 마치 우리를 넘어선 그 무엇이 존

재한다는 사실을 일깨우며 우리의 인식이 얼마나 미미한지 보여 주는 듯하다. 특히 관람자를 비웃기라도 하듯 구형의 화강암은 방 안의 풍경을 때로는 압축하고 때로는 확대하여 보여 준다.

지추 미술관 정원으로 나가면 바다로 열려 있는 푸른 들판이 나오고 조금 걸으면 역시 안도 다다오가 설계한 하얀 건물인 이우환 미술관이 나온다, 1936년 한국에서 태어난 그는 프랑스와 일본에서 공부하였으며 '모노하(物派)'의 창시자이다.

모노는 일본어로 물체를 뜻하는데 '모노하'는 캔버스와 붓 등을 이용한 기존의 회화 틀에서 벗어나 나무, 돌, 철판, 종이 등의 소재를 있는 그대로 제시하자는 동양 최초의 현대 미술 운동이다. 이우환 미술관을 돌아다니다 보면 마치 사람이 앉아 있듯이 미술관 곳곳에 덩그러니 놓여 있는 돌들과 철판에서 감정을 느끼게 된다. 그 돌과 철판 위로 펼쳐진 아름다운 바다와

가도야 밖에서 보면 평범한 일본식 전통 가옥이지만 안으로 들어서면 놀라운 풍경이 펼쳐진다.

하늘의 모습에서 여백의 아름다움도 보인다.

이우환 미술관을 나와 나오시마 마을의 빈집을 설치 미술로 바꾸어 놓은 아트 하우스로 향했다. 마을 안에 버려진 빈집 3채를 개조해 시작한 아트 하우스는 현재 7채가 예술 작품으로 변모해 있다. 아트 하우스는 섬 마을 사람들이 사는 집들 속에 위치해 있어 민속촌의 박제화된 정형성을 배제한 채 자연스럽게 위치해 있다.

예쁜 안내판을 따라 일본식 옛집이 늘어선 아름다운 골목길을 걸으니 첫 번째 아트 하우스 '가도야'가 나타난다. '가도야'는 밖에서 보면 평범한 일 본식 전통 가옥이지만 안으로 들어서면 놀라운 풍경이 펼쳐진다.

불을 완전히 끈 어두운 대청마루에 물을 채워 놓았는데, 그 물속에서 0을 제외한 1에서 9까지의 숫자가 다양한 색깔로 여기저기서 반짝인다. 어두운 밤하늘의 별을 연상시키는 이 작품은 설치 작가 미야지마 다츠오가 제작한 것으로 인간의 생과 사를 보여 준다. 어둠 속에서 깜박거리며 나이를 상징하는 숫자를 바라보고 있으면 시간의 덧없음을 깨닫게 된다. 중요한 것은 순간순간 빛나는 삶이지 스케줄이 아니라는 생각이 불현듯 든다.

'가도야'를 나와 아트 하우스 중에서 가장 인상적인 '미나미데라'로 향했다. 이곳은 안도 다다오와 제임스 터렐이 완성한 작품으로 '달의 뒤편'이라는 부제가 달려 있다.

옛날 절터에 있던 빈집을 개조한 이곳에 들어서자 칠흑 같은 어둠만이 존재한다. 한참을 앉아서 어둠에 익숙해지자 큐레이터가 어둠 속을 걸어 보라고 한다. 어둠을 헤치고 한 발 한 발 걸으니 어둠 너머로 다시 어둠이 펼쳐진다. 겹겹의 암흑 속에서 두려움을 넘어 참을 수 없는 존재의 절규가 느껴진다.

마지막으로 나오시마 주민들이 '고'라는 게임을 즐기던 건물을 새롭게 개장한 '고카이쇼'를 방문했다. 이곳에는 2개의 소박한 다다미방과 작은 정원만이 있다. 한쪽 방에는 화려한 동백들이 사람처럼 앉아 있고 나머지 한쪽 방에는 한 송이 동백꽃이 덩그러니 놓여 있다. 정원에는 그들이 태어난 동백나무 한 그루가 있다. 일본인 특유의 서정성이 집안 가득히 넘친다.

나오시마를 여행하면서 나는 그들이 행하는 도발적이며 용기 있고, 일상적이면서 독특한 예술적 정신과 실천에 경의를 표할 수밖에 없었다. 자연과 예술 그리고 사람이 어우러지며 빚어 내는 향기로운 예술의 성취는 오랫동안 나의 마음을 떠나지 않을 것이다.

호수 위에 세운 미로 같은 도시, 베네치아

베네치아의 매력은 베네치아 중앙역인 산타루치아 역에 도착하자마자 바로 알 수 있다. 역을 나서는 순간 베네치아의 이색적인 풍경이 갑자기 영화 세트장으로 걸어 들어온 것 같은 착각을 불러일으킨다. 넘칠 듯 살랑거리는 파란 바다 위로 고풍스러운 파스텔 풍의 집들, 좁은 운하 위로 하얀 티를 입은 곤돌리에가 운행하는 곤돌라가 여행자들의 마음을 단박에 사로잡는다. 베네치아는 '계속해서 오라'라는 의미의 도시로 본래 석호의 사주(砂洲)였던 곳에 시가지가 들어섰기 때문에 지반이 약해서 도시 전체가 가라앉고 있다. 1년에 1,000만 명 이상의 방문자로 인해 지반 침하가 가속화하여 베네치아 당국이 한때 여행자 수를 제한했으나 아름다운 곳을 찾는 인간의 욕망을 제도로 단념시킬 수는 없었다. 할 수 없이 섬 주위에 기둥을 세우는 '모세 프로젝트'를 진행하며 섬을 지키기에 안간힘을 다하고 있다.

베네치아의 골목 파란 바다 위로 고풍스러운 파스텔 풍의 집들이 늘어서 있고, 좁은 운하 위로 하얀 티를 입은 곤돌리에가 곤돌라를 운행한다.

118개의 섬들이 400여 개의 다리로 이어진 물의 도시 베네치아에는 차가 없다. 유일한 대중 교통수단이 배이며 관광객들도 수상 버스인 바포레토를 이용한다. 산타루치아 역 앞에서 1번 바포레토를 타고 10분 정도 가면 베네치아에서 가장 아름다운 다리인 리알토 다리가 나온다. 이곳에서 보는 베네치아의 전경이 가장 아름답다. 베네치아 특유의 파스텔 톤 집들이 S자 운하를 따라 늘어서 있고 꽃으로 장식한 식당들이 햇빛을 받아 반짝이며 수상 버스와 수상 택시, 곤돌라가 천천히 자기 길을 간다.

리알토 다리

리알토 다리 일대는《베니스의 상인》의 무대로 유명하다.《베니스의 상인》은 엘리자베스 여왕의 주치의인 로베스라는 유대인이 여왕을 독살하려 했다는 혐의로 처형된 사건에서 모티브를 가져왔다고 한다.

베니스(베네치아)의 상인 안토니오는 자신의 전 재산을 실은 배 넉 대를 출항시킨다. 그런데 며칠 후 친구 바사니오가 찾아와 벨몬트에 사는 포샤에게 구혼하기 위한 돈이 필요하다고 했다. 당장 돈이 없었던 안토니오는 유대인 고리대금업자 샤일록에게 자신의 이름으로 4,000더컷을 빌리고 기간 내에 돈을 갚지 못하면 자신의 살 1파운드를 제공한다는 증서를 써 준다. 하지만 배가 난파당한 안토니오는 상환 날짜를 넘기고 만다. 샤일록은 약속대로 법정에서 안토니오의 살을 요구한다. 샤일록과 안토니오의 계약은 베네치아의 법에 따라 이행되야 하기 때문에 당연히 안토니오의 살을 도려내야 했다. 하지만 판사는 자비의 정신을 발휘해 빌려 준 돈 세 배를 받고 안토니오를 용서해 주는 것이 어떠냐고 샤일록을 설득했다. 샤일록은 처음부터 안토니오에게 자비를 베풀 생각이 전혀 없었기 때문에 법을 지키고 정의를 실현하기 위해서라도 자신이 직접 안토니오의 살을 베어 내겠다고 고집한다. 절체절명의 순간 남장을 한 포샤가 병이 나서 나오지 못한 재판관을 대신하여 판결을 내린다.

"이 증서에는 안토니오의 피까지 당신에게 준다고 하지 않았소. 오로지 살 1파운드만이오. 만약 피를 한 방울이라도 흘리면 당신의 토지와 재산을 베네치아의 국법에 의해 몰수될 것이오."

이에 당황한 샤일록은 그렇다면 돈으로 세 배를 달라고 하지만 재판관은 이미 판결이 났으므로 꼭 살 1파운드를 베어 내라고 명했다. 결국 샤일록은 돈을 포기해야 했고, 벌로 기독교로 개종하고 유산 전부를 딸과 사위이자 안토니오의 친구 로렌조에게 양도하라는 판결을 받았다. 《베니스의 상인》의 줄거리는 로맨틱하지만, 그 안에는 당시 런던 시민이 가졌던 반 유대 감정이 그대로 드러내며 정의의 힘보다 자비의 힘이 승리한다는 메세지를 전한다.

리알토 다리에서 조금 걸어가면 산마르코 광장이 나온다. 나폴레옹이 세계에서 가장 장엄한 입구라고 말한 산마르코 광장은 삼 면이 산마르코 성당과 두칼레 궁전 그리고 코레르 박물관 등 화려한 건축으로 장식되어 있고 나머지 한 면이 바다로 열려 있어 자연과 인공이 어우러진 최절정의 공간미를 자랑한다. 산마르코 광장에는 하얀 대리석의 열주가 늘어서 있고 그 열주 아래 1720년부터 내려오는 플로리안 카페 Caffè Florian가 있다. '꽃과 같은'이라는 뜻을 지닌 이 카페는 광장의 한편에 자리 잡고 있으며, 세계사의 고비마다 많은 사상가와 정치인 그리고 시인들이 새 시대를 예견하고 노래한 곳이다. 대표적인 인물로 괴테, 바이런, 토마스 만 등이 있고 현대 인물로는 프랑스의 시라크 대통령부터 영화배우 멜 깁슨까지 다녀갔다. 18세기 최고의 바람둥이로 불리던 카사노바도 플로리안 카페를 무대로 수많은 여성들과 사랑을 속삭였다.

산마르코 광장의 산마르코 성당은 신약 성서의 4대 복음 성인 중 한 명인 마가의 유해를 모시기 위해 지은 성당이다. 이집트 알렉산드리아에서 복음을 전하다가 죽은 마가의 유해가 828년 신전 공사로 훼손 위기에 처하자 베네치아의 상인들은 유해를 베네치아로 옮겨 왔다. 이들은 유해를 몰래 옮기기 위해 이집트 사람들이 싫어하는 돼지고기 바구니에 감추었는데, 이 장면이 산마르코 성당 입구 천장에 화려하게 그려져 있다. 후세의 미술가들은 신약 성서의 4대 복음 성인들에게 상징물을 붙여 주었는데 마태는

산마르코 광장과 산마르코 성당

사람, 마가는 사자, 누가는 황소, 요한은 독수리이다. 마가복음은 '광야에서 외치는 소리'라는 말로 시작하는데 여기서 착안해 마가를 사자로 상징했다. 산마르코 성당은 물론 산마르코 광장 곳곳에 날개 달린 사자상을 쉽게 볼 수 있으며 세계 4대 영화제 중의 하나인 베네치아 영화제의 최고의 상도 황금 사자상이다.

산마르코 성당 바로 옆에 있는 사랑스러운 핑크색 두칼레 궁전은 수년간 베네치아를 통치했던 두크가의 중심 관청이자 왕가로, 산마르코 성당과 해안 사이에 있다. 궁전은 베네치아 공화국 총독의 청사로 9세기에 세워졌으나 몇 번의 화재를 겪었다. 궁전 입구의 문은 '카르타의 문(문서의 문)'으로 황금 사자로 변한 마가가 당시의 최고 통치자에게 성경을 전해 주는 모습을 표현한 조각이 보인다. 실내로 들어가면 1층은 아치형 기둥들이 늘어선 로지아loggia로 이루어져 있고, 기둥에는 베네치아 유명 가문만이 사용할 수 있는 클로버 문양이 새겨져 있다.

기둥들 사이로 과거 베네치아 총독들이 궁전으로 들어가기 위해 사용했던 거인의 계단Scala del Giganti이 보이고 계단 양옆으로 전쟁의 신 마르스와 바다의 신 넵튠 조각상이 있어 당시 전쟁과 바다를 통해 세력을 확장했다는 사실을 상징한다. 궁전 안으로 들어가면 황금의 계단Scala d'Oro이 위층을 이어주고 있는데 천장은 이름답게 황금빛으로 빛난다. 베네치아의 총독들은 이 계단에서 취임식을 했고 총독은 계단을 통해 총독실로 갔다고 한다.

계단에 올라서면 베로네제, 티치아노, 카르파초, 틴토레토 같은 유명 베네치아 화가들이 장식한 방들이 나온다. 첫 번째 방은 틴토레토가 꾸민 살라 콰트로 포르트Sala Quattro Porte이고, 다음 방은 살라 델 콜레지오Sala del Collegio로 베로네제의 11개 조각상들과 틴토레토의 작품들이 방을 장식하고 있다.

여기에서 오른쪽으로 들어가면 대 평의회 대회의실인 살라 델 마조르 콘시글리오Sala del Maggior Consiglio가 나온다. 2천 명을 수용할 수 있는 회의실로 들어서면 천장과 사방 벽이 황금과 그림으로 장식되어 그 규모와 화려함에 모두 압도당한다. 틴토레토의 유명한 작품 〈천국〉이 바로 이 회의실 정면

탄식의 다리

벽을 꽉 채우고 있다.

〈천국〉은 세계 최대의 유화로 그리스도와 마리아를 중심으로 700여 명의 군상들이 제각기의 모습으로 하늘의 복을 누리는 모습을 연출하고 있다. 현기증이 날 정도로 거대한 그림을 관람객들은 보고 또 보며 그 웅장함에 감탄을 그치지 않는다. 평의회 대회의실 나와 계단을 내려오면 프리지오니 감옥으로 연결된 탄식의 다리가 나온다. 탄식의 다리는 형을 선고받은 죄수들이 이 다리를 건너면서 마지막 바깥세상을 바라보며 탄식한 데에서 이름이 유래되었다. 이곳에 한 번 투옥되면 다시는 나올 수 없었기 때문이다. 우리가 잘 아는 희대의 바람둥이 카사노바가 한때 투옥됐다가 유일하게 탈출한 사람인데 베네치아의 뭇 여인들의 도움으로 탈출이 가능했다고 한다.

곤돌라 베네치아의 중요한 교통수단으로 사용되었으며 오늘날은 관광객을 위해 존재한다.

베네치아에서 곤돌라를 빼놓으면 섭섭하다. 목청 좋고 잘생긴 베네치아 청년들이 노를 저으며 그 어원처럼 흔들리는 곤돌라에 올라 베네치아 골목을 누비면 영화 속 주인공이 부럽지 않다. 오래전에 베네치아는 외부의 침입을 받아 도시의 모든 처녀들을 빼앗겼다. 이에 신붓감을 잃은 베네치아 청년들은 작은 배를 이용해 야밤에 소리 없이 기습해 처녀들을 되찾아 왔다. 이때 사용한 곤돌라는 원래 장례용 배였다. 도시의 면적이 제한되어 있기 때문에 베네치아에서는 사람이 죽으면 성당에서 장례를 치른 뒤 이웃의 섬으로 옮겨 묘지를 만들었는데, 그때 사용했던 배가 곤돌라이다. 시간이 흐르면서 곤돌라는 원래 용도와는 다르게 베네치아의 중요한 교통수단으로 사용되었으며 오늘날은 관광객을 위해 존재한다. 곤돌라가 검은색인 이유는 1562년 베네치아 시령으로 사치를 금한다는 규정이 있었기 때문이다.

베네치아 식당의 음식은 대부분 비싸고 맛이 없다. 특히 사람들이 붐비는 산타루치아 역이나 산마르코 광장은 더욱 심하다. 저렴하면서 맛있는 식당을 원한다면 피자 알 볼로로 가야 한다. 현지인과 여행객들에게 인기가 있는 이 식당은 산타 마그리타 광장에 있다. 산마르코 광장에서 출발하면 아카데미아 미술관을 지나야 광장이 나온다. 베네치아에서는 지도가 무용지물이니 현지인에게 산타 마그리타 광장이 어디냐고 물어서 가는 것이 가장 현명하다. 알 볼로 식당의 피자는 조각 또는 한 판으로도 판매하는데 베이컨은 우리 입맛에 짜다. 호박이나 가지 등 담백한 야채 피자를 권한다. 피자를 한 입 베어 문 순간 베네치아가 사랑스러워진다.

사랑스러운 베네치아의 매력을 더욱 맛보기 위해서는 아카데미아 미술관으로 가야 한다. 아카데미아 미술관은 1750년에 설립했으며 중세에서 근세에 걸쳐 교회와 수도원 그리고 길드 등이 갖고 있던 회화 약 800점을 소장하고 있다. 주요 작품으로는 베네치아 화파인 벨리니의 〈성 마르코 광장의 축제〉와 티치아노의 〈피에타〉, 그리고 조르조네의 〈놀〉이 있다.

베네치아의 경제적 문화적 전성기에 활약한 티치아노는 초상화부터 종교화까지 특유의 독창적인 화풍을 선보이며 자신이 원하는 후원자들을 선택할 수 있을 정도로 실력이 뛰어났다. 티치아노의 대작 〈피에타〉는 화려한 베네치아 화파답지 않게, 단색조의 어둡고 엄숙한 화면 가운데 마리아가 십자가에 내려진 예수 그리스도를 안고 비통에 잠긴 모습이다. 미켈란젤로를 비롯하여 기존 작가의 〈피에타〉와는 달리 티치아노의 작품에서는 성모 마리아를 중점을 두지 않고 막달아 마리아를 강조하여 묘사하고 있다. 그녀는 예수의 죽음이 주는 비극과 상관없이 딴 곳으로 얼굴을 돌리고 한 팔을 든 채 무엇인가 이야기하는 중인데 그 모습이 당당하고 위엄에 차 있다. 마치 예수의 부활을 이야기하는 것 같다. 성서에서 예수는 죽은 지 사흘 만

피에타 티치아노의 작품에서는 성모 마리아를 중점을 두지 않고 막달아 마리아를 강조하여 묘사하고 있다.

에 부활하여 막달라 마리아에게 처음 나타났다.

서사적인 틴토레토의 〈피에타〉에 반하여 조르조네의 작품 〈놀〉은 매우 시적이다. 작품 속 배경이나 사람들의 모습에서 성서나 고대 신화의 한 장면을 떠올리게 하지만 어떤 학자는 설화적 주제를 부정하고 풍경화로 이 그림을 보아야 한다고 주장한다. 당시까지만 해도 풍경은 그저 중심인물을 위한 배경으로 그렸을 뿐 별다른 의미를 지니지 못했다. 그러나 조르조네는 풍경을 독자적인 그림의 주체로, 또 작품의 분위기를 결정 짓는 중요한 요소로 등장시켰다. 이 작품을 두고 메리 매카시는 "조르조네의 작품에서는 수많은 의문이 허공에 뜬 채 모든 것이 숨을 죽이고 있다."라고 이야기한다. 그러나 작품은 인간과 자연이 하나가 되는 이상적인 낙원에 대한 동경을 너무나 선명하게 보여 주고 있다.

미술관을 나와 베네치아 여행의 종착지인 산타루치아 역으로 돌아갈 시간이다. 올 때와는 달리 대중교통을 이용하지 않고 미로 같은 골목길을 헤매며 걸어가야 한다. 베네치아의 진짜 매력은 뒷골목에 있기 때문이다. 내일 당장이라도 가라앉을 것 같은 도시에 살았던 베네치아인들은 생존의 위험에 배수진을 치고 바다를 통해 들어오는 모든 영광과 번영의 황홀함과 굴욕, 그리고 쇠락을 경험했다.

13세기 적극적인 해상 진출로 콘스탄티노플은 물론 에게해의 크레타 섬을 정복해 지중해 무역권을 장악한 베네치아지만 16세기 말부터 터키와의 전쟁에 패배해 지중해의 요충지를 하나씩 내어주면서 내리막길을 걸었다. 이 과정에서 모든 것이 부족했던 그들은 무엇이든 기꺼이 받아들여 간직했다. 결국 베네치아인들은 언제나 침수될 수 있다는 불안함과 덧없음에 저항하고자 강한 인간의 욕망을 바탕으로 이 지상에서 가장 아름다운 건물과 황홀한 세계를 만들었다.

미로 같은 뒷골목을 하염없이 걷다 보면 화려한 문명은 어두운 뒷골목처럼 인간의 숙명적인 한계에서 나왔음을 알 수 있다. 석호 위에 세운 이 미로 같은 이 도시를 토마스 만은 '숙명적인 육욕의 쾌락을 느낄 수밖에 없는 곳'이라 말했다.

당대엔 인정받지 못한 아름다운 고통, 고흐 미술관

이글거리는 긴 터치로 자신만의 세계를 그려 낸 고흐 Vincent Van Gogh 의 작품은 화려하면서도 깊은 외로움과 아픔이 배어 있다. 지독한 가난과 정신병, 사회로부터의 소외 등 인간이 가질 수 있는 모든 불행을 견디며 붓을 놓지 않았던 그였지만 미술에 대한 집념은 긍정적이고 아름다웠다. 살아 움직이는 듯 생명감이 느껴지는 그의 작품들은 200년이 지난 지금까지도 우리들의 마음속으로 들어와 영혼을 사로잡고 있다.

풍차의 마을 잔세스칸스가 근교에 있는 암스테르담 중앙역을 나서면 언제나 활력이 넘친다. 아기자기한 집들과 수많은 운하를 지나다 보면 회색빛의 고흐 미술관이 나타난다. 미술관 1층은 고흐와 동시대에 살았던 사실주의 화가와 인상파 화가들의 작품들이 전시되어 있고 2층으로 올라가면

고흐 고흐는 인간이 가져야 할 모든 불행을 안고 살았다.

고흐 미술관 이곳에서는 고흐의 삶과 작품을 한눈에 볼 수 있다.

고흐의 작품들이 있다. 2층 전시실에서 맨 처음 만나는 작품은 고흐의 자화상들이다. 자신의 정신을 갉아먹는 또 다른 자신과 싸우며 분노하는 그의 자화상은 살아 있다는 것에 대한 고통과 아픔이 진하게 배어 있다.

자신의 실존에 대한 방황이었을까? 아니면 자신을 알아주지 않는 사회에 대한 반항이었을까? 고흐는 격앙된 감정을 감추지 않으며 스스로 미쳐 가고 있었다.

고흐의 자화상 중 1888년에 그린 작품이 눈에 띈다. 다른 자화상 속에 보이는 불꽃같이 이글거리는 정염은 어디론가 사라지고 하얀 여백을 배경으로 수수한 모자를 쓴 고흐가 고요히 있다. 자신의 생명을 앗아 가는 또 다른 자신을 뿌리치고 순수한 영혼으로 돌아가 휴식하고 싶었던 것일까?

하지만 만년의 작품을 보면 기우임을 알 수 있다. 이전보다 더욱 거센 정염의 불꽃들이 그의 얼굴을 감싼다.

고흐는 1853년 네덜란드 작은 마을에서 목사의 아들로 태어났다. 동생 테오의 권유로 27세에 파리에서 본격적인 화가의 삶을 시작하지만, 아무도 알아주지 않는 파리 생활에 곧 염증을 느끼고 1888년 2월 아를로 내려간다. 겨울이었지만 파리의 우울한 생활을 벗어난 화가에게 아를에 대한 인상은 유독 따뜻했다. 고흐는 동생 테오에게 보낸 편지에 자신이 느꼈던 아를의 매력을 다음과 같이 이야기한다.

예전에는 이런 행운을 누려 본 적이 없다. 하늘은 믿을 수 없을 만큼 파랗고 태양은 유황빛으로 반짝인다. 천상에서나 볼 수 있을 듯한 푸른색과 노란색의 조합은 얼마나 부드럽고 매혹적인지….

자신이 살았던 집을 그린 〈노란 집〉과 〈아를 병원의 정원〉, 〈밤의 카페

테라스〉 등 강렬한 색채의 작품들은 아를의 매력이 자양분이 되어 완성되었다. 아를에서 새로운 미술 사조를 만들고 싶었던 그는 존경했던 고갱을 초청하지만 거절당한다. 하지만 끈질긴 구애와 화구상으로 이름이 있었던 동생 테오의 설득 끝에 고갱은 아를로 내려간다.

고갱이 내려온다는 소식을 들은 고흐는 새로운 삶에 대한 설렘과 기쁨으로 들뜬다. 자신이 살고 있는 집에 고갱의 방을 만들고 실내 장식으로 자신의 그림인 〈해바라기〉를 걸었다. 고흐는 네덜란드에서 파리로, 파리에서 다시 아를로, 조금이라도 태양이 많이 비추는 곳을 찾아 이동했다. 태양을 향한 그의 집착이 해바라기로 이어진다. 고흐는 동생 테오에게 보낸 편지에서 해바라기를 통해 강렬한 생명력을 보았다고 썼다.

고갱이 내려온 지 얼마 되지 않아 그들의 생활은 곧 파국을 맞이한다. 이성적이고 냉정한 고갱은 감성적이며 변덕이 심한 고흐와 성격뿐 아니라 그림에 대한 생각도 달랐다. 고갱이 힘든 동거 생활을 끝내고 파리로 떠나려 하자 고흐는 그의 뒤를 쫓아가 고갱에게 남아 달라고 애원한다. 그러나 고갱은 이를 뿌리치고 집에서 10분밖에 되지 않은 기차역으로 떠나 버린다. 고흐는 엄청난 실망감과 좌절로 자신의 귀를 자른다. 정신병이 깊어진 그는 동생 테오의 권유로 아를 근처에 있는 생 레미의 생폴 수도원에 입원한다. 심각한 정신착란 현상을 보인 고흐이지만 자신의 영혼과 생명을 갉아먹는 그림을 포기하지 않는다.

1890년 생폴 수도원에서 더 이상 치료에 대한 희망을 잃은 고흐는 자신의 생애 마지막 휴양지인 파리 근교의 시골 마을 오베르 쉬르 우아즈로 간다.

고흐 미술관의 마지막 전시품은 그가 죽기 전에 오베르 쉬르 우아즈에서 그린 〈밀밭 위의 갈가마귀 떼〉이다. 이 작품 앞에 서면 저절로 눈시울이 붉어진다. 불행한 종말을 암시하듯 어둠의 이미지가 넘치는 작품에서 금방 폭우라도 쏟아질 듯 무겁게 내려앉은 하늘 아래 바람에 쓰러질 듯 흔들리는 밀밭과 파도치듯 구부러진 길은 도저히 감당할 수 없는 고흐의 심리 상태를 보여 주고 있다. 밀밭 위를 날고 있는 까마귀의 존재는 이를 더욱 증폭시키고 있다.

암스테르담을 떠나 파리 근교의 작은 시골 마을 오베르 쉬르 우아즈에 도착하자 그 고요함과 깨끗한 공기에 여행자는 금방 매료된다. 마을에서 가장 번화한 역이지만 사람은 찾아볼 수도 없고 간간히 차량만 지날 뿐이다. 역을 나와 오른쪽 언덕길로 올라가면 오베르의 교회가 보인다. 오베르의 교회는 시골 마을의 교회답게 작고 소박하지만 앞으로 정원을 가지고 있어 사람들이 지나는 길과의 거리를 두고 경건함을 유지하고 있다.

교회 옆으로 고흐가 그린 〈오베르의 교회〉가 보인다. 많은 여행자들이 여기서 교회와 함께 기념 사진을 찍는다. 오베르의 교회와 고흐의 작품 〈오베르의 교회〉를 동시에 보면 고흐의 천재성을 단박에 알 수 있다.

하얀 석조로 지어진 평범한 교회가 고흐의 살아 꿈틀거리는 긴 터치로 금방이라도 일어설 듯 생동감이 넘치고 정원과 길은 산산조각이 나 있지만 생명력을 가지고 있다. 교회 위로 파란 하늘은 짙은 코발트빛으로 딱딱한 플라스틱 재질을 띠며 깊고 환상적이다. 고흐의 작품 중 가장 화려한 색상을 가지고 있는 〈오베르의 교회〉는 파리 오르세 미술관에 전시되어 있다. 오베르 쉬르 우아즈를 방문 후 오르세 미술관으로 간다면 그 감동은 두 배가 된다.

밀밭 위의 갈가마귀 떼 고흐는 이 작품에 대해 "극도의 슬픔과 고독을 표현"했다고 말하는 한편, 자신이 지금 "얼마나 건강하고 활기에 차 있는지" 알 수 있을 것이라고 자신했다.

오베르의 교회 오베르의 교회를 표현한 작품으로 고흐의 천재성을 엿볼 수 있다.

오베르의 교회를 가로질러 마을로 들어서면 인포메이션 센터 맞은편에 라부쉬 여관이 나온다. 고흐가 이곳 2층에서 하숙하며 수많은 작품들을 남겼으며 마지막으로 그가 권총 자살한 장소도 이곳이다.

현재 고흐 박물관으로 사용되는 고흐의 방에는 고흐가 사용하던 철제 침대만 놓여 있다. 다시 오베르의 교회로 돌아와 길을 따라 언덕을 오르면 밀밭과 공동묘지가 나온다. 묘지 맨 끝으로 가면 소박한 고흐와 동생 테오의 무덤이 있다.

고흐의 명성에 비한다면 너무나 초라한 무덤에서 그의 위대성은 더욱 진하게 발산된다. 대부분의 여행자는 고흐의 무덤에 머리를 숙이고 숙연한 마음으로 고흐의 삶에 경의를 표한다.

공동묘지를 뒤로 하고 오솔길을 따라 가면 고흐의 마지막 작품 〈밀밭 위의 갈가마귀 떼〉을 그렸던 밀밭이 나타난다. 길을 따라 밀밭 중앙으로 가면 고흐의 작품이 담긴 안내판이 서 있는데 이곳이 고흐가 작품을 그렸던 장소이다. 이곳에 서면 고흐가 자신의 죽음을 상징하는 갈가마귀 떼가 나는 밀밭이 펼쳐진다.

오베르 쉬르 우아즈에서의 고흐의 평화로운 시간은 오래가지 못했다. 오랫동안 자신을 뒷바라지한 동생 테오의 아이가 큰 병에 걸렸지만 돈이 없어 수술도 못하고 죽게 된다. 평생 자신을 뒷바라지하느라 끊임없는 가정 불화와 궁핍한 생활에 시달리는 동생을 보면서 고흐는 좌절한다. 석양이 지는 오베르 쉬르 우아즈의 넓은 들판에 서서 고흐는 자신이 가야 할 길을 응시하며 모든 것을 빨아들일 듯한 강력한 색상과 꿈틀거리는 긴 터치로 그림을 그리기 시작한다.

오베르의 밀밭과 실제 오베르의 교회 생 레미 드 프로방스에 있는 정신병원에서의 힘든 시기를 보낸 반 고흐는 말년에 파리 외곽의 오베르 쉬르 우아즈에 머물렀다.

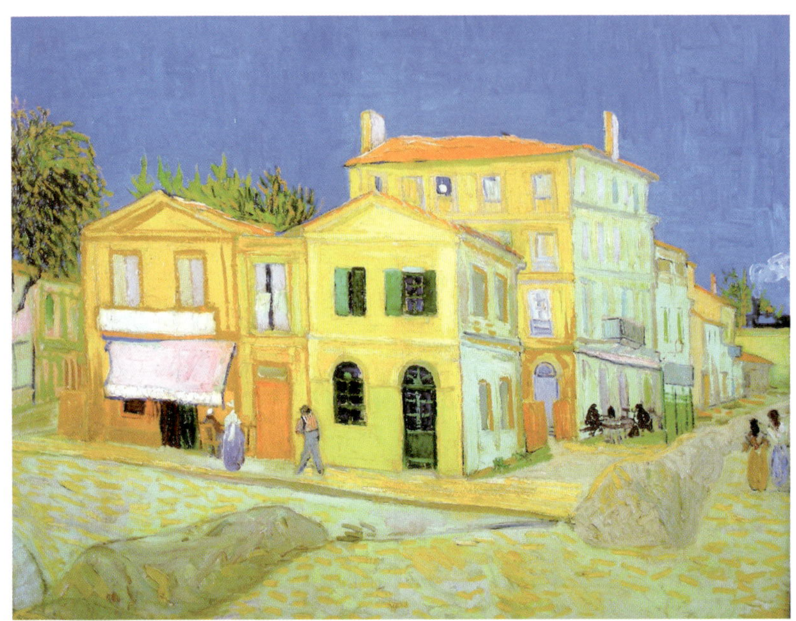

노란 집 아를에서 고흐가 살았던 집을 그린 것으로, 노란 집은 고흐의 희망이면서 동시에 현실의 비극을 예감하게 만드는 상징이었다.

고흐의 무덤 살아 있는 동안 한 번도 인정받지 못한 고흐는 자살로 생을 마감했다.

추수가 되면 곧 생명을 잃겠지만 그래서 더욱 찬란히 빛나는 황금빛 밀밭 위로 난 두 갈래의 길은 고흐가 걸어가야 길을 암시한다. 푸르다 못해 검은 하늘 위로 떠 있는 두 무리의 구름과 무수히 떼를 지어 날아다니는 까마귀들은 죽음과 삶이 둘이 아니라 하나이며 이는 두려움의 대상도 찬양의 대상도 아닌 그저 인간이 운명처럼 가야 하는 길임을 암시한다.

그는 〈밀밭 위의 갈가마귀 떼〉을 완성하고 하숙집으로 돌아와 권총으로 자살을 한다. 그러나 동생이 소식을 듣고 올 때까지 죽지 못한다. 고흐는 동생에게 죽는 것조차도 제대로 못한다는 말을 남긴 채 동생의 품 안에서 자신의 삶을 마감한다. 6개월 후 동생 테오도 정신병에 시달리다 의문에 싸인 채 싸늘한 주검으로 발견된다.

고흐는 인간이 가져야 할 모든 불행을 안고 살았다. 큰 캔버스 하나 살 돈이 없을 정도로 평생 가난했고, 인생의 후반기 대부분은 정신병에 시달렸으며, 살아 있는 동안 한 번도 인정받지 못했다. 시간이 지나 오늘날 고흐의 작품들이 수많은 사람에게 뜨거운 찬사를 받고 있다는 사실을 떠올리면 진정한 아름다움은 그저 주어지는 것이 아니라 수많은 고통을 견딘 후에야 찾아온다는 평범한 진리를 다시금 되새기게 된다.

세상 모든 지식에 대한 욕망,
런던

주말 오후, 집으로 가는 길. 큰 아이는 아직 여흥이 남아 앞에서 뛰고 있고 작은 아이는 아버지의 품에 안기어 자고 있다. 나란히 걷고 있는 젊은 부부들의 얼굴에는 생기보다도 고단함이 묻어난다.

런던의 일상은 우리와 다를 게 없다. 하지만 런던의 아침은 그 어느 도시보다 활기차다. 지하철은 인산인해를 이루고, 빨간색 2층 버스는 서로 빨리 가려고 앞을 다투고, 거리로 쏟아져 나온 검은색 정장의 직장인들은 커피를 들고 빠르게 걷는다. 여행이 내가 속하지 않은 세상의 일상을 훔쳐보는 재미라면 나는 그 재미를 재대로 누리고 있다. 바쁜 그들 속에서 여유를 부리면 천천히 걷는 내가 특별하게 느껴지기 때문이다.

런던 하면 떠오르는 것이 많다. 검은 모자와 빨간 제복을 입은 근위병, 빨

국회의사당 북쪽에는 빅벤, 남쪽에는 빅토리아 타워, 두 탑이 돋보이는 장대한 고딕 양식의 건물로 높이 95미터의 시계탑인 빅벤은 국회의사당의 상징이자 런던의 상징이다.

간 2층 버스 그리고 빅벤 BigBen 이다. 그중 가장 기억에 많이 남는 것이 빅벤이다. 파리를 방문한 여행자가 에펠 탑을 보고 비로소 파리에 왔음을 실감하듯 런던 지하철역을 나서는 순간 눈앞에 보이는 거대한 빅벤을 보면서 런던 여행의 전율을 느낀다. 빅벤이 있는 국회의사당을 제대로 보기 위해서는 런던 브리지를 건너 국회의사당 맞은편으로 가야 한다.

이곳에 서면 템스강 위로 장엄하게 펼쳐진 국회의사당의 전체 모습을 볼수 있다. 의회 민주주의를 전 세계에 심어 놓은 런던 국회의사당은 원래 웨스트민스터 사원과 함께 웨스트민스터 궁전의 일부였다. 빅벤이라고 불리는 시계탑은 하원을 상징하는 것으로 정식 명칭은 엘리자베스 타워이고, 반대편에 있는 탑이 상원을 상징하는 빅토리아 타워이다. 빅벤은 '큰 종'이라는 뜻으로 '크다'의 빅 Big 과 시계탑의 설계자인 벤자민 홀 경의 이름에서 유래되었으며 2차 세계 대전 당시 나치의 폭격에도 살아남아 영국인들에게 희망의 상징이 되었다. 국회의사당 정문을 지나면 의사당 앞마당에 올리버 크롬웰 동상이 있다. 동상은 길 건너 세인트 마가렛 교회의 뒷문에 있는 찰스 1세의 흉상과 서로 마주 보며 영국 민주주의의 역사를 보여 준다.

절대주의 왕권의 영향권에서 벗어난 1215년, 왕이 '마그나카르타'를 승인한 이후 무소불위의 권력을 휘두르는 군주는 사라졌다. 민주주의의 기본이 되는 '마그나카르타'에는 영주와 주교, 귀족의 동의가 있어야만 왕이 세금을 징수할 수 있다고 규정돼 있었다. 규정을 준수했는지 고위 귀족 회의가 감시했고, 세월이 흐르면서 이 회의는 둘로 나뉜 영국식 의회로 자리 잡았다. 고위 귀족과 주교는 '상원'에, 시골의 기사와 시민은 '하원'에 속했다. 마그나카르타 이후 17세기 초까지 모든 왕은 의회와 협력해야 한다는 규정을 잘 지켰지만 1625년 찰스 1세가 왕이 되자 상황은 돌변했다. 찰스 1

크롬웰 동상 크롬웰은 영국의 정치가이자 군인으로, 청교도 혁명에서 활약한 인물이다. 1642년 왕당파와 의회파 사이에 내전이 시작되자, 혁명군을 지휘하여 왕당파를 물리치고 공화정을 수립하는 데 큰 공을 세웠다. 초대 호국경의 자리에 올라 사망 전까지 절대 권력을 누렸다.

세는 신에게 선택받은 지배자는 자기 마음대로 통치할 수 있다고 주장하며 의회와 대립했다.

왕과 의회의 갈등은 내전으로 이어졌는데, 이때 의회 편 군대는 급진적 청교도이자 자신을 '신의 전사'라 칭하는 올리버 크롬웰이 지휘했다. 두 차례의 결전에서 승리를 거둔 크롬웰은 왕을 재판에 회부해 사형선고를 내렸다. 1649년 1월 30일 찰스 1세는 런던의 궁전 앞에서 참수됐다. 세계 역사상 처음으로 국민의 봉기가 왕의 생명을 앗아 간 사건이었다. 그 후 영국은 크롬웰을 정부 수반으로 하는 공화정을 선포했지만 얼마 못 가 그도 과거의 왕과 마찬가지로 의회와 국민의 권리에는 관심이 없다는 사실이 드러났다. 1653년 그는 종신 '호국경' 자리에 올랐고, 군대를 이용해 독재자처럼 나라를 다스렸다. 크롬웰은 더 나아가 국왕의 자리를 넘보았으나 1658년에 병사하였다. 사인은 인플루엔자였다.

크롬웰의 사후 호국경의 권력은 그의 아들인 리처드 크롬웰에게 넘어가지만 크롬웰식 공화정에 염증을 느낀 국민은 다시 왕을 원해 1660년에 찰스 2세를 국왕으로 맞이한다. 왕정복고 후 크롬웰은 왕을 시해했다는 명목으로 부관참시당한다. 찰스 1세가 죽은 1월 30일에 크롬웰의 시신을 무덤에서 꺼내 처형하고 그의 추종자들도 교수형에 처한다. 영국인은 다시 왕을 원했지만 강력한 의회를 통해 왕권을 견제하고자 하였다.

1660년 왕이 된 찰스 2세는 의회의 권리를 지키겠다고 맹세했지만 그역시 무소불위의 권력을 추구했다. 결국 찰스 2세의 뒤를 이은 제임스 2세는 의회의 압력에 의해 프랑스로 도망쳤고 윌리엄과 메리가 왕위에 오르며 '권리장전'에 서명했다. '권리장전'은 영국 의회와 시민에게 기본권을 보장하며 법원의 판결 없이는 누구도 처형하거나 감금할 수 없게 했다.

1689년 당시 이런 기본권의 보장은 혁명적 사건이었다. 유럽 대륙에서 대부분의 나라들이 루이 14세의 모델에 따라 절대 왕정을 펼치던 시기, 영국은 의회를 중심으로 한 새로운 권리와 지도력 역할을 쟁취했다. 그것이 우리가 현재 누리는 민주주의의 단초가 되었다.

빅벤을 뒤로 하고 서둘러 런던 중심지인 트라팔가 광장에 있는 내셔널 갤러리로 갔다. 사람들이 없는 오전에 미술관에 가야 여유로운 관람이 가능하기 때문이다. 내셔널 갤러리는 여행자가 조금만 관심을 가지면 놀라운 감동을 주는 곳이다. 다른 미술관과 달리 이곳은 기독교를 주제로 하는 중세 시대의 상징적인 회화에서 15세기 원근법과 명암법이 발견되어 사실성과 인간에 기초하는 르네상스 시대의 회화로 변화하는 과정을 명확하게 보여 준다. 또한 사실적인 르네상스 회화에서 다시 화가의 주관과 감정이 투영된 근대 인상파 회화로 변화하는 과정도 보여 주어 서양 미술사를 한눈에 볼 수 있다.

내셔널 갤러리의 유명한 작품들 중 대표적인 작품이 얀 반 에이크의 〈아르놀피니 부부의 초상〉이다. 이 작품은 이탈리아의 상인 아르놀피니와 그

내셔널 갤러리 영국 런던의 트라팔가 광장에 있는 미술관이다.

아르놀피니 부부의 초상 매우 사실적이고 정밀하게 세부를 표현한 작품
으로 화려한 색채가 돋보인다.

의 부인이 된 지오반나 체나미의 결혼식을 보여 준다. 그림 곳곳에 있는 숨
은 상징들이 결혼식의 의미를 되새겨 준다.

바닥의 강아지는 충실함, 신랑신부의 맨발은 신성함, 샹들리에 위의 촛
불 하나는 경건함, 창가의 과일은 원죄를 상징한다. 신랑과 신부 뒤로 보이
는 볼록 거울에는 예수의 10가지 고난상이 그려져 있고 그 옆으로 묵주도
보인다. 이것은 고난과 순결을 의미한다. 신성한 결혼식을 통해 신랑신부
는 어떤 고난이 있더라도 서로 충실히 살 것을 약속하는 장면에서 세밀한
유화의 특성을 마음껏 감상할 수 있다. 신부의 옷은 잔털까지 묘사되어 있
고 신부의 얼굴에는 고집 세고 잘 토라질 것 같은 그녀의 성격이 잘 표현되
어 있다. 구도적인 면에서도 뛰어나다. 세부 묘사로 산만해지기 쉬운 이 작
품에서 신랑 신부를 화면 앞으로 바짝 클로즈업시켜 깊숙한 공간을 만들어

비너스와 마르스

파리스의 심판 루벤스의 그림으로 색채가 풍성하고 표현력과 극적 구성이 뛰어난 작품이다.

내고, 창에서 들어오는 빛을 통해 모든 사물을 하나로 연결시켜 조화를 이루고 있다.

내셔널 갤러리에서 개성 넘치는 다른 작품으로 보티첼리의 〈비너스와 마르스〉와 루벤스의 〈파리스의 심판〉을 꼽을 수 있다. 〈비너스와 마르스〉

는 전쟁의 신 마르스와 바람을 피우고 불안해하는 비너스의 모습을 보여 주고 있다. 투구와 창을 잠든 남자가 마르스임을 나타낸다. 옆에서 큰 소라 를 불어 대고 창과 투구를 가지고 장난을 치고 있는 인물들은 사티로스이 며 주색을 상징한다.

비너스의 남편은 대장장이의 신인 불카누스로서 추남이다. 잘생긴 마르 스와 바람을 피운 비너스는 후에 사실이 밝혀져 수모를 당하고 에로스를 낳게 된다. 이 작품은 당시 혼례용 물품을 보내는 함을 장식한 것으로 바람 피우지 말라는 경고의 메시지를 담고 있다. 그러나 경고의 의미를 담고 있 는 작품으로는 화면 가득한 시적인 정서와 장식적인 곡선이 너무 매혹적이 다. 특히 비너스의 윤기 있는 머리카락과 비너스가 입고 있는 하얀 드레스 의 무수한 주름이 몹시 아름답다.

루벤스의 대표적인 작품 중 하나인 〈파리스의 심판〉은 트로이 왕자 파리 스가 제우스의 전령 페르세우스로부터 금 사과를 받아 비너스에게 주는 모 습을 묘사하고 있다. 작품에서 맨 오른쪽 모피 코트를 걸치고 공작새를 데 리고 있는 여신이 헤라이며 중간의 여인이 비너스로 뒤에서 놀고 있는 아 들 큐피드가 보인다. 맨 왼쪽에 있는 여인이 지혜와 전승의 여신 아테나이 다. 세 여인의 옆에는 신의 전령 페르세우스와 파리스가 앉아 있으며 페르 세우스는 날개 달린 모자와 뱀이 감긴 지팡이를 가지고 있다.

세 여인 위쪽의 구름 속에서 세 여인의 아름다움에 질투의 불을 태우고 있는 노파도 보인다. 세 여신은 가장 아름다운 여신에게 주어지는 금 사과 를 받기 위해 파리스에게 뇌물 공세를 편다. 헤라는 권력과 부를, 아테나는 지혜와 전승을, 비너스는 세상에서 가장 아름다운 여인을 아내로 맞게 해 주겠다는 약속을 한다. 파리스는 당시 강국이었던 트로이의 왕자였기 때문 에 권력과 부, 지혜와 전승보다는 아름다운 여자를 주겠다는 비너스의 제의에 혹해 그녀에게 금 사과를 주었다. 이후로 비너스의 상징은 금 사과가 되었으며 파리스는 약속대로 세상에서 제일 아름다운 여인 헬레나를 얻게 된다. 하지만 곧 파리스는 커다란 곤경에 빠진다. 헬레나가 트로이의 적국 그리스 왕의 왕비였기 때문이다. 금 사과의 결정은 트로이 전쟁으로 이어지고 목마를 이용한 그리스의 계략에 빠져 트로이는 멸망한다.

내셔널 갤러리를 나와 뒤편으로 가면 레스터 광장이다. 먼저 광장 곳곳에 있는 티켓 창구에서 저녁에 볼 뮤지컬을 예약하고 더 미스티 문^{the misty Moon} 식당으로 갔다.

식당에 들어서서 테이블을 정하고 카운터에 가서 요리를 주문한다. 이때 테이블 번호를 알려 주면 식사를 가져다준다. 맥주 등 음료수는 주문과 함께 바로 내어 준다. 식당 한쪽에는 여러 가지 소스를 준비해 놓았는데 식사를 기다리면서 가져와 스스로 세팅을 해야 한다. 잠시 후 주문한 음식 피시 앤 칩이 나왔다. 주문 즉시 갓 튀겨서 나오는 피시 앤 칩은 대구로 만든 음식으로 입안에서 씹히는 바삭함과 속의 부드러운 맛이 어우러져 풍미가 좋고 깔끔한 뒷맛이 수준급이다. 식사와 함께 마시는 음료 중 가장 어울리는 것은 흑맥주 기네스이다. 5도 정도 되는 기네스는 거품이 풍부하며 쌉쌀하면서도 고소하고, 진한 커피 같은 맛이 느껴진다. 한국에서 먹는 기네스에서는 맛볼 수 없는 맛이다.

이제 런던에서 결코 놓칠 수 없는 대영 박물관을 갈 시간이다. 오후 내내 박물관에 있어도 아깝지 않을 만큼 대영 박물관은 볼거리로 넘친다. 대영 박물관의 하이라이트는 단연 파르테논 신전이다. 파르테논 신전은 페르시아 전쟁에서 승리한 것을 자축하는 기념관이자 고대 도시 아테네의 수호신

기네스

피시 앤 칩

인 아테나 여신에게 바치는 신전으로 기원전 438년에 완공했다.

그리스 아테네에 가면 육중한 다른 신전과는 달리 파르테논 신전은 마치 하늘을 날 듯 우아하고 아름답다. 그 이유는 가로 세로 1:1.6인 황금 비율로 지어졌고, 모든 기둥이 부석사 무량수전처럼 배흘림 양식을 하고 있기 때문이다. 신전 기둥들이 수직으로 서 있으면 중앙 부분이 가늘어 보이는 착시 현상이 일어나기 때문에 기둥 중간 부분을 두껍게 만드는 배흘림 양식을 사용해 균형감을 돋보이게 하였다. 또한 신전 정면에서 볼 때 기둥 간격이 양측 모서리로 갈수록 넓어 보이는 착시 현상을 교정하기 위해 모서리 부분의 기둥 간격을 좁게 만들었다. 인간을 위해 인간의 시각에 맞춘 건축물이라 할 수 있다. 유네스코가 지정한 세계문화유산 1호인 파르테논 신전의 조각품을 관람하기 위해서는 대영 박물관 18전시실로 가야 한다.

18전시실 앞에 있는 시청각실에 들르면 왜 파르테논 조각들이 대영 박물관에 있는지 알 수 있다. 시청각실에서는 16세기 터키 군대가 그리스를 침공한 뒤 파르테논을 화약 창고로 쓰는 과정에서 폭발 사고가 발생했고, 그 후 파르테논 주변 땅바닥에 방치돼 있던 조각품들을 당시 영국 대사 엘긴이 거금을 들여 그리스 정부로부터 구매하여 지금의 대영 박물관에 보존되어 있다는 사실을 알려 준다.

18전시실로 들어서서 오른쪽 끝에 보이는 아테나 여신의 탄생을 묘사한 조각부터 감상하자. 이곳 조각상들은 하루를 열었다 마감하는 태양을 이끄는 말에 초점을 맞추면서, 여러 신이 지켜보는 가운데 물속에서 무장한 채로 서서히 부상하는 아테나 여신의 탄생 장면을 묘사하고 있다. 가장 왼쪽 태양을 이끄는 헬리우스의 말 옆으로 비스듬히 누워 손목이 잘린 신이 디오니소스이며, 그 옆으로 옷자락까지 섬세한 세 명의 여신은 오른쪽부터 청춘의 여신 헤베, 대지의 여신 데메테르와 그녀의 딸 페르세포네이다.

중앙에 무장한 채 탄생하는 아테나 여신의 조각상은 유실되어 보이지 않는다. 아테나 여신 오른쪽에 있는 아름다운 세 명의 여신은 아프로디테와 그녀의 어머니 디오네 그리고 불과 화로의 여신 헤스티아이다. 세 명의 여신은 그 자태가 너무 아름다워 〈삼미의 여신〉이라 부른다. 마지막으로 오른쪽 끝에 보이는 말의 두상은 달의 여신 셀레네의 2륜 전차를 끄는 말이다.

대영 박물관 세계에서 컬렉션의 규모가 가장 큰 박물관으로 유명하다.

벌린 입, 커진 코, 뒤로 젖힌 귀가 밤새 달을 싣고 달린 피로감을 사실적으로 묘사하고 있다.

이제 18전시실 중앙으로 이동하여 중앙 벽에 있는 조각상들을 감상할 차례이다. 먼저 기원전 490년 그리스와 페르시아의 전쟁에서 사망한 그리스 병사 192명의 영혼을 기리고 있는 기마행렬 조각상이 보인다. 실재감이 넘치며 무리를 지어 규칙적으로 반복되는 모습은 파도가 치듯 살아 움직이며 중앙에 있는 아테나 여신으로 향하고 있다. 이 행렬이 아테나 여신에게 당도함으로써 전사들의 영혼과 여신이 하나가 됐음을 나타낸다. 기마행렬 맞은편에 아테나 여신의 탄생을 축하하기 위해 아테네로 향하는 신과 인간들의 행렬을 조각한 〈판 아테나 행렬〉이 보인다.

왼쪽 끝부분에 제사장인 할아버지와 소년이 아테나 여신에게 바칠 신성한 겉옷을 들고 아테네 시내를 거쳐 신전으로 걸어가는 모습이 보인다. 제사장 오른쪽으로 날개 달린 장화를 신고 날개 달린 모자를 무릎에 올려놓은 전령의 신 헤르메스가 보이며, 그 옆으로 다정하게 어깨에 손을 대고 술잔을 들고 있는 신이 디오니소스이다. 다음으로 지하의 신에게 딸을 빼앗겨 슬픔에 잠긴 채 오른손으로 턱을 괴고 있는 대지의 신 데메테르도 보인다. 그녀의 손에 딸을 찾아 지하를 헤맬 때 사용했던 횃불이 들려 있다. 데메테르의 오른쪽으로 발꿈치에 창 조각이 보이는 전쟁의 신 마르스가 있으며, 그 옆으로 헤라와 제우스가 있다.

마지막으로 입구에서 왼쪽으로 끝까지 가면 아테나와 포세이돈의 경합 장면이 조각되어 있다. 당시 그리스에서는 자신들에게 필요한 것을 주는 신을 수호신으로 결정하는 경합을 벌였다. 아테네의 수호신 경합에 참가한 포세이돈은 아크로폴리스 정상에 샘물이 솟게 만들어 바다를 지배할 수 있

다는 것을 보여 주었고 아테나는 아크로폴리스의 큰 신전에 올리브 싹을 틔우는 기적을 일으켰다. 결국 아테네 시민은 올리브를 선택해 아테나를 아테네 수호신으로 결정했다.

18전시실 왼쪽 끝의 조각들은 네 마리의 말이 끄는 마차를 둔 채 신이 입장하고, 두 신들 사이로 올리브 나무가 서 있는 장면을 연출했지만 너무 심하게 훼손되어 형체를 알아볼 수 없다. 17세기 베네치아의 실력자 로모시니가 용맹을 상징하는 아테나 여신의 전차를 떼어 내려다 실패해 조각이 크게 훼손되었기 때문이다.

해상 무역 국가였던 아테네 시민들은 왜 막강한 부를 가져다주는 바다를 지배할 힘을 거부하고 올리브 나무를 선택했을까? 당시 지중해 사람들에게 올리브는 중요한 영양 공급원으로, 그것을 통째로 갈거나 오일로 만들어 먹었다. 무엇보다 아테네 시민이 올리브 나무를 선택한 가장 큰 이유는 연료의 원천으로 올리브 열매를 사용했기 때문이다. 그 옛날 그리스에서 등

잔불을 밝힌 것이 올리브 기름이었다. 이는 지적 능력이 무지의 암흑을 물리치듯 올리브 열매를 태워 어둠을 물리칠 빛을 만드는 것을 의미하기도 했다. 기원전 5세기 아테네인은 자기네 도시를 지적 에너지로 채워 황금시대를 열었다.

대영 박물관을 나와 여행의 마지막 일정인 뮤지컬 감상을 위해 극장으로 향한다. 거리는 퇴근하는 사람들과 관광객들이 뒤섞여 여전히 활기가 넘친다. 뮤지컬을 보기 위해 유럽 여행을 한다는 말이 나올 정도로 런던 뮤지컬은 유럽 여행의 필수 코스이다. 파리에서 해 질 녘 센강 유람선을 타지 않으면 파리를 본 것이 아닌 것처럼 런던 뮤지컬은 런던 여행의 하이라이트이다. 뮤지컬의 매력은 관객의 상상력을 넘어선 생동감 넘치는 화려한 무대에 있다.

세계 최고의 무대에서 세계적인 배우가 내 눈앞에서 펼치는 연기는 어디에서도 얻을 수 없는 재미를 선사한다. 누적 관객 1억 명, 수익금 6조 원을 올린 〈오페라 유령〉이 오늘 볼 뮤지컬이다. 런던에서 빅 4로 분류되는 뮤지컬은 〈오페라의 유령〉, 〈맘마미아〉, 〈레미제라블〉, 〈빌리 엘리어트〉이다. 그중 1986년 10월 런던에서 초연한 이래 장기 공연 중인 〈오페라의 유령〉을 보기 위해 극장으로 들어갔다.

〈오페라 유령〉의 스토리는 천사 같은 목소리와 기형적 얼굴을 가진 오페라 유령이 노래를 부르던 크리스틴을 보고 사랑에 빠지면서 시작된다. 유령은 그녀의 사랑을 얻으려고 그녀의 꿈속으로 찾아가 노래 레슨을 해 준다. 이후 크리스틴은 노래 스승이 실재하는 남자라는 사실을 알고 그가 머물고 있는 지하 미로를 찾아간다. 다음 날, 크리스틴이 사라진 사실에 모두들 걱정하고 있는데 거기에는 크리스틴의 친구이자 그녀를 사랑한 라울도 있었

다. 얼마 뒤 크리스틴이 지하 미로에서 돌아왔지만 그녀는 혼자 있고 싶다고
말한다.

오페라의 유령은 크리스틴에게 헌신적으로 사랑을 베풀며 자신이 작곡
한 노래를 오페라에서 불러 줄 것을 간청한다. 흉측하게 일그러진 괴신사
의 얼굴을 본 크리스틴은 경악하고, 오페라 극장에서는 예기치 못한 사고
가 연이어 발생한다. 두려움에 떠는 그녀에게 라울은 자신을 믿으라며 사
랑을 고백한다. 6개월 후 공연 날, 오페라의 유령은 오페라의 등장인물이
되어 크리스틴을 납치한다. 지하 미로에 뒤따라 온 라울이 함정에 빠져 위
험에 처하자 그녀는 그를 구하려고 오페라의 유령에게 키스를 한다. 이에
충격을 받은 유령은 그들을 풀어 준다. 경찰이 유령의 지하 미로를 덮쳤을
때 오페라의 유령이 쓰던 흰 가면만이 그들을 맞이한다.

〈오페라의 유령〉의 백미는 크리스틴을 납치한 뒤 지하 호수에 배를 띄워
노를 저어가는 신비스러운 장면이다. 무대 깊숙한 곳에서 크리스틴과 유령
을 태운 배가 등장하면 순식간에 무대 전체가 안개 자욱한 호수로 변한다.
푸른 물안개 속에 마법처럼 솟아난 수백 개의 촛불 사이로 배가 꿈결처럼
나아간다. 분명 마루판이었던 무대가 완벽하게 호수로 바뀌고 배가 빙판
위를 미끄러지듯 우아하게 지나가면 관객들은 황홀함에 넋을 잃는다. 이
호수를 연출하려고 드라이아이스 250킬로그램과 연기 머신 10대를 동원
한다고 한다. 〈오페라 유령〉에서 관객을 사로잡는 또 다른 장면은 1막 끝부
분에서 샹들리에가 떨어지는 순간이다.

수많은 유리구슬로 장식된 1톤 무게의 초대형 샹들리에가 객석 위로 순
식간에 떨어지면 관람객들은 철렁 가슴이 내려앉는 놀라움을 경험한다. 이
밖에 거울 속에서 오페라 유령이 갑자기 튀어나오는 장면이나 순식간에 이
쪽 끝으로 사라졌다가 저쪽 끝에서 나오는 장면, 그리고 마지막 흰 가면만

오페라의 유령 〈오페라의 유령〉을 공연하는 극장과 공연 장편

남기고 사라지는 장면 등 공연 내내 볼거리가 넘친다.

〈오페라 유령〉이 전 세계 사람들을 사로잡는 또 다른 이유로 무대 아래에서 관현악단이 직접 연주하는 아름다운 선율과 세계적인 가수들의 매혹적인 노래를 꼽을 수 있다. 타이틀 곡 〈오페라 유령〉의 도입부에서 오르간의 힘찬 연주가 극장 안에 퍼지면 온몸에 전율이 감돈다. 또한 수십 개의 촛불 속에서 오페라의 유령이 부르는 〈밤의 노래〉와 크리스틴과 라울의 러브송 〈그대에게서 바라는 것은 오직 사랑뿐〉 등 감미로운 멜로디가 흐르면 모두 숨을 죽인 채 아름다움에 빠져들고 만다.

뮤지컬을 관람한 뒤 극장을 나서면 여행의 고단함은 씻은 듯 사라지고 귓속을 맴도는 노래와 함께 런던의 밤이 싱그럽게 빛난다.

세기를 뛰어넘는 예술가의 탄생지, 괴테하우스

독일 문학을 좋아하는 사람이라면 누구나 사랑하는 독일의 작가는 헤르만 헤세와 괴테이다. 나 역시 헤르만 헤세의 《지와 사랑》을 읽으면서 주인공 골드문트의 방황에 몸을 맡기며 즐거워했고 괴테의《젊은 베르테르의 슬픔》을 보면서 이성에 대한 아름다운 사랑을 꿈꾸었다.

한번씩 오는 프랑크푸르트이지만 이번에는 혼자 여행을 하기 위해서 방문했다.

여행의 목적지는 르누아르, 마네, 모네 그리고 드가의 작품이 있는 시립 미술관과 《파우스트》와 《젊은 베르테르의 슬픔》으로 우리에게 유명한 괴테의 생가이다. 중앙역에서 나와 20분쯤 걸으면 탁 트이고, 시원한 바람이 부는 마인강변이 나온다. 마인강 다리를 건너면 유럽 어느 도시보다 많은 미

프랑크푸르트

술관이 자리 잡고 있는 미술관 제방이 나온다. 그중에서 가장 크고 화려한 미술관이 시립 미술관이다.

시립 미술관은 은행가인 슈테델의 기부로 건립되었기 때문에 슈테델 미술관이라고도 부른다. 인간의 눈으로 세상을 보기 시작한 르네상스부터 현대까지의 작품들을 광범위하게 전시한 시립 미술관에 들어서자 익숙한 화가들의 각자 자신들이 하고 싶은 이야기들을 차분히 담아내고 있다.

보이지 않는 상징적인 신이 아니라 인간의 눈에 보이는 사물의 실재성을 아름답게 표현하는 원근법과 명암법이 르네상스 작품에서 차례로 빛나고 인상파 화가들의 빛과 아름다움에 대한 소리 없는 외침들이 눈을 즐겁게 한다. 특히 작품 속 다양한 인물들의 모습에서 각 시대의 활기와 생각을 느낄 수 있다. 미술관을 찾는 이유 중 하나는 무료한 일상에서 벗어나 다양한 작품 속에 생기와 에너지를 발견하고 즐길 수 있기 때문이다.

시립 미술관에서 가장 생기 있는 작품은 렘브란트의 〈삼손과 데릴라〉이

삼손과 데릴라 이스라엘의 전설적 영웅인 삼손의 이야기를 형상화한 렘브란트의 작품이다.

다. 사람의 마음을 사로잡는 렘브란트의 작품 가운데 최고로 꼽히는 이 작품 속에서 몸부림치는 삼손의 눈 위로 단도가 꽂혀 있다. 광선이 흘러들어오는 입구에는 짓궂은 미소를 띤 데릴라가 삼손의 머리칼과 가위를 들고 서 있고, 그것이 고통으로 일그러진 삼손의 얼굴과 강한 대조를 이루고 있다. 이 작품은 화려하고 풍부한 색채, 내면을 꿰뚫는 통찰력, 종교적 권능을 감지하게 하는 탁월한 빛의 처리에 의해 신비로운 기운이 감돈다. 높은 종교적 정감과 인간 심리의 움직임이 깊이 있게 표현된 작품에 렘브란트 특유의 따뜻한 애정이 스며 있다.

미술관을 나와 시내 중심지로 30분쯤 걸어가니 괴테하우스가 나왔다. 철구조물과 장식으로 만들어진 문을 열고 4층으로 지어진 괴테하우스에 들어서면 예상하지 못한 규모와 우아함에 놀라게 된다. 왕실 법률 고문관인 괴테 아버지의 직업을 생각하면 당연한 것이긴 하다. 1층에는 '푸른 방'이라 불리는 화려한 식당과 부엌이 있었고 로코코풍의 2층에는 희귀한 피라미드 피아노가 있는 음악의 방과 서재 그리고 살롱이 있다.

1759년 프랑스가 프랑크푸르트를 점령하였을 때 살롱 옆 서재는 프랑스 총독의 방으로 사용되었다. 예술을 사랑한 총독은 집으로 예술가들을 불러들여 공연하도록 했기 때문에 괴테는 일찍부터 예술에 눈을 뜨기 시작했다. 괴테하우스 3층에는 괴테가 태어난 부모님의 방과 여동생의 방 그리고

괴테하우스 4층 건물에 20여 개의 방이 있는 괴테하우스는 당시 상류층이었던 괴테와 그 가족의 삶의 흔적을 그대로 느낄 수 있도록 잘 보존되어 있다.

미술 작품이 전시되어 있는 갤러리가 있고 4층에 올라서야 비로소 괴테의 작업실과 방을 볼 수 있다.

괴테의 가족은 합주를 할 정도로 음악에 능했으며 동시대의 미술 작품을 사들여 전시할 정도로 미술에 조예가 깊었다. 또한 수천 권의 책을 보유한 서재에서 보듯이 문학과 역사에 관심이 많았다. 세기를 뛰어넘는 예술가가 탄생하기에 부족함 없는 가정 환경이란 어떤 것인지 괴테의 생가를 방문한 사람이라면 누구나 실감할 수 있다.

괴테하우스에서 가장 눈에 띄는 것은《젊은 베르테르의 슬픔》을 썼던 괴테의 작업실 책상 앞 벽에 있는 로테의 실루엣이다. 소설에서 베르테르는 로테가 결혼하자 이것을 치우려고 하지만 치우지 못한다. 그리고 얼마 있지 않아 그는 '정든 실루엣 로테여. 이것을 마지막 추억으로 남깁니다. 소중히 간직해 주세요.'라고 편지를 쓰고 자살한다. 그러나 현실에서 괴테는 자신이 사랑했던 여인을 60살이 넘어서 만난다.

괴테는 이곳 생가에서《파우스트》의 초안을 만들었다. 이 작품에는 인간을 둘러싼 가장 중요한 명제들이 모두 다루어지고 있다. 천상과 지상의 교통, 참회와 구원, 신의 섭리와 은총 그리고 영원히 여성적인 것 등이다.

《파우스트》는 악마 메피스토펠레스가 하나님과 내기를 하면서 시작된다. 메피스토펠레스는 파우스트를 유혹하여 멸망에 빠뜨릴 수 있다고 자신하는 반면, 하나님은 착한 인간은 나쁜 충동을 받더라도 결국에는 올바른 길을 잘 의식하고 있다고 믿는다. 메피스토펠레스는 많은 학문적 성과를 이루었지만 우주의 본질적 인식에 도달하지 못해서 삶에 깊은 회의를 느끼고 있는 파우스트에게 젊음의 약을 먹이고 우주의 본질적 인식에 도달하면 죽어도 좋다는 약속을 받아낸다. 젊어진 파우스트는 인간들의 온갖 욕망과 체험을 두루 경험해 보다가 마지막에는 왕을 도와 적을 무찌른 보답으로 광대한 영토를 보상받는다. 파우스트는 그 땅을 많은 사람들의 행복을 위해 사용하겠다고 결심하고 실행한 끝에 그의 목적을 성취한다. 목적이 성취되자 인생의 의의를 깨달은 파우스트는 "그 순간을 향하여 이렇게 말해도 좋을 것이다. 멈추어라, 넌 참 아름답구나."라고 외친다. 이때 만족이 되면 죽어서 영혼을 주겠다는 악마와의 약속에 의해 파우스트는 쓰러져 죽는다. 메피스토펠레스가 계약대로 파우스트의 영혼을 챙기려 할 때, 천사들이 내려와 파우스트를 구원한다.

《파우스트》에서 괴테는 다음과 같이
이야기한다.

세상의 모든 일이 시시하게 느껴지면
마음은 시든 꽃처럼 생기를 잃고 만다.
누구라도 그러한 사람에게는 매력을 느
끼지 못할 것이다. 끊임없이 살아가는
기쁨을 맛보기 위해서는 결코 시시해지

파우스트 괴테의 대표작

지 않을 무엇이 필요하다. 행동하는 것이 전부다. 무언가에 열정적으로 힘
을 쏟고 있을 때 그때 느껴지는 감정이 바로 행복이다. 결과와 명성은 중요
하지 않다. 그런 것은 그저 덤일 뿐이다.

사람들이 가장 큰 목표 중 하나는 자기의 능력을 최대한 끌어내는 것이
다. 다른 사람과 똑같아지고 세상이 바라는 모습이 되는 것은 진정한 의미
의 인생이 아니기 때문이다. 자기만의 왕좌를 목표로 전력을 다하는 사람
에게는 언젠가는 그에 걸맞은 왕다운 명예가 주어질 것이다.

헤세의 골드문트와 괴테의 파우스트는 인생의 진실을 찾아서 방황하고
그 끝에 자신을 알아가는 모습에서 닮아 있다. 헤세는 골드문트를 통해, 괴
테는 파우스트를 통해 삶은 시련의 연속이지만 본연의 사명에 맞는 방향을
잃지 않고 살아간다면 그 속에 사랑과 구원이 있다고 이야기한다. 인생을
살다 보면 고난을 겪고 아파하고 죄를 짓기도 하지만 그것은 더 높은 경지
에서 보면 진실한 인간, 즉 인간과 세상에 대한 사랑을 품은 인간으로 가는
과정이라는 것이다.

음악의 힘으로 지켜 낸 예술의 도시, 비엔나

겉은 바삭하고 속은 부드러운 초승달 모양을 한 프랑스의 대표적인 페이스트리인 크루아상은 프랑스어로 초승달을 의미한다. 우리에게 흔히 프랑스의 빵이라 알려졌지만 본래는 역사 깊은 헝가리의 빵이다. 17세기경 헝가리에서 오스트리아로 전해졌고, 루이 16세의 왕비가 된 오스트리아의 마리 앙트와네트에 의해 프랑스로 전해져 이후 프랑스의 대중적인 빵이 되었다. 지방이 많으면서도 짭짤하고 담백하여 유럽에서 아침 식사로 많이 먹는 크루아상에 관련된 재미있는 일화가 있다.

1636년 오스트리아의 수도 비엔나가 오스만투르크의 군대에 의해 포위되었을 때, 오스트리아의 제빵 기술자가 밀가루를 꺼내려고 창고에 갔다가 투르크 군대의 공격 계획을 우연히 듣고 아군에게 이 사실을 알려 적을 물리칠 수 있게 되었다. 이 공로로 제빵 기술자는 명문 페테르부르크가의 훈

장을 제과점의 심벌을 사용할 수 있는 특권을 부여받았다. 이에 대한 보답으로 제빵 기술자는 오스만투르크 제국의 국기에 있는 초승달 모양의 빵을 만들었다고 한다. 이러한 이유로 일부 아랍 국가에서는 패전의 상징과도 같은 크루아상을 먹는 것을 법으로 금지하고 있다.

유럽에서 가장 호화로운 궁전 중 하나인 쇤브룬 궁전은 합스부르크 왕가의 여름 궁전으로 베르사유에 비길 만큼 화려한 규모를 자랑한다.

'아름다운 샘'을 뜻하는 쇤브룬 궁전은 단두대의 이슬로 사라진 마리 앙투아네트의 어머니인 마리아 테레지아의 궁전으로, 규모는 작지만 그 화려함과 정원의 아름다움은 베르사유 궁전에 필적할 만하다. 테레지아 옐로라고 불리는 황색의 외벽을 한 궁전은 3층 건물로 1,400개가 넘는 방들이 로코코 양식으로 화려하게 꾸며져 있다.

2층으로 올라가 궁전에 입장하면, 황제가 손님을 맞았다는 호두나무로 벽을 장식한 방과 중국 도자기로 장식하고 황금으로 테를 두른 거실 그리고 남아메리카에서 수입한 장미나무로 치장한 방들을 시작으로 프레스코 화가 압권인 연회실과 마리아 테레지아의 거실과 침실 등 39개의 방이 화려하게 펼쳐진다.

이 중에서 가장 인상적인 방은 거울의 방으로, 사방이 거울로 둘러싸여 있고 대형 피아노가 놓여 있다. 이 방에서 6세의 모차르트가 마리아 테레지아 앞에서 피아노를 연주하여 많은 박수를 받았다고 한다. 당시 모차르트는 너무 어려서 피아노 덮개를 열 수가 없어 요제프 1세가 손수 열어 주었으며, 의자가 높아서 안아서 앉혔다고 한다. 또한 연주가 끝난 후 모차르트는 같은 또래의 공주 마리 앙트와네트와 놀면서 자신의 아내가 되어 달라고 말했다고 한다. 화려한 궁전을 감상하고 밖으로 나오면 기하학적인 기호들을 꽃으로 표시한 화단과 넵튠의 분수 그리고 고대 조각상들이 어우러진 정원이 펼쳐진다. 정문 우측에 있는 궁전 극장은 비엔나에 남아 있는 유일한 바로크식 극장으로 하이든과 모차르트가 지휘를 한 적이 있으며 현재 공연장으로 이용되고 있다.

거울의 방

벨베데레 궁전

쇤브룬 궁전에서 비엔나의 작고 노란 트램을 타고 비엔나 남역에 내려
5분을 걸으면 '전망 좋은 옥상의 테라스'라는 뜻을 가진 벨베데레 궁전이
나온다. 18세기 오스만투르크의 침략을 무찌른 오이엔 공이 여름 별궁으로
사용하였던 이곳은 1차 세계 대전의 발발 원인이 되었던 사라예보 암살 사
건의 희생자 페르디난트 황태자 부부가 거주하기도 했다. 여행자들은 이곳
에서 클림트의 〈키스〉와 〈유디트〉를 감상할 수 있다.

벨베데레 궁전에는 남자 여행자들보다 여자 여행자들이 많다. 클림트의
작품이 아름다운 장식을 강조하고 있어 여성 취향에 맞기 때문이다. 비엔
나 도시 전체를 장식의 아름다움으로 물들이자는 비엔나 분리파의 거두인
클림트는 오스트리아 현대 화단을 대표하는 화가이다.

클림트는 1차 세계 대전이 일어나기 전, 오스트리아의 황금시대에 활동
하였다. 황금시대는 오스트리아에 금광이 개발되어 부르주아의 호사 취미
에 맞춘 화려하고 관능적인 미술이 발달한 시대이다.

클림트가 활약하던 20세기 초, 미술은 산업화와 당시 프로이트의 잠재의

키스

유디트

식과 성에 대한 이론에 힘입어 인간의 절망과 죽음 그리고 성을 다루었다. 1894년 비엔나 대학 강당의 천장화 〈철학〉, 〈의학〉, 〈법학〉을 노골적이고 강렬한 에로티시즘으로 표현했던 클림트는 변태 성욕자의 무절제라는 비난을 받자 작품들을 철수시키며 세상과 단절한다. 1900년 파리 만국 박람회에서 로댕이 클림트의 벽화 〈베토벤 프리체〉를 보고 매우 비극적이고 성스러운 작품이라는 칭찬을 하면서 그는 다시 세상의 중심으로 나온다.

당시 클림트는 '비엔나 분리파'가 지나치게 장식적인 경향을 띠자 분리파를 나와서 자신의 길로 들어선다. 이때 황금시대의 절정인 〈키스〉를 그린다. 그는 장식은 더 이상 진보할 수 없어 장식성을 버렸다고 말하지만 그의 작품 〈키스〉에는 여전히 아름다운 장식성과 여성성이 넘쳐난다.

한 쌍의 연인이 온갖 색의 꽃들이 만발한 정원에서 무릎을 꿇고 키스하고 있다. 복잡한 의미도, 상징성도 없이 단순히 남녀가 일체가 되어 순수하고 육감적인 키스를 하는 황홀한 장면이다. 남자를 안고 있는 여성의 손을 보면 여성이 황홀경에 빠졌다는 것을 알 수 있다. 작품 속 연인들의 머리는 꽃으로 장식되어 있고 남자는 검은색 사각형 무늬가 들어 있는 옷을 입고, 여자는 나이테 같은 무수한 원형에 짙은 붉은색과 검은색이 혼합된 둥근 원의 옷을 입고 있다. 여성과 남성은 황홀경에 빠져 키스하고 있다. 그들의 키스보다 더 눈길을 끄는 것은 연인들이 딛고 있는 화원의 화려한 장식이다.

클림트의 〈키스〉 맞은편에 그의 또 다른 대표작 〈유디트〉가 보인다.

유디트는 구약 성서에 나오는 유태인 과부로 홀로페르네스에게 접근했다. 홀로페르네스는 그녀를 유혹하기 위해 연회에 초대했다. 연회가 끝나고 단둘이 있게 되자 유디트는 홀로페르네스를 술 취하게 하고 그의 목을 잘라 조국을 구한다. 구약에 나오는 유디트의 일화는 아름다운 여인의 대담한 살인이라는 측면에서 성과 죽음을 동시에 표출할 수 있는 드라마적인 요소를 갖춘 매우 흥미로운 주제이다. 유디트는 수많은 화가에 의해 그려졌지만, 당시의 시대적인 상황과 작가의 개성에 따라 성격과 표정의 표현 방식이 현저히 다르게 나타난다.

예를 들어 페미니즘과 함께 재조명되어 최초의 여성 서양화가로 불리는 아르테미시아 젠틸레스키의 유디트는 남성 화가들이 그린 유디트와 전혀 다르다. 당시까지 유디트는 선정적이고 가녀린 소녀로 묘사되는데 아르테미시아의 손을 거치면서 남성 적장을 제압하고 목을 자르는 당당한 여성으로 재탄생한다. 여기에는 안타까운 사연이 있다. 아르테미시아 젠틸레스키는 당대 로마 최고의 화가 집안의 딸로 그림에 재능이 뛰어났다. 그 재능을 중히 여긴 아버지는 자신의 동료 화가 아고스티노 타시에게 딸의 개인 교습을 부탁한다. 하지만 믿었던 타시가 당시 18살이던 아르테미시아를 강간한다. 이에 그녀의 아버지는 타시를 고발하게 되고 소송이 시작된다. 하지만 소송이 진행될수록 지탄과 멸시의 대상은 타시가 아닌 젠텔레스키가 되고 심지어는 위증을 막는다는 이유로 손가락 고문과 산부인과 검사까지 받게 한다. 우여곡절 끝에 소송에는 승리하게 되지만 그녀가 이 과정에서 느꼈던 치욕감은 이후 그녀의 작업에 깊은 영향을 주었다. 특히 홀르페르네스의 얼굴에 자신을 겁탈한 남자를 그려 놓고 유디트의 모습에 자신의 심정을 담아낸 것이 무척 인상적이다.

이와 대조적으로 클림트의 〈유디트〉를 보면 유디트에 대한 해석을 아주 다른 방식으로 접근한다. 클림트 이전의 예술가들을 대부분 성서에 나오는 사건, 즉 유디트가 적장인 홀로페르네스의 목을 베어 버리는 행위에 초점을 맞추었다. 이에 비해 클림트의 그림은 살인 행위에 대한 직접적인 언급은 담지 않고 철저하게 인물 중심으로 유디트를 표현하였다. 그는 홀로페르네스에 대한 혐오감이나 살해 행위에 대한 고통보다는 승리에 도취하여 황홀경에 빠져 있는 여인으로 그녀를 표현하였다. 가슴과 배꼽이 훤히 드러나는 옷을 입은 채로 유혹하는 표정을 짓고 있는 클림트의 〈유디트〉는 매혹적인 힘을 과시하며 감상자들을 에로틱한 상상으로 이끈다.

벨베데레 궁전을 나와 비엔나에서 가장 번화한 거리인 케른터너 거리에 들어서면 음악의 도시답게 거리마다 악사가 있어 음악이 끊이지 않고 들린다. 오스트리아 비엔나에서만 느낄 수 있는 색다른 즐거움은 거리의 음악을 들으면서 비엔나커피를 마시는 것이다.

처음 마시면 차가운 생크림의 부드러움과 뜨거운 커피의 진한 맛이 전해지고 시간이 지날수록 단맛이 어우러지는 비엔나커피를 음미하는 것은 비엔나 여행의 필수이다. 그런데 비엔나에는 사실 비엔나커피가 없다.

아메리카노 위에 하얀 휘핑크림을 듬뿍 얹은 커피를 흔히 비엔나커피라고 하지만 비엔나에서 비엔나커피라고 주문하면 고개를 갸웃거린다.

비엔나커피라고 알려져 있는 이 커피의 본래 이름은 아인슈페너이다. 커피가 유럽에 알려진 17세기 이후, 역시 비엔나에서도 커피는 많은 사람의 인기를 차지하게 되었다. 커피하우스가 곳곳에 들어서고 어른, 아이 할 것 없이 모두가 즐기게 되었다. 당시 마차를 끌던 마부

비엔나커피라고 알려져 있는 아인슈페너

들도 예외는 아니었다. 하지만 운행 중에 마차에서 내리기 힘들었던 마부들은 한 손으로 말고삐를 잡고 있어야 했기 때문에 커피에 설탕을 넣고, 생크림을 거품으로 얹어 마시게 된 것이 아인슈페너의 유래가 되었다. 아인슈페너는 말 한 마리가 끄는 마차라는 뜻이다.

나치의 망령으로 2차 세계 대전의 패전국이 된 오스트리아는 폐허가 된 비엔나를 음악의 힘으로 재건했다고 해도 과언이 아니다. 나치의 포화로 온전한 건물 하나 없는 상황에서 제일 먼저 재건한 것이 오페라 하우스이다. 비엔나의 오페라 하우스는 파리의 오페라 하우스와 밀라노의 스칼렛 극장과 함께 유럽 3대 오페라 극장으로 1869년 5월 15일 모차르트의 〈돈 조반니〉 공연과 함께 개관을 하였으며 1956년부터는 빈 필하모니 오케스트라를 지휘한 카라얀의 공적으로 더욱 유명해졌다. 음악과 연극이 만나 빚어내는 거대한 환상의 무대인 오페라는 400년이 넘는 역사를 가지고 있다.

오페라 하우스

오늘날 대중음악에 밀려 그 이름이 퇴색되었지만 오페라는 여전히 그 나라 문화의 척도로 여겨지고 있다. 레너드 번스타인은 다음과 같이 이야기했다.

'오페라는 연극이면서도 특히 대중적이다. 오페라는 대중의 감정에 직접적으로 다가간다. 어떤 연극 작품의 배우도 오페라 가수처럼 무대 앞으로 걸어 나와 관객을 향해 노래하며 직접적으로"나는 당신을 사랑합니다!"라고 외칠 수는 없다.'

처음 오스트리아 비엔나를 방문하여 오페라 하우스에서 〈로미오와 줄리엣〉을 관람하면서 생겼던 일이 생각난다. 공연이 시작한 지 30분이 지났으나 나는 줄리엣을 찾지 못했다. 오페라의 가사를 전혀 이해하지 못한데다가 주인공으로 나오는 줄리엣이 뚱뚱해서 알아보지 못했던 것이다. 그동안 영화와 TV를 통해 날씬한 사람이 주인공이라는 고정관념이 내게 있었다. 다행이 요즘에는 좌석마다 영어 자막 번역기를 설치해서 감상을 돕는다.

오페라 공연 티켓은 최고 200유로 이상부터 저렴한 입석까지 다양하다. 현지 티켓 구입은 오페라 극장이나 시내 곳곳에 있는 티켓 예약센터에서 하면 된다. 만약 입석 티켓을 구입하고 싶다면 공연 2시간 전부터 오페라 하우스에 가서 줄을 서야 한다. 단, 입석도 자리가 있으니 빨리 입장해 입석 난간에 자신의 소지품을 매어 두면 좋은 자리를 확보할 수 있다.

여름에는 비엔나의 오페라 하우스에서는 공연이 없다. 모든 공연이 잘츠부르크로 옮겨가 열리기 때문이다. 그러나 여름에 비엔나를 찾는 여행객이라도 실망할 필요는 없다. 비엔나의 시청에서 여름에 비엔나를 찾은 관광객을 위해 성대한 필름 페스티벌을 열기 때문이다. 처음에는 카라얀을 추모하기 위해 열렸던 필름 페스티벌은 아름다운 시청사 건물에 대형 스크린을 설치하고, 웅장하면서도 세밀한 소리도 놓치지 않는 스피커를 통해 각종 유명한 오페라 작품과 발레 그리고 클래식 음악 공연을 매일 상연한다. 필름 페스티벌이 열리는 시청 앞은 상영 2시간 전부터 축제의 장으로 변한다. 공연장 주변에 거대한 간이식당과 야외 맥주홀이 생겨 전 세계의 먹거리와 음료가 판매된다. 스크린 앞에는 1,000석이 넘은 간이 의자가 놓여 있는데, 유명한 작품인 경우 1시간 정도 먼저 가서 자리를 잡는 것이 좋다. 상쾌한 바람이 부는 여름 밤. 시원한 맥주 한잔을 들고 아무런 격식 없이 아름다운 음악을 즐길 수 있는 비엔나 필름 페스티벌은 여행자에게 잊지 못할 추억을 선사한다.

죽음에 대한 두려움을 버리고 현재를 살라, 루브르 박물관

Louvre Museum

루브르 박물관에서 아침 9시부터 저녁 6시까지 1개 작품당 1분씩 감상한다면 얼마나 걸릴까? 18개월이다. 225개의 방에 30여만 점의 작품들이 전시되어 있는 루브르 박물관은 이동 동선만 해도 60킬로미터에 달한다. 따라서 아무런 계획 없이 루브르를 찾는 것은 매우 무모하다. 짧은 시간에 루브르를 제대로 감상하기 위해서는 보고 싶은 작품을 선정하고 명확한 동선을 짜야 한다.

루브르 박물관은 크게 '리슐리외관'과 '술리관' 그리고 '드농관'으로 이루어져 있다. 인류 문명 기원의 시점에서 시작하고 싶다면 세 개의 입구 중 리슐리외관으로 입장하여 3전시실로 가자. 인류 최초의 문명을 일으킨 메소포타미아 사람들의 유물이 있는 이 방에서 메소포타미아 왕궁 문을 지킨 라마수를 만날 수 있다.

루브르 박물관 입구

루브르 박물관 내부

리슐리외관 입구

　라마수는 상상 속의 동물로 지혜의 상징인 사람 머리와 용맹의 상징인 독수리 날개, 성실의 상징인 짐승의 몸을 하고 있다. 라마수를 지나 3전시실 끝으로 가면 사자를 안고 있는 길가메시 조각상이 보인다.

　티그리스와 유프라테스강을 중심으로 발달한 메소포타미아 문명은 오늘날의 이라크 남부 수메르 지역에서 시작된 인류 최초의 문명이다. 메소포타미아 사람들은 불규칙적이고 잦은 강의 범람을 겪었고, 사방이 트여 있는 비옥한 옥토로 인해 수많은 외적의 침입을 받았다.

라마수

언제 죽을지 모르는 환경에 처한 메소포타미아 사람들은 죽은 뒤의 세계인 내세보다는 현재의 삶에 더욱 관심을 가졌다. 사막의 장벽과 나일강의 풍부한 자연으로 안정적이고 풍요로운 삶을 살았던 고대 이집트 사람들이 죽은 뒤의 내세를 중시한 것과는 대조적이다.

내세가 아닌 현실을 중요시한 삶을 살았던 메소포타미아 사람들의 상징으로 아시리아의 왕 사르곤 2세 궁전에서 발견된 길가메시 동상을 들 수 있다. 우루크 제1왕조 5대왕이었으나 후에 전설적인 영웅이 된 길가메시는 그가 잡은 사자를 안고 있다.

기원전 7세기 니네베의 아슈르나팔 왕궁 서고에서 발견된 〈길가메시 서사시〉에 따르면 반신반인의 영웅인 길가메시는 폭군이 되었다가 하늘의 황소를 죽여 하늘로부터 벌을 받아 죽게 된 친구 엔키두의 죽음을 애통해하며 죽지 않는 비결을 찾아 여행을 떠난다. 여행이 끝날 무렵 영원히 죽지 않는 불로초를 구하지만 잠시 쉬는 사이 뱀이 먹어 버리자 그는 영원한 삶이 허망하다는 것을 깨닫고 왕궁으로 돌아온다.

〈길가메시 서사시〉는 행복을 위해 미래에 대한 불안이나 과거의 추억에 사로잡히지 않고 현재를 즐기는 수메르인의 생각을 그대로 보여 준다. 지금으로부터 4천 년 전 고대 사람들이 자유로운 사고 속에서 죽음에 대한 두려움 없이 현재의 삶을 살았다는 이야기는 오늘날 우리에게 많은 생각을 가지게 한다.

길가메시

함무라비 법전

　메소포타미아관의 3전시실을 나와 2전시실로 이동하면 함무라비 법전이 나온다.

　풍요로운 메소포타미아 도시 국가들은 끊임없이 다른 민족들의 침략을 받았다. 거듭된 전쟁 끝에 메소포타미아를 통일한 함무라비 왕은 강력한 중앙 집권 체제를 만들기 위해 법전을 만들었다. 법전을 새긴 비석을 주요 도시의 신전 입구에 세워 백성들에게 알리며 법으로 각 도시들을 하나로 묶어 통일 왕국을 유지했다. 인류사에 가장 큰 유산 중 하나인 함무라비 법전은 귀족 지배층이 백성이나 노예들을 마음대로 지배하지 못하도록 법으로 제한한 것으로 다음과 같은 글귀가 있다.

재판을 받으려는 자는 이 비문을 읽어라. 그대들에게 법을 명백히 가르치고 그대들의 권리를 지켜 줄 것이다. 나는 이 법을 통해 강자가 약자에게 해를 끼치는 일이 없도록 하겠다.

메소포타미아 전시실을 나와 에스컬레이터를 타고 3층으로 이동하면 바로크 시대의 대가 루벤스를 만날 수 있다. 3층 입구에 있는 18전시실에 마리 드 메디치의 생애를 그린 루벤스의 연작 24점이 있다.

르네상스를 일으킨 이탈리아 피렌체에 있는 메디치 가문의 딸인 마리 드 메디치는 프랑스의 국왕 앙리 4세와 정략 결혼하여 1601년 루이 13세를 낳았다. 미모에 대한 자긍심과 복수심이 강했던 그녀는 왕이 죽자 어린 루이 대신 섭정을 하다가 결국 망명해 독일에서 사망한다. 한 시대를 풍미했

렘브란트 초상화

마르세유 입항

던 그녀는 왕좌를 차지하자 뤽상부르 궁전을 짓고 이를 장식하기 위해서 루벤스를 초청해 자신의 일생을 그려 줄 것을 요청하여 작품을 완성한다.

마리 드 메디치 연작 24점은 마리의 탄생부터 교육 과정, 결혼과 섭정 등 마리의 일생을 루벤스 특유의 과장법으로 그렸다. 특히 〈마르세유 입항〉을 보면 마리가 결혼을 하고 프랑스로 오기 위해 마르세유에 잠시 머물렀던 사실을 마치 하늘에서 비너스 여신이 내려오듯 극적으로 표현해 놓았다.

루벤스의 방을 나와 루브르 박물관 31전시실에 있는 렘브란트의 자화상을 보면 그의 노곤한 말년의 삶이 그대로 느껴진다. 다른 화가들의 초상화를 보면 근엄한 표정에 다소 과장된 표현을 많이 사용하지만 렘브란트 초상화는 소박한 위엄과 번민에 가득 찬 인간의 모습을 하고 있다. 유화 물감을 겹겹이 찍어 바른 두꺼운 질감이 마치 그의 삶의 무게만큼 무거워 보인다. 렘브란트는 그의 모든 작품에서 어떤 대상이든 어둠 속에서 떠오르는 드라마틱한 명암법을 사용하였는데 자화상에서 이를 확연히 느낄 수 있다. 인간의 내면을 이끌어 내기 위한 그의 독자적인 명암법은 오늘날 '렘브란트 명암법'이라고 불리며 많은 찬사를 받고 있다.

렘브란트의 방을 나와 에스컬레이터를 타고 2층으로 내려오면 사람들에게 잘 알려지지는 않았지만 루브르 박물관에서 반드시 가 봐야 할 장소가 있다.

프랑스 절대 왕정의 화려한 궁전인 나폴레옹 3세 아파트먼트이다. 1954년 루브르 개축 공사 때 유일하게 보존한 이곳은 프랑스 최고의 문화유산이자 장식 미술관이다. 나폴레옹 동생의 셋째 아들인 나폴레옹 3세는 프랑스 제1제정이 몰락해 스위스로 망명했다가 6월 혁명으로 돌아와 집권하면서 여기에서 살았다.

분수가 솟구치듯 화려한 수정이 달려 있는 샹들리에와 고급 벨벳으로 장

나폴레옹 3세 아파트먼트

식된 응접실, 청동으로 화려하게 도금된 식탁과 의자가 있는 이곳은 보는 이로 하여금 저절로 감탄사를 나오게 한다. 베르사유에서 기대했으나 느끼지 못한 궁전의 화려함을 여기서 충분히 보상받을 수 있다.

이제 리슐리외관을 완전히 빠져나와 드농관으로 입장하여 1층 4전시실로 가자. 루브르 박물관 티켓은 구입하면 하루 동안 언제든지 입장할 수 있다. 4전시실에서 여행자들의 시선을 단박에 끄는 작품은 카노바의 〈프시케와 큐피드〉 상이다.

영어로는 '사이키'라고 읽는 프시케는 어느 왕국의 공주 가운데 한 명으로 미모가 빼어났다. 이를 시기한 비너스는 큐피드에게 그녀가 혐오스러운 사람과 사랑에 빠지도록 하라고 명령한다. 그러나 큐피드는 프시케를 본 순간 그녀의 미모에 반하여 단숨에 사랑에 빠지게 된다. 그는 프시케에게 완전한 어둠 속에서만 자신을 만날 수 있으며, 이를 어기면 영원히 헤어지게 된다는 것을 조건으로 부부가 된다.

프시케와 큐피드

시간이 지나 동생을 시기한 두 언니는 큐피드가 괴물일지도 모르니 확인해 보라고 부추긴다. 마음이 흔들린 프시케가 잠자는 큐피드를 보자 큐피드는 프시케의 불신을 꾸짖고 떠나 버린다. 남편을 찾아 나선 프시케는 비너스의 까다롭고 힘든 시험을 견뎌 낸다. 비너스는 마지막 시험으로 지하세계의 여왕인 페르세포네의 처소로 가서 아름다움이 담긴 상자를 가져오라고 한다. 단, 상자를 절대 열어서는 안 된다는 조건을 달았다.

상자를 손에 넣은 프시케는 가져오는 동안 호기심으로 상자를 열게 되고 안에 들어 있던 죽음의 잠에 휩싸이자 큐피드가 나타나 프시케를 구하고 제우스에게 간청해 두 사람의 결합을 인정받는다.

사랑에 빠지면 사랑하는 대상의 모든 것이 아름다워 보이지만 시간이 지나면 상대방의 단점을 비롯한 모든 것을 보게 되고 사랑의 감정은 사라진다. 〈프시케와 큐피드〉 조각상은 여기서부터 진실한 사랑이 시작된다고 이야기한다. 신화에서 프시케는 사랑하는 사람의 마음이 변해도 포기하지 않고 사랑의 달콤함 뒤에 있는 모든 아픔을 이겨 내면서 비로소 진정한 사랑을 찾는 모습을 보여 준다. 〈프시케와 큐피드〉 조각상은 격정적인 사랑의 요소가 절제된 채 정적이며 조화로운 모습을 하고 있다. 모든 것을 벗어난 초월한 정신적인 사랑이 느껴진다. 특히 하얀 대리석을 완벽하게 조각해 순결함이 빛나는 작품이다.

〈프시케와 큐피드〉 상을 보고 이탈리아 조각들이 있는 큰 전시실을 나오면 정면으로 대계단이 보인다. 계단 끝에 전시된 작품이 비너스만큼 많은 사랑을 받는 것이 니케 상이다.

승리의 여신 나이키로 잘 알려져 있는 니케상은 영화 〈타이타닉〉에서 남녀 주인공이 뱃머리에서 니케 상을 재현해 더욱 유명해졌다. 기원전 196년 로도스가 시리아와의 해전에서 승리한 것을 기념하기 위해 신전에 바친 이 조각상은 원래 그리스 선단 뱃머리에 장식되어 있던 것이다. 두 날개를 펴고 금방이라도 하늘로 날아오를 듯한 자세를 취하고 있지만 사실은 뱃머리에 막 내려앉는 모습을 조각했다고 한다. 승리를 상징하는, 유연하면서도 강인한 V자형 날개 아래 세찬 바닷바람에 날려 흐르는 치마 주름들은 펄럭이는 소리가 금방이라도 들릴 듯 생생하다.

이제 루브르 박물관에서 가장 유명한 〈모나리자〉를 만날 시간이다. 니케 상 오른쪽으로 가면 대회랑이 나타나고 그 중간 6전시실에 〈모나리자〉가 있다. 인류사를 통틀어 최고의 천재 중 한 명인 레오나르도 다빈치의 〈모나리자〉는 구도와 원근법의 측면에서 수수께끼 같은 작품이다. 〈모나리자〉의 배경은 단순히 모나리자를 바라보는 시점에 있지 않고 하늘에서 내려다보는 구도로 되어 있다. 이는 공기 원근법을 사용한 계곡 사이의 길과 다리가 푸르스름한 빛에 싸여 모델과 깊은 거리감을 두면서 신비로움을 더한다. 웃는 듯 화난 듯 표정을 알 수 없는 모나리자 역시 신비로운 미소를 띠고 있다.

다빈치는 정면을 보지 않고 측면을 바라보고 있는 그녀의 얼굴을 완성한 뒤 솜 붓으로 윤곽선을 지워 마무리하는 스푸마토 기법을 사용하여, 성스러우면서도 냉정한 신비의 미소를 창조했다. 다빈치는 〈모나리자〉를 통해 한 인간의 겉모습뿐만 아니라 내면의 영혼까지 표현하고 있다.

루브르 박물관을 대표하는 그림이 〈모나리자〉라면 루브르 박물관을 대표하는 조각은 〈비너스〉이다. 비너스는 대회랑에서 내려와 1층 15전시실에 있다. 비너스 상은 작자 미상으로 그리스 근처, 밀로라는 섬에서 발견되어 〈밀로의 비너스〉라 불린다. 4세기경에 제작된 것으로 알려져 있는 비너스 상은 수학적 질서인 황금 비율로 만들어져 실제 인간의 몸매로는 절대 불가능한 팔등신의 이상적인 미를 가지고 있다. 흘러내리며 주름 잡힌 치

모나리자

비너스

마는 생동감을 넘어 관능적인 아찔함을 물씬 풍기지만 그녀의 얼굴에는 성
스러운 미소가 흘러 정숙된 아름다움이 흐른다. 비너스 상은 관능미와 정
숙미가 균형을 이루며 어느 쪽에도 치우치지 않는 절묘한 아름다움의 완성
을 보여 준다.

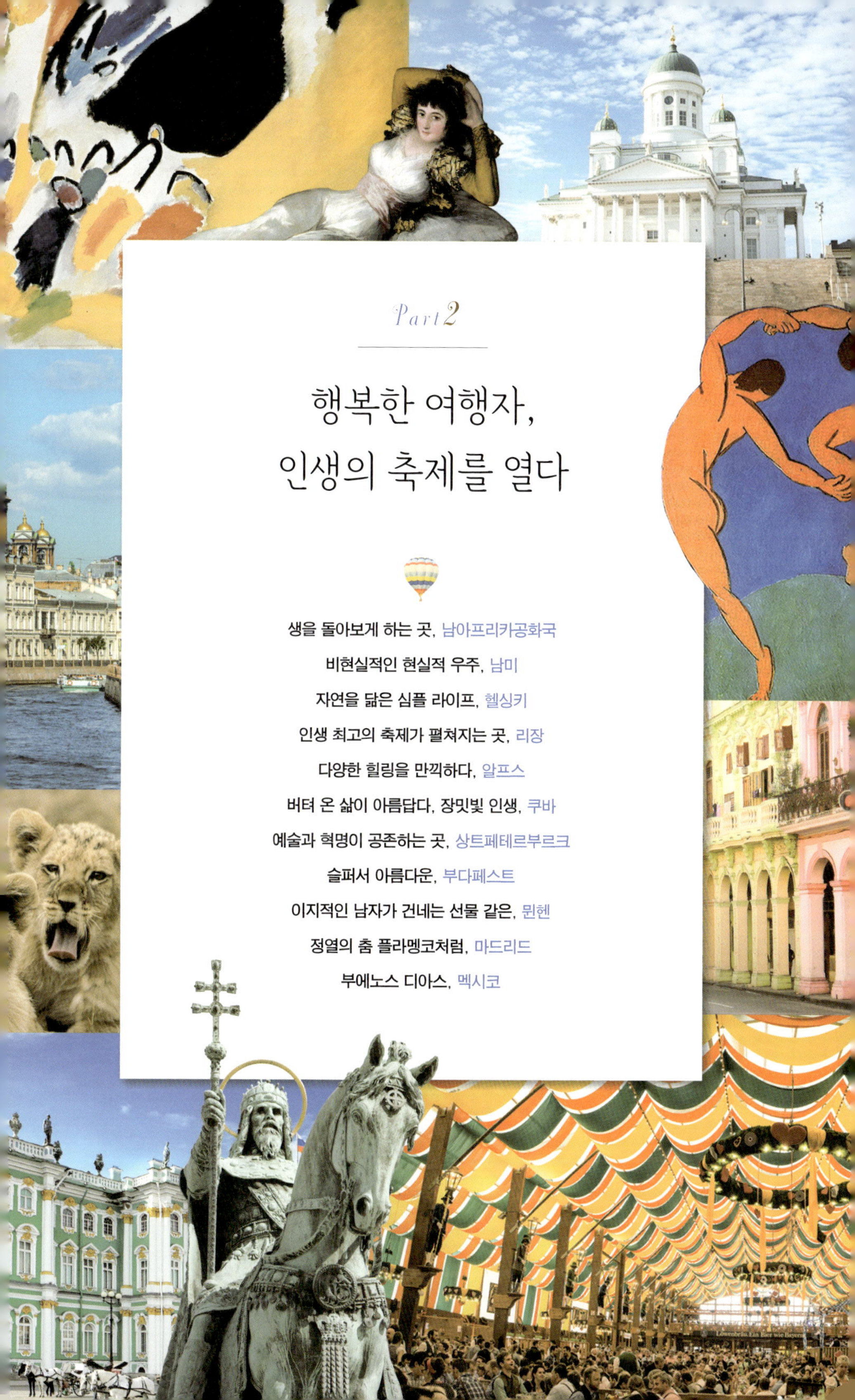

Part 2

행복한 여행자,
인생의 축제를 열다

생을 돌아보게 하는 곳, 남아프리카공화국
비현실적인 현실적 우주, 남미
자연을 닮은 심플 라이프, 헬싱키
인생 최고의 축제가 펼쳐지는 곳, 리장
다양한 힐링을 만끽하다, 알프스
버텨 온 삶이 아름답다, 장밋빛 인생, 쿠바
예술과 혁명이 공존하는 곳, 상트페테르부르크
슬퍼서 아름다운, 부다페스트
이지적인 남자가 건네는 선물 같은, 뮌헨
정열의 춤 플라멩코처럼, 마드리드
부에노스 디아스, 멕시코

생을 돌아보게 하는 곳,
남아프리카공화국

■ "You Die!"

이 말을 듣는 순간 너무 놀라 온몸의 세포가 갑자기 타올랐다가 꺼지는 느낌이었다. 이런 것을 '아노미'라고 하는구나. 배 속에 있는 모든 것을 토할 것만 같았다.

친구와 나는 케이프타운에 도착했다. 공항에서 숙소로 이동해 짐을 풀고 환전을 하러 나갔다. 거리는 한산하고 흑인 이외에 백인이나 동양인은 보이지 않는다. 환전을 하고 희망봉 투어를 신청하러 여행사를 찾았다. 2명의 흑인이 환전소부터 우리를 따라온다. 우리는 겉으로는 여유롭게 농담을 하며 태연한 척했지만 속으로는 잔뜩 긴장하며 걸었다. 다행히 아무 일도 없이 여행사를 찾아 희망봉 투어를 신청했다. 내일 새벽에 숙소로 픽업한다고 하여 픽업 시간을 확인하고 여행사를 나오려다 불안한 마음에 시내 투어를 신청했다.

시내 투어는 워터 프런트와 아쿠아리움을 시작으로 현지인 마을과 테이블 마운틴 등 17곳을 방문한다. 가장 인상적인 것은 현지인이 사는 마을로 주술에 의해 병을 낫게 한다는 병원이 마을 한가운데 있었다. 이 마을은 투어가 아니면 방문할 수 없다고 한다. 시내 투어 마지막 일정으로 테이블 마운틴에 도착하자 투어가 끝났다며 차량이 가 버린다. 우리는 케이블카를 타고 정상에 올랐다. 케이프타운을 감싸고 있는 거대한 산은 정상이 테이블처럼 평평해 이름이 테이블 마운틴이다. 이곳에서 바라보는 케이프타운은 바다를 배경으로 학의 날개처럼 우아하게 펼쳐져 있다. 같이 간 친구가 묻는다.

"왜 사람들이 높은 곳에 오르고 깊은 바다에 들어가는지 알아?"

"……"

"고요하기 때문이다."

우리는 석양으로 붉게 물드는 케이프타운과 바다를 말없이 바라보며 고요를 즐겼다.

다음 날 아침 픽업 시간 7시를 맞추기 위해 일찍 일어나 준비를 하고 10분 전에 2층에 있는 숙소에서 정문으로 내려갔다. 정문에는 이미 우리를 픽업할 차량이 대기하고 있었다. 운전사가 희망봉 투어를 신청했느냐고 물어서 그렇다고 대답하자 차량에 탑승하라고 한다.

아무런 의심 없이 차량에 오르려고 하는데 이상한 기운을 감지한 친구가 나를 붙잡는다. 약속 시간도 맞고 희망봉 투어까지 확인했는데 왜 그러느냐며 나는 차에 올라탔다. 하지만 친구가 타지 않는다. 친구가 자꾸 눈짓을 해 차 안을 살펴보니 차가 너무 낡은 데다 흑인 가이드 혼자밖에 없다. 가이드

테이블 마운틴

눈빛도 예사롭지 않다. 바로 내려서 여행사에 확인한다고 이야기하고 다시 숙소로 올라가서 전화를 걸었다. 너무 이른 시간이라 전화를 받지 않는다.

어떻게 할까 생각하다가 다시 내려가 보니 차가 보이지 않는다. 대신 고급스러운 리무진이 대기 중이다. 운전석에서 명찰을 단 백인이 희망봉 투어를 신청했냐고 물어서 그렇다고 하니 타라고 한다. 차 안에는 이미 할아버지 할머니들을 비롯해 많은 사람들이 타고 있었다.

차가 출발하자 가이드가 왜 늦었냐고 묻기에 조금 전에 있었던 상황을 이야기했다. 가이드가 깜짝 놀라며 만약 그 차를 탔으면 죽었거나 사막에 벌거벗겨진 채 버려졌을 거라고 이야기한다. 며칠 전에도 2명이 실종되는 사건이 벌어졌다고 한다. 순간 너무 놀랐다. 속이 메스껍고 1시간 이상 바깥 풍경이 눈에 들어오지 않는다. 태어나서 처음으로 맞이하는 아노미였고, 말로만 들었던 여행하다가 죽을 수도 있는 순간을 겪은 것이다. 그렇게 한참을 가다가 정신을 차려 보니 차는 영국 BBC가 선정한 세계에서 가장 아름다운 해안 도로 채프먼스 피크를 달리고 있다.

광야를 연상시키는 광활하고 시커먼 바다 위로 거침없는 파도가 친다. 아프리카 특유의 야생적인 바다가 끝날 무렵 펭귄으로 유명한 보더스 비치에 도착했다. 아프리카에 왜 펭귄이 있을까 의구심이 들었지만 가까이 가니 진짜 펭귄이 여기저기 다닌다. 케이프 펭귄이라 불리는 자카스 펭귄은 온난한 지역에서 생활하며 머리 부분에 검은 털이 나 있는 것이 추운 지방의 펭귄과 다른 점이다.

희망봉

몸 크기가 35센티미터에 불과한 귀여운 펭귄들이 뒤뚱거리며 걷는 모습을 지나자 바위 밑으로 수십 마리의 물개가 무리 지어 바다를 헤엄치고 있다. 몇 마리는 바위 위로 올라와 마치 사람처럼 앉아 있다.

보더스 비치를 출발해 1시간 정도 지나자 희망봉 표지판이 보인다. 드디어 희망봉이다. 아프리카 대륙의 끝에서 바다를 바라보니 무한한 에너지와 그리움이 느껴진다. 이곳은 원래 폭풍의 곶이라 불리다가 바스코 다 가마가 이곳을 통과해 인도로 가는 항로를 개척한 후 포르투갈 왕이던 주앙 2세가 이곳을 희망봉이라 불렀다. 하지만 이곳이 유럽인의 눈에 띈 이후 침략과 노예 사냥 등 아프리카의 약탈이 시작되었고 결국 아프리카인의 영혼까지 짓밟히는 저주와 실망의 상징이 되었다고 생각하면 희망봉이라는 말은 다시 원래의 이름인 폭풍의 곶으로 불리는 것이 맞다.

다음 날은 아프리카 최초의 국립 공원이자 세계 최고의 사파리 관광지인 크루거 파크를 찾았다. 경상도만 한 크기의 공원에 아프리카의 빅 5라 불리는 표범, 사자, 물소, 코뿔소, 코끼리를 비롯하여 기린, 하마, 얼룩말 등 대형 동물만 20여 종, 8,000마리가 서식하고 있다. 새벽 5시 사파리 투어가 시작된다. 사륜구동 사파리 차량이 출발하자 가이드는 의자에서 일어서거나 차량 밖으로 나와서는 안 된다고 주의를 준다. 제일 먼저 기린이 눈에 띈다. 큰 키를 이용해 눈만 껌벅이며 잎들을 먹고 있다. 조금 지나자 차가 움직이지 못한다. 원숭이가 길을 막고 있어 그 모습을 오랫동안 지켜보았다. 그 후로 희귀한 새만 간간이 보이는 지루한 시간이 이어졌다.

침묵을 깨운 것은 코끼리 세 마리였다. 숲에서 어슬렁거리며 나와 우리 옆을 지나간다. 호기심에 사진을 찍자 짜증이 나는지 갑자기 큰 나무를 쓰러뜨리며 멀어져 간다. 차량을 돌려 강으로 다가가자 하마 한 마리가 수초

크루거 파크

를 뜯다가 물속으로 몸을 감춘다. 하마는 아프리카 탐험 역사상 가장 많은 인명을 사살한 포악한 동물이라 한다. 잠시 휴식을 취한 후 오후 사파리가 시작되는데 갑자기 무전이 온다. 무전을 받자마자 사파리 차량이 급히 어디론가 달려간다. 표범이다. 표범은 야행성인 데다 혼자 다녀서 보기가 힘들다고 했다. 표범은 금방 잡은 토끼를 먹고 있었다.

우리가 다가가자 잠시 날카로운 눈빛만 반짝일 뿐 다시 먹이를 먹는 데 집중한다. 배가 부른지 한참을 먹던 토끼를 입에 문 표범은 나무 위로 올라가 먹이를 걸어 놓는다. 가이드는 저 정도면 일주일 정도의 양식은 된다고 했다. 간단하게 점심을 먹은 뒤 다시 투어가 시작되고 우리는 얼룩말과 치타 그리고 코뿔소를 보았다. 하지만 사자는 보이지 않는다. 아무리 찾아도 없어 포기하고 숙소로 돌아오려는데 연못 근처에서 거짓말처럼 사자가 나타났다. 어미 사자가 새끼 사자 둘을 데리고 물을 먹으러 간다. 긴장된 마음으로 가까이 다가가지만 사자는 꿈쩍도 하지 않는다. 새끼 사자들을 보호하기 위해서이다. 물을 먹고 나자 사자들은 어슬렁거리며 사라진다. 야생 짐승들의 위협적인 포효와 눈빛을 기대한 나로서는 실망스러운 사파리 투어였지만 숙소로 돌아와 저녁을 먹을 때 섣부른 판단이었음을 알았다.

숙소 앞 바비큐 시설에서 고기를 굽고 있는데 음산한 기운이 돌았다. 숙소를 에워싼 1만 2천 볼트의 고압 전기 철조망 뒤로 수많은 하이에나가 매서운 눈빛으로 우리를 지켜보고 있다. 오싹했지만 우리는 음악을 크게 틀고 이야기를 나누면서 식사를 마쳤다. 그리고 금방이라도 쏟아질 것 같은 별들을 보며 이런저런 이야기를 하다가 잠이 들었다.

요하네스버그로 돌아온 우리는 이번 여행의 최종 목적지 빅토리아 폭포로 향한다. 빠듯한 예산으로 에어컨도 없는 빨간 렌터카를 빌렸다. 차선도 희미한 아프리카 길 위를 신나게 달리다가 시내를 벗어나자마자 과속으로 경찰에 잡혔다. '법을 몰랐다', '영어를 못한다', '남아공 돈이 없다' 등 어떠한 변명도 통하지 않아서 벌금을 냈다. 며칠 후 돌아오는 길에 똑같은 장소에서 똑같은 경찰에게 다시 과속으로 잡혔다. 하지만 우리의 얼굴을 알아본 경찰은 씩 웃으면서 그냥 가라고 한다. 운전석이 오른쪽에 있어 로터리만 나오면 힘들어하던 우리는 중간 기착지인 블라와요에 도착해 하루를 보내고 다음 날 아침 일찍 빅토리아 폭포로 향했다.

아무것도 보이지 않는 광야를 지나 오로지 북으로 간다. 어제부터 오늘까지 20시간의 기나긴 운전에 녹초가 되어 아무 생각이 없다. 그렇게 마지막 남은 체력마저 다 소진될 무렵 저 멀리서 물보라가 인다. 가까이 다가가니 엄청난 물기둥이 어둑한 하늘을 향해 치솟아 있다. 빅토리아 폭포이다.

1.7킬로미터의 어마어마한 폭과 밑이 보이지 않는 108미터 높이의 거대한 빅토리아 폭포는 하늘로 치솟아 305미터의 물보라 기둥을 만들어 내고 있다. 우리는 폭포와 65킬로미터 떨어진 곳에서 그 기둥을 목격한 것이다. 그로부터 1시간 이상을 달려 마침내 빅토리아 폭포가 있는 마을에 도착했다. 마을로 들어서니 온 마을이 폭포 소리로 뒤덮여 있다. 여기 사람들은 빅토리아 폭포를 '천둥 치는 연기'라는 뜻으로 '모시아 튠야'라고 부른다.

빅토리아 폭포

1805년 영국인 탐험가 데이비드 리빙스턴이 이 폭포를 발견하고 당시 영국의 여왕 이름을 따서 빅토리아 폭포라고 이름 지었다.

아침 일찍 일어나 카메라를 비닐로 감싸고 빅토리아 폭포로 갔다. 폭포의 거대한 울음은 이미 익숙하지만 다가갈수록 압도하는 폭포의 장엄함에 아무 생각이 나지 않는다. 오직 드는 생각이 있다면 하나이다. 신은 반드시 살아 계신다. 폭포 가까이 다가가니 꿈틀대는 물줄기가 거대한 장관을 미루며 끝이 보이지 않는 바닥으로 뛰어내리고 있다.

그 뒤로 다른 폭포가 시차 없이 계속 뛰어내린다. 폭포가 만들어 내는 거대한 운무가 구름처럼 몰려나와 세상을 흐린다. 우리는 이미 온몸이 젖었다. 윗옷을 벗고 상기된 얼굴로 운무 사이를 지나다니며 미친놈처럼 웃는다. 마침내 폭포 앞에 섰다. 세상을 집어삼킬 듯 격렬히 몸부림치며 장엄하게 펼쳐지는 폭포는 숭고 그 자체이다. 폭포 앞에서 내 심장과 가슴은 이미 내 것이 아니다. 나는 세상에 없고 오직 폭포와 운무 그리고 굉음과 하늘만이 존재한다. 그렇게 아프리카 여행은 끝났다.

아프리카 여행을 함께한 친구를 최근 만났다. 그는 요즘 여행사에서 가이드를 하고 있는데 그가 인솔한 한 손님이 한 이야기가 자연의 의미를 되새겨 준다. 뉴질랜드 피오르 협곡 지역인 밀포드 사운드를 구경하고 호텔로 돌아가는 버스 안에서 그동안 있었던 여행에 대한 소감을 이야기하는 시간이었다. 한 사람씩 돌아가며 그동안 느꼈던 점을 이야기하는데 나이가 지긋한 할머니 순서가 되었다. 여행 내내 걱정이라고는 조금도 없는 평화로운 얼굴을 하고 계신 분이었다. 할머니가 소감 발표를 안 하신다고 하자 여기저기서 부추겨 결국 할머니가 마이크를 잡았다.

"이 아름다운 자연을 보고 나니 인간이 얼마나 미미한 존재인지 알았습니다. 저는 말기 암 환자입니다. 이제 죽어도 여한이 없습니다."

숭고하고 장엄한 자연은 우리에게 이해를 넘어 절망을 줄 때 우리를 포근하게 다독여 현실을 인정하며 행복하게 한다.

비현실적인 현실적 우주,
남미

■　살아오면서 광장에 앉아서 이유 없이 시간을 보낸 적이 없었다. 처음으로 광장에 앉아 시간을 보낸다. 누구를 기다리지도 않고, 무엇을 정리할 생각도 없다. 지나다니는 관광객들의 화려한 옷 색깔과 사진 찍는 모습 그리고 소리치며 노는 아이들의 모습에 그냥 눈길을 보낸다. 그냥 그렇게 한참을 앉아 있으니 나를 감싸고 있는 온갖 잡념과 욕망이 스르르 빠져나가는 것이 느껴진다.

'뜨거운 물'이라는 뜻을 지닌 아과스칼리엔테스는 마추픽추로 가기 위한 길목이다. 페루의 수도 리마에서 잉카 제국의 수도였던 쿠스코를 거쳐 유일한 교통수단인 잉카 트레일을 타고 이곳에 와야 마추픽추를 방문할 수 있다. 아과스칼리엔테스는 안데스 산맥의 마지막 도시답게 높은 산과 깊고

마추픽추 잉카 제국의 절정기에 건설된 이곳은 가장 놀라운 도시 창조물로 평가되고 있다.

거친 강이 작은 광장과 집들을 품고 있다. 반나절만 여행하면 다 둘러볼 수 있는 작은 도시이지만 평화롭고 고요한 정경을 즐기기 위해 며칠이고 머무르는 여행자들도 많이 볼 수 있다. 아과스칼리엔테스에서 버스를 타고 20분을 오르면 마추픽추이다. 물론 기운이 넘치는 젊은이들은 4시간 넘게 걸어서 올라오기도 한다. 한 발 한 발 올라서 땀에 젖은 채 숨을 몰아쉬지만 정상에 오른 그들의 얼굴에서는 웃음이 가시지 않는다. 입장권과 여권을 보여 주고 입구를 지나 10분쯤 걸으면 안데스의 귀여운 동물 알파카가 유유자적 풀을 뜯고 있는 마추픽추의 모습이 눈앞으로 다가온다.

잉카 왕의 명령에 따라 별과 우주 관측소로 2,280미터의 높이에 세워졌다고 하는 공중 도시 마추픽추에 입장하면 가장 먼저 계단식 밭인 '안데네스'를 만날 수 있다. 마추픽추의 절반을 차지하고 있는 안데네스를 걷다 보면 조그마한 공간이라도 놓치지 않고 밭을 만들어 놓은 그들의 노력에 감탄을 한다.

밭을 지나 육중한 돌로 만들어진 입구 문을 들어서면 '세 창문의 신전'이 나타난다. 이곳에서 전설 속의 잉카 제국 1대 왕 망코 카파크가 태어났다고 한다. 신전을 지나면 마추픽추에서 가장 높은 곳에 있는 천문 관측소와 '인티우아타나'라는 해시계가 보인다. 큰 돌을 깎아 만든 해시계는 태양의 에너지를 품고 있어 잉카인들은 이곳에서 성스러운 의식을 지냈다고 한다.

관측소를 내려와 젊은 봉우리라는 뜻을 지닌 '와이나픽추'와 중앙 광장을 지나면 당시 잉카인들이 살았던 주거지가 밀집해 있다.

잉카인들이 돌을 다룬 기술은 신비롭다. 그들은 20톤이나 되는 돌을 바위산에서 잘라 내 수십 킬로미터 떨어진 산 위로 날라서 신전과 집을 지었는데, 면도날이 드나들 틈도 없을 정도로 정교하게 돌을 쌓은 모습은 놀라움 그 자체이다.

독수리 모양과 닮았다고 해서 이름 지어진 콘도르 신전을 지나면 수로를 통해 물이 모이는 우물이 나타나고 바로 옆에는 미라의 안치소로 추측되는 능묘와 '태양의 신전'이 자리하고 있다. '태양의 신전'은 마추픽추 유적지에 있는 200여 개의 건축물 가운데 가장 부드러운 탑 모양으로 2개의 창문이 있다. 그 가운데 동남쪽 창문은 동짓날 아침에 떠오르는 태양이 창문을 통과하도록 만들어져 있어 태양의 후예라는 잉카인들의 자부심을 어떻게 표현했는지 엿볼 수 있다.

다시 입구로 돌아와 '망지기의 집'을 오르면 안데스의 푸른 초원이 펼쳐지고 그 초원 뒤로 우리가 늘 사진으로 보았던 마추픽추의 모습이 한눈에 들어온다. 신전과 계단식 농경지 그리고 광장과 집들이 2천 미터 높이의 산맥 속 깊은 공간들을 배경으로 신비스럽게 존재한다. 이런 곳에서 살았던 옛 잉카인들의 마음에는 태양과 깊은 고요가 담겨져 있었다. 한때 1만 명이나 되는 잉카인들이 살던 요새 도시 마추픽추는 1911년 미국인 하이럼 빙엄에 의해 발견되었을 때 폐허가 되어 있었다. 잉카인들은 그들의 위기를 직감하고 더욱 깊숙이 숨기 위해 처녀들과 노인들을 마추픽추의 한쪽 묘지에 묻어 버리고 제2의 잉카 제국을 찾아 어디론가 사라져 버렸다.

남미 여행을 하는 세 가지 이유는 페루의 마추픽추와 볼리비아의 우유니 사막 그리고 브라질의 이구아수 폭포를 보기 위해서이다. 이 중에서 가장 감동을 주는 것은 누가 뭐래도 세상에서 가장 큰 거울, 우유니 소금 사막이었다.

차로 아무리 달려도 끝없이 펼쳐지는 우유니 사막이 푸른 하늘과 어우러진 풍경은 마치 동심으로 가득 찬 초등학생의 수채화 같다. 차에서 내려 360도로 한 바퀴를 빙글 돌면서 어딜 보아도 하얀 땅과 푸른 하늘이 펼쳐져 있다. 한편으로 보면 그리스 산토리니의 푸른 바다와 눈이 시리게 하얀 집들이 연상되기도 하고, 한편으로 보면 겨울에 눈 쌓인 들판이 티끌 하나 없이 푸른 하늘과 맞닿아 있는 모습 같기도 하다. 해발 고도 3,680미터의 고원 지대에 위치한 우유니 사막은 우리나라 경상남도보다 약간 넓은 규모이다. 안데스 산맥이 융기하기 이전에 바다였다가 빙하기를 거쳐 안데스 산맥이 융기하면서 사막으로 만들어졌는데 강수량이 많지 않아 바다에서 축적된 염분이 그대로 남아 하얀 소금 사막이 되었다.

우유니 사막을 여행하는 방법은 2가지이다. 우유니 사막 전체를 보고 싶어 하는 여행자라면 볼리비아 소금 사막을 거쳐 칠레의 아타카마로 넘어가

는 2박 3일 투어를 신청한다. 하지만 시간이 없거나 사막의 밤 추위가 싫다면 일일 투어나 일출 투어를 신청한다. 우유니 사막 투어의 일정은 수명이 다 된 기차를 버려 둔 기차 무덤부터 시작한다. 버려진 기차와 황량한 사막은 매우 잘 어울린다.

기차 무덤을 지나 소금 사막이 시작되는 콜차니 마을을 들른 다음 본격적으로 우유니 사막을 달리게 된다. 아무리 달리고 달려도 끝이 없다. 차 안에서 바라보는 파란 하늘은 하얀 사막을 반쯤 가린 차량용 선탠처럼 보인다. 중간중간 내려서 걷다가 사진도 찍고 상념에 잠기기도 한다.

우유니 사막이 점차 익숙해질 무렵 방문하는 곳이 사막 한가운데 위치한, 거대한 선인장들이 있는 잉카와시 섬이다. 이 섬은 멀리서 보면 마치 물고기처럼 보인다고 해서 물고기 섬이라고 부른다.

섬에 입장하여 20미터 정도 올랐는데 숨이 차다. 높이를 확인하니 3,800 미터이다. 섬 안에 있는 선인장들은 작은 것은 1미터부터, 큰 것은 3미터가 넘는데 그 크기는 선인장의 나이를 나타낸다. 1년에 보통 1센티미터씩 자라니 선인장의 키가 1미터라면 100년을 산 것이다.

물고기 섬 곳곳에 산호 모양의 산호석이 눈에 띄는데 이는 오래전 이 사막이 바다였다는 것을 말하고 있다. 마지막 방문지인 소금으로 지은 소금 호텔을 지나 소금 호수로 나아간다.

우유니 사막의 백미는 소금 호수이다.

12월부터 3월까지 우기가 오면 끝없는 소금 사막에 물이 차서 호수가 된다. 호수가 된 소금 사막은 거울처럼 모든 것을 반사하며 하늘과 세상을 담는다. 사람들은 어린아이처럼 탄성을 지르며 여기저기 뛰어다니고 호수 속에 담긴 하늘과 풍경들을 보며 즐거워한다. 할 수만 있다면 하루 종일 앉아서 눈앞에 벌어지는 광경을 눈에 담고 또 담고 싶다. 저녁이 되어 해가 지기 시작하면 시뻘건 기묘한 빛들이 넋을 잃은 듯 춤추며 수평선을 물들인다. 소금 호수는 수평선을 중심으로 데칼코마니처럼 호수 위의 붉은 하늘을 완벽하게 복사한다.

황홀감에 빠져 이리저리 헤매는 사이 어느덧 깜깜한 밤이 되면 무수한 별들이 하늘에 가득 차고 그 별들이 다시 사막 호수에 그대로 빠져 내가 있는 자리가 별들로 가득한 우주가 된다. 우주가 된 사막의 별들 사이로 황홀경에 빠져 이리저리 헤매다 보면 여행의 신을 마주하고 있다. 가끔씩 별똥별이 떨어질 때면 아찔한 가슴에 무어라 말할 수 있는 모든 기력을 잃고 그자리에 주저앉아 정신을 잃는다.

우유니 사막과 대조를 이루며 남미에서 최고의 여행지 중 하나로 꼽히는 곳이 이구아수 폭포이다. 초당 2천 톤이 쏟아진다는 악마의 목구멍 이구아수 폭포. 그 앞에 서면 나의 모든 걱정과 아픔이 폭포 속으로 사라진다.

오래전 아프리카 여행을 할 때 빅토리아 폭포를 만났다. 빅토리아 폭포에 도착하기 수 킬로미터 전부터 하늘로 치솟는 물기둥의 모습과 다음 날 옷이 흠뻑 젖은 채 폭포 앞에 섰을 때 그 웅장함은 아직도 기억 속에 고스란히 남아 있다. '신이 있다면 이곳에 살아 있다.'라는 생각이 저절로 들었다.

몇 년 후 미국을 여행하다가 찾아간 나이아가라 폭포는 기대 이하였다. 빅토리아 폭포에 비하면 규모나 감동의 수위 역시 상대가 되지 않았다. 그 후로 늘 궁금했다. 세계 3대 폭포 중 마지막 남은 이구아수 폭포는 어떤 모습일까. 오랫동안 동경하던 이구아수 폭포 앞에 서 보니 규모 면에서 단연 압도적이다. 빅토리아 폭포가 한눈에 반해 버린 첫사랑의 남자라면 이구아수 폭포는 뒷모습이 너무나 아름다워 가슴 콩닥콩닥 뛰게 하는, 그래서 얼굴을 보고 싶어 앞서 가서 돌아본 순간 그 매력적인 모습에 푹 빠지게 되는 남자이다.

이구아수 폭포는 두 번을 보아야 한다. 아르헨티나에서 이동식 오픈 기차를 타고 오르면서 한 번 보고 브라질로 넘어가 버스를 타고 정상까지 간 후 천천히 유람하면서 한 번 더 보아야 한다. 거친 폭포가 생동감 있게 다가오는 아르헨티나 코스를 남자들이 선호한다면 여자들은 멀리서 웅장한 폭포의 모습을 사진에 담을 수 있는 브라질 코스를 좋아한다.

아르헨티나 코스를 따라 기차를 타고 정상에 내리면 악마의 목구멍까지 20분 정도 걸어야 한다. 우거진 밀림 사이로 무수한 새들이 지저귀고 마치 나비 박물관에 온 듯 수많은 나비가 앞장서는 길을 걸으면 물살 빠른 강이 나타난다. 강 위로 드리워진 다리를 건너면 마침내 악마의 모습을 한 폭포가 하늘에 닿을 듯 우렁찬 목소리와 함께 그 장엄한 자태를 드러낸다.

이구아수 폭포 남아메리카 파라나강의 지류인 이구아수강 하류에 있는 거대한 폭포로, 브라질과 아르헨티나의 국경 지대에 있다.

게걸음 치듯 천천히 다가가면 수많은 물거품이 사라지고 폭포가 그 모습을 드러낸다. 난간을 잡고 폭포에 다가가면 갈수록 점차 악마의 목구멍 속으로 빨려들 것 같다. 옷과 온몸이 다 젖은 채 얼마간 버티다 보면 비로소 진짜 폭포의 모습이 눈앞에 파노라마처럼 펼쳐진다. 시리다 못해 푸른 하늘 아래 거대한 물줄기가 미친 듯이 아래로 떨어지고 그 여파로 엄청난 물보라 폭풍이 하늘로 올랐다가 어느덧 사라지면 다시 거대한 물줄기가 다시 아래로 급격히 달려든다. 이 모든 것이 순식간이다. 마치 급격한 지각 변동으로 거대한 지구 내각판이 들고 일어나 한꺼번에 지구의 모든 물을 쏟아붓는 듯하다. 지옥과 천당은 같은 곳에 있는 것인지 모든 것을 쏟아 버리는 악마의 목구멍 옆에 무지개가 항상 떠 있다.

이구아수 폭포를 제대로 감상하려면 폭포 속으로 들어가야 한다. 기차를 타고 정상을 출발해 중간 기착 역에 내리면 폭포를 감상하는 산책로가 있고 산책로 중간의 계단을 내려가면 제트보트 선착장이 있다. 안전 장비를 하고 보트에 오르면 보트는 거친 폭포로 다가갔다가 이내 떠내려 왔다 하면서 몇 번이나 폭포를 탐색한다. 그리고 마침내 모든 힘을 모아 질풍처럼 폭포 속으로 돌진한다. 자신의 영혼을 포기하고 영원한 진실을 알기 위해 악마와 타협한 파우스트처럼, 오직 살아 있음을 확인하기 위해 우리는 악마의 입으로 들어간다. 눈을 뜰 수 없을 정도로 거친 물보라와 하늘을 뒤흔드는 폭포 소리가 흔들리는 하늘과 함께 혼동과 절망 그리고 기쁨을 순식간에 쏟아 낸다.

거친 숨을 진정시킬 사이도 없이 거침없이 떨어지는 폭포를 헤치고 한가운데에 들어서니 문득 새삼스럽게 내가 지금 살아 있다는 사실을 격하게 인식하게 된다. 탑승자들의 함성 소리를 듣고 싶은 듯 보트는 폭포에서 물러났다가 다시 한 번 폭포 속으로 돌진한다. 그러기를 여러 번 반복하고 나자 나는 물도 흙길도 뜨거운 태양도 밀림도 두렵지 않다. 내가 그 일부분이기 때문이다. 인생이 리셋되는 순간이다.

自연을 닮은 심플 라이프,
자연을 닮은 심플 라이프,
헬싱키

해마다 여름이 되면 산소 탱크같이 시원한 북유럽의 헬싱키를 떠올린다. 그곳에는 자동차가 많이 다니는 도심 한복판이라도 북유럽 특유의 싱싱한 공기로 항상 상쾌함이 넘친다. 청정한 헬싱키를 여행하다 보면 각종 볼거리가 여행자의 마음을 들뜨게 한다.

헬싱키의 길모퉁이에 새로 생긴 카모메 식당. 이곳은 야무진 일본인 여성 사치에가 운영하는 조그만 일본 식당이다. 오니기리 주먹밥을 대표 메뉴로 내놓고 손님을 기다리지만 한 달째 손님이 없다. 마음으로 음식을 만드는 카모메 식당으로 서서히 한 사람씩 모여든다.

눈을 감고 세계 지도를 손가락으로 찍은 곳이 핀란드여서 이곳까지 왔다는 미도리와 일본 만화 마니아인 핀란드 사람 토미, 그리고 공항에서 짐을 잃은 후 우연히 들르게 되는 마사코가 등장한다. 일본 사람과 핀란드 사람들이 공통적으로 연어를 좋아한다는 사실 하나만으로 식당을 차린 사치에의 맛깔스러운 음식과 함께 사연 있는 사람들의 이야기가 시작된다. 병든 부모님을 모시다가 두 분이 돌아가시고 자유로워졌지만 삶의 방향을 잃은 마사코는 하기 싫은 일은 안 할 뿐이라고 이야기한다.

저마다의 사연을 가진 이들을 따스하게 어루만지는 카모메 식당에서 사치에는 그들에게 왜 그런 생각을 하냐고, 당신은 누구냐고 물어보지 않는다. 그저 친절한 인사와 함께 따뜻한 커피를 대접할 뿐이다. 영화 내내 특별한 이야기는 없지만 서로가 서로에게 주는 배려로 따뜻함이 묻어 나오는 영화가 〈카모메 식당〉이다.

헬싱키에 있는 카모메 식당은 영화 속 실제 무대가 되었던 곳으로 일본 여행객과 식사를 하러온 현지 사람들이 어울려 항상 붐빈다. 여행자들은 이곳에서 자신이 좋아하는 일을 하면서 어떠한 어려움이 있더라도 흔들리지 않는 사치에를 떠올리기도 하고 모든 것을 이유 없이 받아 주는 따뜻한 쉼터를 갈망하기도 한다.

카모메 식당을 지나 헬싱키 시내로 나오면 신선한 북유럽의 해산물 시장인 마켓 광장을 비롯하여 원로원 광장과 우스펜스키 사원, 캄피 광장이 바다와 함께 펼쳐진다.

여기에서 배를 타고 3시간을 가면 구 소비에트

카모메 식당 영화 〈카모메 식당〉으로 헬싱키의 유명 관광 명소가 되었다.

원로원 광장

연방에서 독립한 에스토니아의 수도 탈린이다. 발트해의 이색적인 작은 도시 탈린은 세계적으로 연인과 함께할 수 있는 가장 낭만적인 곳으로 손꼽히는 도시이다.

캄피 광장에서 트램을 타고 10분쯤 가면 헬싱키의 대표적 관광 명소인 템펠리아우키오 교회 Temppeliaukio Church가 나온다. 거대한 바위 언덕을 파내고 자연 그대로의 바위를 벽으로 사용한 교회는 밖에서 보면 자그마한 언덕의 모습이다. 입구 옆에 철제로 만든 작은 십자가를 보지 못한다면 누구도 교회라고 생각하지 못한다. 1969년 교회 건축 양식의 형태를 완전히 깬 독특한 디자인으로 바위를 파고 들어가 만든 성당으로, 내부의 모습은 판테온 신전을 연상케 한다. 내부 장식은 울퉁불퉁한 화강암 벽으로 꾸며져 있고, 지붕은 유리와 구리로 만들어졌다. 유리 돔으로 이루어진 천장에서 돌담 아래로 드리워진 기둥들 사이로 쏟아지는 푸른빛이 성당 안 전체로 퍼지고 이는 다시 바닥에 반사되어 교회 전체가 따뜻하면서 신비스러운 분위기를 연출한다. 자연스러우면서도 경건하고, 경건하면서도 아름다운 교회는 아무것도 과장하지 않고 그저 자연을 있는 그대로 받아들이고 있다.

감동은 디테일에 있다. 교회 입구에 위치한 성수를 담는 그릇은 교회와 같이 울퉁불퉁한 돌로 만들어져 있으며 바위벽 한편에는 간결하고 기능적인 철제 옷걸이가 자연스럽게 놓여 있으며 설교단도 나무색과 녹색으로 전체적인 조화를 유지하고 있다. 교회의 진정한 매력은 예배를 진행할 때 나타난다. 예배를 시작하자 아무것도 없는 바위벽에 하얀 숫자가 보이기 시작한다. 무슨 암호인가 싶어 유심히 살피니 예배 중간에 읽는 성경 구절과 찬송가의 페이지를 표시하는 것이다.

사람들은 벽의 숫자를 보며 성경을 읽고 찬송가를 부른다. 예배가 시작되어 모든 사람들이 합창을 시작하면 교회는 세상에서 가장 성스러운 장소로

템펠리아우키오 교회

템펠리아우키오 교회

변한다. 자연의 음향 효과를 고려해서 만들어진 바위 교회는 넘쳐나는 빛 속
으로 아름다운 소리들이 울려 퍼지며 빛과 소리의 향연을 보여 준다. 교회는
누구나 간섭받지 않고 자유롭게 드나들 수 있으며 모든 행동도 자유롭다. 이

곳에서 매일 음악회가 열린다니 현지 사람들조차 여기가 교회인지 문화 공간인지 구별이 안 된다고 한다.

핀란드 여행에서 빼놓을 없는 것이 디자인이다. 세계적인 건축가 알바 알토 Alvar Aalto 의 흔적을 따라가는 여행을 시작으로 마리메코 Marimekko 와 핀레이슨 Finlayson, 그리고 핀란드 가정마다 하나쯤 있다는 아라비아 Arabia 그릇 탐방까지 디자인 여행의 방법은 풍부하고 다양하다.

짧은 시간에 효과적으로 핀란드 디자인을 보고 싶다면 디자인 디스트릭트 Design District 를 방문하자. 디자인 디스트릭트는 핀란드 정부에서 지원하는 디자인 특구로, 25개 거리에 약 200여 개의 회원사가 있다. 앙증맞은 장식품부터 멋스러운 가방, 실용적인 의자 등 수많은 아이템들이 여행자들의 눈길을 유혹한다.

가게들을 찾기 쉽게 그려 놓은 지도도 있지만 디자인 디스트릭트 공식 스티커를 찾아 걷기만 해도 여행의 어려움은 없다. 핀란드 대표 브랜드의 제품을 곧바로 보고 싶다면, 에스플라나디 공원 Esplanadi Park 주변으로 가자. 오묘한 색의 이딸라 Iittala 와 깜찍한 패턴의 마리메코, 핀란드 패브릭의 대표 주자 핀레이슨의 가게들이 있다. 근처에는 일본 영화 〈카모메 식당〉에 등장한 아카데미아 서점도 있다.

이 서점은 알바 알토가 설계했으며, 서 있는 위치에 따라 서로 다른 풍경을 볼 수 있다는 매력을 가지고 있다. 알바 알토는 핀란드 지폐에 얼굴이 새겨질 정도로 사랑받는 핀란드의 국민 건축가이다. 알토는 건축뿐 아니라 유리 공예, 가구, 조명 등의 디자인으로도 적지 않은 업적을 남겼는데 그중에서도 합판을 활용한 가구 디자인이 유명하다.

그의 디자인은 건축이든, 가구나 기타 생활용품이든 나무를 주재료로 하

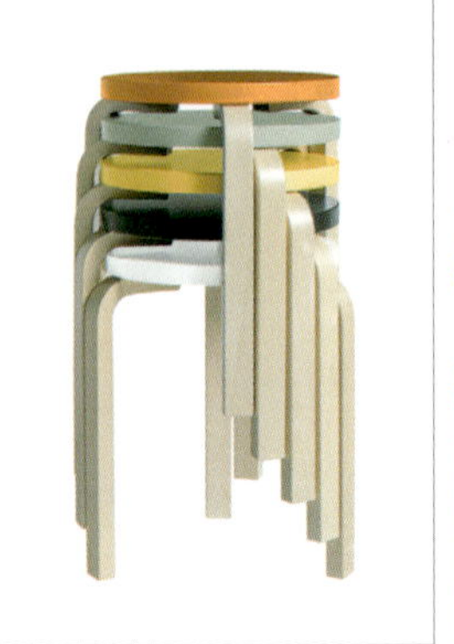

디자인 디스트릭트   알바 알토의 스툴과 마리메코

였으며 형태는 직선이 거의 없는 자유로운 곡선을 사용했다. 그래서 그의 디자인들은 언제나 자연을 연상케 하고, 자연을 충실히 표현했다는 평가를 얻는다.

1929년부터 알토는 합판으로 여러 가지 모양의 가구를 디자인하기 시작했고, 1937년 헬싱키로 이사 간 후 역시 건축가이자 디자이너인 아내 아이노 마르이오 알토와 함께 자작나무 판을 풀로 붙인 후 증기로 휘는 기술을 이용하여 다양한 의자를 디자인하였다. 강철만큼 견고하면서 단순하고 따뜻하면서 자유로운 알토 부부의 휘어진 의자는 세계적인 찬사와 호평을 받으며, 알토 부부를 핀란드를 넘어 세계적으로 가장 뛰어난 디자이너로 만들었다. 1935년 알토 부부는 아르텍 Artek 이라는 가구 회사를 설립하고 자신들이 디자인한 제품을 판매하였는데, 아르텍 지금도 인기를 누리고 있다.

〈카모메 식당〉을 만든 오기가미 나오코 감독의 또 다른 작품 중 〈안경〉이 있다.

타에코가 커다란 짐을 질질 끌며 남쪽의 작은 섬에 있는 게스트하우스

하마다를 찾아가면서 영화는 시작된다. 도시 생활로부터 도망치듯 외딴 섬의 공항에 내린 그녀는 사람들의 지나친 친절이 오히려 불편하다. 빙수 가게를 하는 사쿠라는 자꾸 좋아하지 않는 빙수를 권하고, 생물 교사 하루나는 직설적으로 그녀에게 섬에 온 이유를 묻는다. 아침마다 사쿠라의 지도에 따라 이상한 체조를 하는 동네 사람들마저도 이상하다. 결국 타에코는 섬의 다른 지역으로 숙소를 옮긴다. 그러나 그곳은 한술 더 떠 함께 농사를 지으며 체험하는 공동체이다.

진저리치며 되돌아온 타에코에게 빙수 한 그릇이 주어진다. 그녀가 그토록 사양하던 팥빙수를 호기심에 한입 떠서 입에 넣자 그녀의 눈에 에메랄드빛 바다가 들어온다.

사쿠라의 팥빙수는 평범하다. 몇 시간 동안 삶아 낸 팥을 그릇에 담고 수동 빙수 기계를 돌려 그릇 가득 얼음을 담고 그 위에 설탕과 물을 섞어 만든 시럽을 뿌려 준다. 평범한 빙수는 가득 채우지 않아도 시원하고 맛있다. 우리의 인생 역시 가득 채우지 않아도 만족스러울 수 있음을 팥빙수는 보여 준다. 가득 채우지 않은 팥빙수를 먹어야 에메랄드빛 바다가 눈에 들어오듯, 가득 채우지 않는 인생이어야 그 빈 곳으로 인하여 여유가 생기고 자신을 있는 그대로 받아들이는 마음이 들어온다. '심플 라이프!' 이것이 자연을 닮은 북유럽의 디자인이 추구하는 이상이자 우리가 추구하는 삶의 이상이다.

인생 최고의 축제가 펼쳐지는 곳, 리장

태고의 신비를 간직한 만년설산, 옥룡설산이 보이는 3,500미터의 고원 지대. 수 킬로미터에 달하는 붉은 언덕을 무대로 500명의 배우들이 노래하고 춤을 춘다. 공연이 시작되면 생사를 넘어서는 여행에서 살아온 사람들이 축제를 연다. 죽음으로부터 살아 돌아온 기쁨에 술을 마시고 춤춘다. 축제와 흥청거림은 연일 계속되고 마침내 실신한 사내들 사이로 한 여인이 자신의 남편을 찾아 헤맨다. 자신의 남편을 찾은 여인은 애절한 눈빛으로 바라보다가 남편과 함께 무대를 떠난다.

리장의 밤은 아름답다. 높이 4,500미터의 옥룡설산에서 내려오는 맑은 물이 개울을 따라 마을을 휘돌아 감싸고 기와지붕 밑으로 어둠이 내리면 미로 같은 골목길을 밝히는 홍등과 거리 곳곳에서 펼쳐지는 나시족의 춤이

리장의 지붕과 거리

흥겹고 낭만적인 분위기를 자아낸다. 하지만 인근의 다리나 샹그릴라와는 달리 리장을 찾는 여행자라면 밤이 주는 고요함을 처음부터 단념하는 것이 좋다. 리장의 밤은 중국 각지에서 몰려온 수많은 여행자의 소음으로 가득하기 때문이다.

리장은 우리나라의 제주도처럼 10억 중국인에게 가장 사랑받는 여행지이다. 인근에 아름다운 곳도 많은데 왜 하필 이곳 리장에서만 많은 관광객이 흥청거리는 걸까? 그것은 죽음을 딛고 살아난 자만이 누리는 기쁨 때문이다. 오페라 〈인상 리장〉이 그 이유를 보여 준다.

리장에서 35킬로미터 떨어진 곳에 위치한 옥룡설산. 이곳에 지상에서 가장 아름답고 가장 오래되었고, 가장 높은 차마고도가 있다. 차와 말을 거래하던 옛길인 차마고도는 윈난성에서 시작되어 쓰촨과 티베트를 넘어 인도까지 이어지는 교역로이다.

실크로드보다 약간 늦게 시작된 차마고도를 연 것은 중국 송나라 때부터이다. 송나라는 수많은 이민족과 전쟁을 치르기 위해 말이 필요했고 티베트 사람들은 차를 원했다. 송나라에서 해마다 사들이는 티베트의 말이 1만 5천 필에서 2만 필이었고 그 대가로 티베트에 주는 차의 양은 1천 근 이상이었다고 하니 실로 엄청난 규모이다. 당시 차와 말을 교환하기 위해 옥룡설산을 넘는 것은 보통 일이 아니었다. 바람과 눈보라를 뚫고 고산의 험로를 넘기 위해 리장의 수많은 마방들이 목숨을 잃었다.

옥룡설산

게다가 겨울이 오면 옥룡설산 전체가 하얀 눈으로 뒤덮이기 때문에, 눈이 녹을 때까지 히말라야 저편에서 하염없이 기다려야 했다. 마침내 봄이 찾아와 눈이 녹으면 마방들은 험준한 죽음의 설산을 넘기 시작한다. 그들은 자신에게 주어진 삶을 그대로 받아들였다. 그들에게 옥룡설산은 자연이 준 운명이며 그들과 함께 살아 숨 쉬는 생명 그 자체이다.

죽음의 설산을 넘어 리장에 도착했을 때 마방들이 느끼는 기쁨은 말로 표현할 수 없다. 경험하지 않는 사람들은 상상조차 할 수 없다. 삶과 죽음이 동전의 양면처럼 눈앞에서 왔다 갔다 하는 일상을 사는 그들에게 옥룡설산을 넘는다는 것은 지루한 죽음의 망령에서 벗어나 새로운 생명을 탄생시키는 숭고의 시간들이다.

고난과 잉태의 시간들을 보내고 고향으로 돌아온 그들은 축제를 열고 몇 날 며칠을 마시고 떠들고 노래한다. 이때부터 리장은 축제의 도시가 되었다. 누구든 살아 있음에 감사하며 숙명적 육욕의 쾌락을 만끽하는 도시가 되었다. 누구든 이곳에 오면 춤추고 마실 수밖에 없다.

나는 거리에서 집회만 해도 바로 구속되는 시대에 대학을 다녔다. 당시 과 학생회장이었던 나는 대규모 집회가 있다는 연락을 받았다. 이번 집회는 경찰의 강경 진압이 예상되고 집회 참석자 모두 구속을 각오해야 한다며 참석할 사람만 참석하라는 이야기를 들었다. 순간 많이 당황했다. 구속을 각오하고 집회에 참석하라는 이야기는 인생을 걸고 집회에 참석하라는 이야기인데 함께 갈 사람들에게 어떻게 이 사실을 알려야 할지 고민했다. 집회 전날, 동기와 후배들을 한 명씩 만났다. 곤혹스럽고 힘든 대화였다. 대화를 한 후 전원 참석한다는 사실에 놀라움과 책임감을 느꼈다. 무언가 알 수 없는 자부심과 답답함이 교차했다.

집회 당일 수많은 학생들이 운동장에 모였다. 사회자가 집회 시작을 알리자마자 수많은 최루탄을 쏘며 사복 경찰들과 전경들이 학교 안으로 들어왔다. 우리는 격렬히 저항했다. 나도 있는 힘을 다해 돌을 던지며 저항했다. 파편에 안경이 깨지는 줄도 모르고 달리고 던지고 울부짖었다. 그렇게 하루 종일 엄청난 진압과 격렬한 저항이 반복되었다.

어둠이 내리고 소강 국면에 접어들었다. 전경들은 학교를 포위하고 저녁 진압을 준비하고 있었다. 밤이 깊어지면 전경들이 들어와 모두 체포될 수 있으니 마지막으로 구속당하기 싫은 사람들은 빨리 빠져나가라고 했다. 우리들은 어떻게 할지 논의를 했다. 하루 종일 힘든 싸움으로 지쳐 있었고 신경이 날카로웠다. 동기 한 명이 홀어머니를 모셔야 하는데 구속되면 모실 수 없다며 나가겠다고 했다. 싸늘한 침묵이 감돌았다. 후배 한 명도 나가고 싶다고 했다. 이유는 말하지 않았지만 그의 어려운 가정 형편을 우리는 다 알고 있었다. 말없이 서로 위로하고 두 명은 밖으로 나갔다. 그 후 남은 사람들은 힘들어하는 기색이 역력했다.

밤이 되자 전경들은 막강한 힘으로 몇 번의 진압을 시도했고 우리는 사력을 다해 저항했다. 죽음의 그늘이 양쪽에 드리워질 무렵 아침이 밝았다. 새벽에도 진압이 있었으나 수위는 전날에 비해 현저히 떨어졌다. 오전 10시 끝없는 싸움을 끝내자는 무언의 합의가 진행되었다. 해산할 테니 길을 열어 주라는 타협이 성사되었다. 꼬박 24시간 동안의 싸움으로 녹초가 된 우리는 학교를 나서는데 익숙한 두 명의 얼굴이 우리 앞에 어른거렸다. 어젯밤에 나간 두 명이 집에 가지 않고 밤새도록 학교 밖을 서성이며 우리를 기다리고 있었다. 순간 가슴 깊은 곳으로부디 진한 무엇이 밀려왔다.

자신의 인생을 송두리째 바꾸어 놓을 수도 있는 구속이라는 상황을 흔들리지 않고 꿋꿋하게 이겨 낸 후배들도 자랑스러웠지만 끝내 발길을 돌리지 못한 동기와 후배를 보니 갑자기 눈물이 쏟아졌다. 이들이 개인적으로 바라는 것은 없었다. 누가 시킨 것도 누가 지켜보는 것도 아니다. 오직 군인들이 쿠데타로 통치하는 나라에 살기에는 너무나 새파랗게 푸른 청춘이라는 이유밖에 없다.

우리는 서로 부둥켜안고 울었다. 가까운 식당으로 가서 아침을 먹으면서 술을 마시기 시작했다. 술은 달고 맛있었다. 술은 이미 술이 아니라 살아남은 자들이 벌이는 축제의 불구덩이를 달구는 기름이었다. 술이 들어가자 지난밤의 긴장이 봄눈처럼 풀어지고 주체할 수 없는 허탈감만 남았다. 우리 앞에 놓인 시대적 아픔에 술을 마셨고 그 아픔 속에서 존재하는 우리의 우정에 술을 마셨다. 그렇게 시작한 술자리는 하루 종일 이어졌고 다음 날 새벽이 되어서야 끝났다. 싱그러운 나의 젊은 시절도 그렇게 끝났다.

어느덧 오페라의 피날레로 향한다.

사랑하는 아내와 이별하고 다시 죽음이 기운이 감도는 험준한 산맥을 넘어 먼 길을 떠나는 마방들의 모습이 보인다. 제사장은 하늘을 향해 그들이 살아오라고 기도하고 모든 부족의 사람들이 나와 있는 힘을 다해 북을 두드린다. 북소리는 아름다운 설산을 배경으로 푸른 하늘을 울리고 세상을 울리고 관객의 마음을 울린다. 오페라가 끝나자 중국 소수 민족의 대표들이 나와서 인사를 한다.

"나는 금방 농사를 짓다 와서 오페라의 구성원으로 참석했습니다. 나는 보통어(중국 표준말)도 못합니다. 하지만 나는 대배우입니다. 여러분, 다시 리장을 찾아오시겠습니까?"

"나는 방금 말을 몰다 오페라에 참석했습니다. 하지만 나는 대배우입니

야외 오페라 〈인상 리장〉

다. 다시 리장을 찾아오시겠습니까?"

"나는 모씨족 남자입니다. 나는 중국인이자 대배우입니다. 오늘 우리는 최
선을 다했습니다. 여러분, 다시 리장을 찾아오시겠습니까? 우리는 내일도
모레도, 눈이 오고 비가 오고 바람이 불어도 여기 이 무대에 있겠습니다."

모든 배우들이 옥룡설산을 넘던 조상들의 기상과 자부심으로 마음을 다해 인사를 하자 관객들은 다시 꼭 오겠다고 약속한다. 극장이 아닌 설산 밑의 장엄한 야외무대를 배경으로 펼치는 야외 오페라 〈인상 리장〉은 전문 배우가 아닌 나시족, 다이족, 하니족, 이족, 바이족 등 10개 소수 민족 농어민 500명이 출연한다. 이들은 1년 반 동안 힘든 연습과 100회 이상의 리허설 끝에 영화 같은 오페라를 만들었다. 여기에 동원된 말이 100필이라고 하니 그 규모가 세계 최고라 할 만하다.

이 엄청난 공연을 기획한 사람은 2008년 베이징 올림픽 개막식과 폐막식을 연출한 세계적인 영화 감독 장예모이다. 그는 현실적이면서도 극적인 감동을 주기 위해 현지 문화를 수용하고 현지인을 출연시킴으로써 상상할 수 없는 감동을 선사했다. 그 효과는 실로 대단했다.

차마고도의 요충지로 천년의 역사 동안 번영을 누렸던 리장은 근대에 들어와 오랫동안 중국의 소수 민족 억압 정책에 시달리고 개방화 이후 풍광과 전통 문화를 팔아 겨우 생계를 이어 가고 있었다.

하지만 장예모의 〈인상 리장〉이 공연되면서 2008년 한 해만 625만 명의 관광객이 찾는 도시가 되어 눈부신 경제 성장을 이루었다. 무엇보다 중앙에서 소외된 소수 민족의 자부심을 되살려 냈다. 〈인상 리장〉의 성공은 항저우의 〈인상 서호〉로 이어지고 중국 최남단 하이난의 〈인생 하이난〉으로 이어져 진화하고 있다.

1999년 리장은 세계 문화유산으로 선정되었고, 최근 북유럽에 위치한 에스토니아의 수도 탈린과 함께 전 세계에서 연인들과 가장 잘 어울리는 도시로 선정되었다.

다양한 힐링을 만끽하다, 알프스

만년설을 머리에 얹은 봉우리들 아래 눈부시게 아름다운 전망과 경이로운 대자연의 세계를 만끽하고 싶다면 스위스 알프스로 가자. 유럽의 최고봉 융프라우, 괴테가 극찬한 리기산, 영화사의 심벌이 된 마터호른 등 3,000미터가 넘는 고봉들이 즐비하다. 자연의 모든 요소가 완벽하게 갖추어진 알프스를 걷는 것은 놀라운 축복이다.

스위스 알프스를 대표하는 융프라우를 오르기 위해서는 스위스 어디에서든지 슈피에츠를 거쳐 인터라켄으로 가야 한다. 여유가 있는 여행자라면 이곳에 내려 유람선을 타고 인터라켄으로 가는 것을 추천한다. 유람선이 슈피에츠를 출발하면 크고 작은 산을 배경으로 그림처럼 예쁘고 아기자기한 마을과 싱그러운 호수가 어우러져 1시간이 넘는 인터라켄까지의 여정이 지루할 틈이 없다.

인터라켄

인터라켄은 '호수와 호수 사이'라는 뜻의 도시로 바다같이 큰 툰 호수와 브린엔즈 호수 사이에 있다. 인터라켄에서 출발하여 아이거 북벽 기슭, 베터호른을 눈앞에 두고 2개의 빙하가 펼쳐지는 알프스 마을 그린델발트에 도착하면 비로소 트레킹이 시작된다. 노란 꽃이 융단처럼 펼쳐지는 봄, 고산 식물이 반짝이는 여름, 그리고 단풍이 물드는 가을 등 계절에 따라 느끼는 트레킹의 묘미는 천차만별이다.

그린델발트에서 시작하는 트레킹은 피르스트, 슈렉펠트, 멘리헨 등 9가지 코스가 있는데, 대부분 두세 시간 안팎이라 누구나 쉽게 즐길 수 있다. 이 중에서 만년설로 뒤덮인 유럽의 정상, 융프라우를 마주하며 걷는 멘리

트레킹 코스

헨 코스가 알프스의 수많은 트레킹 코스 중 단연 으뜸이다.

그린델발트 역에서 마을로 조금만 걸어 내려가면 멘리헨 정상까지 올라가는 케이블카가 보인다. 표를 구입하여 입장하면 4인용 케이블카가 운전하는 사람도 없이 저절로 돌고 있다. 불안한 마음이지만 용기를 내어 움직이는 케이블카에 오르면 잠시 후 문이 닫히고 케이블카가 정상으로 향하기 시작한다. 흔들거리며 정해진 노선에 따라 제 갈 길을 착실히 가고 있는 케이블카는 엽서에서나 보던 스위스의 풍경들을 쉼 없이 보여 준다. 끝없이 펼쳐진 푸른 풀밭에는 무리를 지은 말들과 방울을 단 소들이 뛰놀고, 산골 마을 곳곳에는 창문마다 빨간색과 하얀색 꽃으로 장식된 삼각 지붕 나무집들이 옹기종기 모여 있다.

케이블카가 올라갈수록 장엄한 알프스와 그 위로 펼쳐지는 코발트빛 하늘 그리고 더 이상 하얄 수 없어 눈이 부신 흰 구름들이 상상 이상의 풍경을 자아낸다. 무엇보다 여행자의 마음을 설레게 하는 것은 아름다운 절경과 함께 케이블카를 감싸고 있는 고요함이다. 20분 넘게 올라가는 케이블카는 저 아래 풀벌레 소리도 들릴 만큼 조용하고

케이블카

평화롭다. 차분히 가라앉은 마음으로 멘리헨 정상에 도착하면 클라이네 샤이데거까지의 트레킹 길을 알리는 표지판이 보인다.

표지판을 따라 어린아이도 걸을 정도로 편안한 트레킹 길을 한 발 한 발 걸으면, 내딛는 걸음마다 짜릿함과 행복감이 솟구친다. 발길에 닿는 흙과 풀의 부드러운 감촉은 긴장된 여행자의 몸과 마음을 어느새 녹이고 눈앞으로 바짝 다가와 당장이라도 남색 빛을 뚝뚝 흘릴 듯 짙푸른 하늘은 여기저기서 반짝이는 호수와 함께 여행자의 마음을 단번에 사로잡는다. 특히 깊은 숲속의 오래된 냄새와 야생화의 향기는 여행자를 지상의 세계를 벗어나 우리가 언제나 꿈꾸어 왔던 에덴동산으로 데려가는 듯하다.

무엇보다도 멘리헨 코스의 하이라이트는 마지막 30분이다. 4,158미터의 융프라우 정상을 마주하며 걷다 보면, 그 싱싱하고 원시적인 자연의 자태가 뿜어내는 벅찬 매력에 여행자는 몇 번이나 자리에 주저앉아 마음의 숨을 고르게 된다. 귀신에 홀리듯 설산의 경관에 이끌려 계속 걷다 보면 어느덧 융프라우와 여행자는 혼연일체가 되어 문명과 도시 생활로 불안에 싸여 있던 마음이 씻은 듯 사라지고 세상에 대해 가지고 있던 티끌 같은 미움마저 털어 버린다. 알프스를 걷는 것은 육체적인 행위 이전에 정신적인

행위이다. 라틴어 '걸으면 해결된다.'라는 뜻의 '솔비투르 암불란도 ^{Solvitur} ^{Ambulando}'가 떠오른다.

트레킹을 마치고 산을 내려오면 누구나 갈증이 나고 배가 고프다. 시원한 물이나 생맥주로 갈증을 달랬다면 스위스의 대표 음식 퐁뒤를 맛볼 차례이다. 서구 음식 중 드물게 식탁 위에서 조리해 먹는 퐁뒤는 18세기 초엽 스위스 산악 지대에 사는 사냥꾼들이 마른 빵과 치즈만 들고 사냥하러 갔다가 밤에 모닥불을 피워 놓고, 치즈를 녹여 빵을 적셔 부드럽게 해서 먹는 음식이었다.

퐁뒤의 종류는 치즈와 화이트 와인을 넣은 냄비에 빵을 찍어 먹는 치즈 퐁뒤와 식용유나 샐러드 오일을 끓여 고기를 막대기에 꽂아 튀겨 먹는 비프 퐁뒤 그리고 초콜릿을 녹여 딸기, 바나나 등을 찍어 먹는 초콜릿 퐁뒤로 나뉜다. 대부분의 여행자들은 스위스 하면 퐁뒤를 떠올리지만 우리 입맛에 맞는 퐁뒤를 찾기란 쉽지 않다. 더욱이 치즈 퐁뒤는 특유의 냄새가 있어서 퐁뒤를 처음 먹는 사람에게는 권하고 싶지 않다.

퐁뒤를 처음 접하는 여행자라면 비프 퐁뒤의 한 종류인 차이니즈 퐁뒤를 추천한다. 차이니즈 퐁뒤는 샤브샤브와 비슷한 음식으로 샐러드 오일에 양고기와 쇠고기를 데쳐서 채소 샐러드와 바게트, 와인을 곁들여 먹는다. 주문을 하면 칠리, 땅콩 등의 여러 가지 소스가 함께 나와 소스에 찍어 먹으면 느끼하지 않고 맛있다. 특히 퐁뒤를 다 먹고 나서 고기를 담근 육수를 여러 재료와 함께 수프로 만들어 먹으면 그 맛 또한 일품이다.

인터라켄에서 퐁뒤를 제대로 즐기고 싶다면 인터라켄 중앙에 있는 슈 식당을 추천한다. 실내 장식이 고급스러우며 종업원들 역시 친절하다. 무엇보다도 이곳을 운영하는 주인 부부의 여주인이 한국 사람이라 한국인의 입맛에 맞는 치즈를 내준다. 다양한 퐁뒤를 한꺼번에 맛보고 싶다면 메뉴판에 있는 퐁뒤 세트를 추천한다. 세트를 주문하면 치즈 퐁뒤와 비프 퐁뒤 그리고 초콜릿 퐁뒤가 차례로 나온다. 사이드 메뉴로 감자튀김 또는 볶음밥이 제공된다.

　치츠 퐁뒤는 그 특유의 냄새가 전혀 나지 않고 고소하며 곁들여 나오는 고추 역시 치즈에 찍어 먹으면 매우면서 고소하다. 고추와 빵을 리필해서 치즈가 바닥이 보일 때까지 먹으면 다음에 이어지는 퐁뒤의 맛을 제대로

슈 식당

초콜릿 퐁뒤

치즈 퐁뒤

비프 퐁뒤

볼 수 없으니 절제해야 한다.

두 번째로 나오는 비프 퐁뒤는 소고기, 돼지고기, 칠면조로 구성되어 있다. 끓는 육수에 넣어 익힌 후 각자의 입맛에 따라 칠리, 버터, 땅콩 등 4가지 소스에 찍어 먹으면 된다. 끓는 육수에 얇게 썬 고기를 넣어 익힌 후 입에 넣으면 고기가 주는 쫀득쫀득한 육질과 고소함이 입안에 가득 넘친다. 칠면조는 부드럽고 돼지고기는 풍미가 넘치며 소고기는 달다.

마지막 코스인 초콜릿 퐁뒤는 초콜릿 가게를 겸하고 있는 식당에서 엄선한 초콜릿을 녹여서 싱싱한 딸기와 파인애플, 바나나를 담가서 먹는데 후식으로 제격이다. 식사를 하면서 생산량이 적어 스위스에서만 먹는다는 스위스 화이트 와인을 곁들인다면 기분 좋은 저녁 만찬을 즐길 수 있다.

다음 날은 스위스에서 놓치지 말아야 하는 즐거움인 다양한 레포츠와 온천을 즐길 차례이다. 유럽 여행 중 가장 좋았던 곳을 뽑으라면 대부분 스위스라고 이야기한다. 화려한 알프스가 있는 유럽의 정상 융프라우 관광 때문이기도 하지만 인터라켄에서 즐기는 레포츠를 이야기하는 여행자도 많다.

인터라켄에서 즐기는 레포츠는 크게 3가지로 래프팅, 번지점프, 패러글라이딩이다. 먼저 래프팅을 하기 위해서는 서약서에 서명을 해야 한다. 위험에 대비한 서약서로 신체적으로 건강하며 수영을 할 수 있다고 약속하는 내용이다. 서명을 마치면 두꺼운 고무 옷과 장화로 환복하고 8명씩 조를 나눈 다음 교관에게 규칙을 듣는다. 물론 영어로 진행한다. 생명에 관계된 일이니 집중해서 들어야 한다.

노를 저을 때는 모두 동일한 방향으로 저어야 한다. 전진은 '앞으로', 후진은 '뒤로'라고 말하니 여기저기서 웃음소리가 나온다. 영어에 약한 우리를 위해 '앞으로', '뒤로'라는 말을 우리말로 정확히 발음하기 때문이다. 놀

융프라우 등산 열차와 래프팅

라움은 계속된다. 교관이 "위험한 급류에서는 모두 노를 안쪽으로 하고 보트 안으로 몸과 머리를 숨겨야 한다."라고 이야기하며 교관이 '숙여라'의 경상도 사투리 '수그리'라는 말을 하자 모두 깜짝 놀라며 즐거워한다.

어쨌든 '앞으로', '뒤로', '수그리'만 잘하면 위험하지 않다는 이야기이다. 마지막으로 보트가 뒤집히면 모두 배의 머리나 꼬리로 가되 '렛츠고'라는 이야기가 들리면 모두 동시에 보트에서 손을 떼어야 한다. 그래야 배를 뒤집을 수 있다는 이야기이다.

설레면서도 긴장된 마음으로 보트를 들고 강으로 향한다. 시커먼 알프스 빙하 물에 보트가 놓이고 차례대로 보트에 오른다. 심한 요동과 함께 보트는 출발한다. 보트의 흔들거림과 급한 물결이 생각 이상이다. 거칠게 요동치는 보트 안에서 보이는 것은 하늘과 물거품뿐이다. 자신도 모르게 보트 안에 고정시킨 발에 힘이 들어가고 눈을 부릅뜬다. 그리고 교관의 말에 의해 정신없이 '앞으로', '뒤로'를 반복한다. 시간이 조금 흘러 앞이 보이기 시작할 때쯤 저 멀리 큰 바위 밑으로 2~3미터 되는 낙하 지점 나타난다. 낙하 지점으로 가까워지자 조교는 '앞으로', '뒤로'를 연발하다가 바위 밑에 다다를 즈음 '수그리'라는 명령을 내린다. 모두들 두려움으로 몸을 숙이자마자 동시에 몸이 붕 뜨는 것을 느낀다.

보트가 뒤틀리면서 물길을 따라 하강한 후 아래쪽 지점으로 급하게 내려가 앉는다. 순간 모두는 고함을 지르고 안착했을 때 진한 쾌감과 안도감을 함께 느낀다. 몇 번 연속해서 상황이 반복이 되니 모두들 즐기는 눈치이다. 잔잔한 물결 지점이 되자 마음 급한 친구는 몸을 위로 뻗쳐 목까지 물속에 담근다. 아예 물속으로 빠지는 친구도 있다. 물론 조교의 허락하에서이다. 다른 조가 나타나면 노를 들고 고함을 치며 자기 조의 단결력과 용기를 과시한다.

래프팅이 끝나고 돌아오면 신나는 음악과 함께 시원한 맥주와 빵이 무료로 제공된다. 모두들 타는 목마름을 맥주로 달래며 신나는 체험의 대미를 즐긴다. 돌아오는 차 안에서 한목소리로 이야기한다.

유럽 여행자는 래프팅을 한 사람과 하지 않은 사람, 두 종류 사람밖에 없다고 말이다.

번지점프

인터라켄의 번지점프는 110미터와 140미터, 두 종류이다. 참고로 우리나라 번지점프는 대부분 60미터이다.

알프스의 높은 계곡을 걸어 올라가서 뛰어내리는 번지점프는 그 높이나 험준한 알프스의 아름다움 등 무엇 하나 부족한 것이 없다. 140미터 번지점프는 장비를 설치해야 하는 관계로 수요일만 실시한다. 차량을 타고 번지점프를 하는 장소에 내려 번지점프대에 올라가면 알프스 골짜기 밑으로 바닥이 아련하게 보인다. 줄을 매고 뛰어내리면 끝없이 시간이 흐름에도 불구하고 아래에 도착하지 않는다. '이렇게 죽는구나.'라는 생각이 들 때쯤 '텅' 하는 소리와 함께 몸이 숨 가쁘게 솟구친다. 차라리 내려가는 것이 낫다. 위로 솟구치는 공포감은 조금 전 내려올 때의 두려움의 갑절이다. 그 속도가 얼마나 빠른지 금방이라도 위의 번지점프대와 부딪칠 것 같다. 어느 순간 다시 내려가고 다시 오르고 그렇게 오르내림을 반복한다. 이제야 아름다운 알프스의 경치가 보인다. 마음은 해냈다는 자신감과 짜릿함으로 충만해진다.

우리나라 배낭여행자들이 가장 많이 하는 것은 패러글라이딩이다.
패러글라이딩은 건장하면서도 매력적인 젊은 조교들과 함께 탄다. 유의할 것은 단 하나이다. 패러글라이딩을 타고 날기 위해서 언덕을 뛰어내려가는데, 날 때까지 계속 발을 굴러야 한다는 것이다. 급경사인 언덕 끝에서

패러글라이딩

로이커바트 야외 온천

땅을 박차고 하늘을 날면 오금이 저리는 두려움이 찾아온다. 마치 놀이동산에서 바이킹을 타고 내려올 때처럼 밑이 빠지는 기분이다. 조금 지나 여유를 찾게 되면 발아래 아름다운 알프스의 산과 도시가 눈에 들어온다. 세상에 태어나 처음으로 하늘을 날고 있다는 그 짜릿한 기분을 어떻게 표현할 수 있을까. 아쉽지만 비행 시간은 15분밖에 되지 않는다. 높은 하늘에 떠 있는 것이 익숙해지면 세상의 고요를 만끽한다.

트레킹과 레포츠의 피로를 풀기 위한 스위스 여행의 마지막 코스는 알프스의 산들이 병풍처럼 둘러싸고 있는 로이커바트 야외 온천이다. 로마 시대부터 온천으로 발달한 로이커바트는 독일의 작가 괴테와《여자의 일생》으로 유명한 모파상 등이 찾았던 곳으로 3백만 리터의 온천수가 매일 흘러내려오는 곳이다. 특히 130여 가지의 성분이 함유되어 있는 온천수는 피로를 풀고 휴식을 즐기기에 안성맞춤이다. 이곳의 하이라이트는 야외 온천에 몸을 담그고 눈 쌓인 알프스의 아름다움을 감상하는 일이다. 일본의 벳푸 온천과 뉴질랜드의 로토루아 온천 그리고 부다페스트의 세치니 온천 등을 다녀 보았지만 그중에서 로이커바트 온천이 단연 최고의 절경을 자랑한다. 온천에 몸을 담그고 있으면 '시간은 필요 없고 오직 휴식만이 필요하다.'라 는 이야기가 거짓말이 아니라는 사실에 새삼 놀라게 된다.

파스칼은 '인간의 불행은 단 한 가지, 고요한 방에 들어앉아 휴식할 줄 모르는 것에서 비롯된다.'라고 했다. 그래서 우리는 여행을 떠난다. 여행을 하면서 우리를 가두어 놓는 온갖 것들을 느긋한 마음으로 멀찌감치 바라보며 하품을 할 수 있는 것, 이것보다 인간에게 더 필요한 것은 없다.

여행은 일상으로부터 벗어나 자유를 만끽하고 몸과 정신과 마음이 충전되면 다시 일상 가까이 다가와 세상의 맛을 더욱 잘 느끼기 위한 자양강장제이다. 인생의 성공이 소박한 기쁨을 맛보고 그런 기쁨과 조화를 이루며 그 기쁨을 자주 만들어 내는 것이라면 알프스 여행이 바로 인생의 성공으로 가는 길이다.

버텨 온 삶이 아름답다, 장밋빛 인생, 쿠바

파도가 치는 말레콘의 방파제 옆길로 30년이 넘은 올드카를 타고 전설의 음악 클럽을 찾아 나서는 사람이 있다. 쿠바 음악의 대부이자 카사 노바인 콤바이 세군도이다. 반은 허물어져 있지만 다양한 파스텔 톤의 집들이 늘어선 거리 위로 경쾌한 쿠바 음악 〈찬찬〉이 흐른다.

알토 세르도에서 마르카네로 간다네
쿠에토에 도착해서 마야리로 간다네

당신을 향해 갖고 있는 내 사랑은
거부할 수 없는 것이지
난 인생을 허비해 버렸다네.

그건 어쩔 수 없는 것이지

후아니따와 찬찬이

바다에서 모래를 흔들 때

마치 하이베(쿠바에서 노동자들이 사용하는 채)를 흔들 때

찬찬은 부끄러웠지

밀집 길을 청소하게나

내가 지금 보고 있는 그 나무줄기에 앉고 싶다네

한 번도 가 본 적이 없는 그 길에

알토 세르도에서 마르카네로 간다네

쿠에토에 도착해서 마야리로 간다네

알토 세르도에서 마르카네로 간다네

쿠에토에 도착해서 마야리로 간다네

사람들에게 클럽의 위치를 물어보는 세군도의 한 손에는 시가가 있고 얼굴에는 그 특유의 웃음이 살아 있다. 사람들이 쿠바 하면 떠올리는 영화 〈부에나 비스타 소셜 클럽〉의 첫 장면이다. 쿠바 음악의 한편에 인생의 슬픔과 환희를 노래한 대표적인 음유 시인 이브라임 페레가 있다면, 평생 여자와 시가 그리고 음악을 사랑한 콤바이 세군도가 그 반대편에 있다.

이브라임이 〈운명〉을 노래한 베토벤이라면 콤바이는 삶의 즐거움과 〈환희〉를 노래한 모차르트이다. 그들은 지금 이 세상 사람이 아니다. 그들의

이브라임과 오마라

세군도의 무덤

묘는 피델 카스트로와 함께 산티아고 데쿠바의 국립묘지에 있다. 그중 세군도의 무덤은 기타와 돌로 조각된 101송이의 꽃으로 장식되어 있다. 그의 묘비명은 '인생은 꽃이다.'이다.

카리브 해변에 위치한 쿠바는 과거와 음악의 도시이다. 쿠바의 수도 아바나에는 오랜 필름 속 한 장면처럼 50년이 넘은 올드카들이 돌아다니고 자연의 신비를 간직한 비날레스에서는 원시림과 천년 동굴 그리고 풍부한 시가의 향이 넘친다. 도시 전체가 유네스코의 세계문화유산으로 지정된 트리니다드에서는 밤마다 쿠반 재즈와 살사 축제가 열리고 체 게바라의 무덤이 있는 산타클라라는 거리마다 체의 모습과 함께 '조국 아니면 죽음을'이라는 글귀가 보인다.

스페인 음악과 아프리카 음악이 섞여 있는 쿠바 음악의 원류이자 쿠바의 옛 수도인 산티아고 데 쿠바에서는 거리와 식당마다 음악이 흘러넘친다. 바닥이 그대로 들여다보이는 투명한 카리브해를 품고 있는 바라데로와 숙소 양쪽으로 바다가 있어 마치 바다에 떠 있는 듯한 시엔푸에고스에서는 아무것도 하지 않을 자유를 가질 수 있다.

　쿠바 하면 떠오르는 인물이 체 게바라와 헤밍웨이다.

　1928년 아르헨티나의 수도 부에노스아이레스에서 태어난 체 게바라는 친구와 오토바이를 타고 남미 일주를 하면서 라틴 아메리카의 비참한 현실을 보고 혁명의 길에 들어선다. 멕시코에서 피델 카스트로와 만나 '혁명이 성공하면 자유인으로 돌아간다.'라는 약속을 하고 1956년 11월 25일 오전 1시 30분, 개조한 요트 그란마 호를 타고 멕시코만을 출발해 쿠바로 떠난다. 떠나기 전 체 게바라는 어머니에게 다음과 같은 편지를 쓴다.

나는 오로지 끝나지 않은 노래의 슬픔을

내 무덤으로 가져갈 것입니다.

마지막이길 거부하는 모든 사랑의 작별 인사와 더불어

당신께 다시 키스를 보냅니다.

당신의 아들이

　수많은 게릴라전 끝에 산타클라라 전투를 성공적으로 이끌면서 바티스타 정부의 전복에 결정적인 역할을 한 그는 혁명이 성공하자 잠시 카스트로 정부의 2인자이자 국립 은행 총재가 되지만, 곧바로 모든 기득권을 버리고 새로운 혁명을 위해 떠난다.

　아프리카 콩고를 거쳐 남미 볼리비아로 돌아온 그는 미국의 지원을 받은 볼리비아 정부군에 잡혀 39세의 나이에 총살로 삶을 마감한다. 혁명군에서 의사이자 교육자이며 전사였던 그는 평생 천식에 시달리면서도 축구와 럭비, 시가를 좋아했으며 전투 중에서도 책을 놓지 않았다.

체 게바라

산타클라라에 있는 그의 기념관을 방문하면 수류탄과 단검 그리고 총으로 무장한 가장 단호한 그의 모습과 그가 전투 중에 읽었던 괴테의 소설집과 시집 등을 만날 수 있다. 그의 유해는 다른 혁명 동지와 달리 소박하게 기둥 벽 안에 있고 '체'라는 묘비명밖에 없다. 광장이나 거리에 자신의 이름을 결코 사용하지 말라고 유언한 피델 카스트로의 유해가 역시 돌 안에 있는 것을 보면 쿠바의 혁명은 아직 변색되지 않았다. 사르트르는 '체 게바라는 우리 시대의 가장 완전한 인간이다.'라고 평가했다.

체 게바라 다음으로 쿠바를 상징하는 인물이 어니스트 헤밍웨이이다. 노

헤밍웨이와 카스트로

아바나 시내

벨 문학상을 받은《노인과 바다》에서 그는 노인과 청새치가 벌이는 사투를 마치 옆에서 지켜보듯 생생하게 묘사하였다.《노인과 바다》의 스토리는 자신의 낚시 경험에서 비롯되었다. 헤밍웨이는 1932년 2주 동안 여름 청새치 낚시를 하러 쿠바에 왔다가 쿠바의 매력에 빠져 여행을 2개월 연장하였고 결국 1939년에 아바나에 정착하여 20년 동안 머물렀다.

사회주의 물결이 쿠바를 뒤덮기 시작한 1960년대에 아바나를 떠나 미국으로 돌아간 그는 우울증으로 고통을 받다가 1961년 7월 2일 엽총 자살로 생을 마감했다. 쿠바는 그에게 영혼의 터전이자 전부였다. 지금도 아바나 곳곳에는 그의 흔적이 남아 있어 그의 흔적을 따라 가 보면 그가 느꼈던 쿠바의 매력을 느낄 수 있다.

애주가인 헤밍웨이는 특히 쿠바의 술집과 칵테일에 큰 명성을 안겨 주었는데 그 대표적인 술이 플로리디타의 다이키리와 보데기타의 모히토이다. 원래 칵테일은 쿠바에서 만들어 낸 것이 아니지만 20세기 초 미국인들에 의해 소개되면서부터 순식간에 쿠바 전역을 휩쓸었다.

아열대 기후에 다양한 과일이 나고 세계 최고의 럼주를 생산하는 쿠바가

아바나 말라콘

칵테일 강국이 된 것은 자연스러운 일이다. 초기 칵테일 가운데 대표적인 것이 쿠바 리브레이다. 콜라가 쿠바에 수입되면서 여기에 럼주와 레몬을 섞어 만든 것인데, 당시 오랜 스페인 식민 지배에서 벗어나기 위해 독립 운동을 벌이던 쿠바인들은 이 시원하고 새로운 맛의 음료수에 '자유 쿠바'라는 뜻의 '쿠바 리브레'라는 이름을 붙였다.

설탕, 레몬즙, 화이트 럼에 대패질한 얼음을 섞어 만드는 다이키리는 쿠바 동부 산티아고 데 쿠바 지역에 있는 다이키리 근처의 광산에서 일하던 한 남성의 아이디어에서 나온 것으로 전해진다. 1940년대에 칵테일 기술이 더욱 섬세해지고 세련미를 더해 가는 과정에서 등장한 것이 오늘날 쿠바의 상징인 모히토이다. 박하 잎과 럼주, 설탕이 절묘한 조화를 이루는 모히토는 시원하면서도 단맛과 알코올이 적절히 조화를 이뤄 오늘날까지도 단연 최고의 칵테일로 사랑받는다.

헤밍웨이가 앉은 자리에서 다이키리를 13잔을 마신 곳으로 유명한 플로리디타를 방문하면 헤밍웨이의 흔적을 쉽게 볼 수 있다. '작은 플로리다'라는 뜻인 플로리디타의 사방 벽면은 헤밍웨이의 사진으로 장식되어 있다. 그중에서도 가장 눈에 띄는 사진은 헤밍웨이와 피델 카스트로가 함께 찍은 것이다.

시가와 칵테일을 입에 달고 살았던 헤밍웨이는 이곳에 앉아 프랑스의 작가이자 철학자인 사르트르와 미국 극작가 테네시 윌리엄스 그리고 영화배우 게리 쿠퍼 등 세계적인 명사들과 함께 술잔을 기울였다. 2003년 설치된 헤밍웨이의 실물 크기 동상이 자리 잡은 술집 구석에서는 관광객들이 줄을 서서 그와 사진을 찍으려고 기다리는 모습을 언제든지 볼 수 있다.

플로리디타에서 5분 정도 걸어가면 보데기타가 나온다. '거리 중간쯤의 작은 술집'이라는 뜻의 이 집에는 벽마다 낙서가 가득하다. 모히토를 시키

트리니다드 골목

보데기타

자 허브, 설탕, 레몬주스 등을 담아 준비해 둔 잔에 럼, 탄산수, 얼음을 부어 만든 모히토 한 잔을 준다. 아바나 3년산 럼주의 씁쓸한 맛과 민트가 섞인 허브의 맛이 어우러진 모히토는 한여름 밤의 묘약과 같이 달콤하다.

플로리디타와 달리 작은 공간이 많은 보데기타에는 '내 모히토는 라 보데기타 델 메디오, 내 다이키리는 엘 플로리디타'라는 문장과 그 아래 헤밍웨이의 서명이 적힌 종이를 끼워 둔 액자가 보인다.

보데기타를 나와 다시 10분 정도 걸으면 헤밍웨이가 머물렀던 호텔 암보스 문도스 가 나온다. 이곳은 지금도 호텔로 사용되며 헤밍웨이가 묵었던 511호 방도 그대로 보존되어 있다. 엘리베이터를 타고 5층에 내려 복도를 따라 방으로 가면 그가 사용했던 타자기를 비롯하여 그의 손때가 묻은 연필과 배 모형을 감상할 수 있다. 깨끗한 욕실과 침실이 있는 방의 의자에 앉으면 창밖으로 아바나가 한눈에 들어온다.

헤밍웨이의 방을 나와 다시 엘리베이터를 타고 옥상 테라스로 가면 바다가 보이는 아름다운 전망과 함께 시원한 음료 그리고 쿠바에서 무엇보다도 귀한 와이파이를 마음껏 즐길 수 있다. 아바나에서 한 시간가량 이동하면 헤밍웨이가 사랑했던 작은 어촌마을 코히마르 Cojimar가 나온다. 마을에 들어서면 헤밍웨이의 흉상이 있는 조그만 광장이 있고 그곳에서 조금 걸으면 헤밍웨이가 자주 찾았던 라 테라스라는 바가 나온다. 이곳에서 그는 20여 년간 낚시를 즐기며《노인과 바다》라는 역작을 완성했다.

특별한 것 없는 시골 마을이지만 마을길을 천천히 걸으면 금방이라도 방파제에서 노인이 그물을 들고 나타날 것만 같다.《노인과 바다》의 스토리는 단순하다. 작은 어촌 마을에 사는 산티아고라는 노인이 매일 바닷가에 나갔지만 84일째 고기 한 마리 잡지 못하고 세월을 허비하다가 중 85일째 되는 날 믿을 수 없을 만큼 큰 청새치를 잡는다. 이틀 동안 사투를 벌인 끝에 고기를 낚은 노인은 돌아오는 길에 상어 떼를 만나 밤중까지 상어 떼와 싸웠지만 청새치는 뼈만 남았다.

노인은 몸뚱이가 뜯겨 버린 고기를 더 이상 바라보고 싶지가 않았다. 노인은 이렇게 생각한다. 차라리 이것이 한낱 꿈이었더라면 얼마나 좋을까. 이 고기는 잡은 적도 없고, 지금 이 순간 침대에 신문지를 깔고 혼자 누워 있다면 얼마나 좋을까? "하지만 인간은 패배하도록 창조된 게 아니야." 그가 말했다. "인간은 파멸당할 수 있을지 몰라도 패배할 수는 없어." 집으로 돌아온 노인은 오막살이 침대에서 늘어지게 잠을 잔다.

헤밍웨이 투어의 마지막은 그가 살았던 집을 개조한 헤밍웨이 박물관이다. 그는 1939년부터 아바나 근처 샌 프란시스코 데 파울라 San Francisco de Paula의 울창한 열대 숲에 자리 잡은 소박한 시골집 핀카 비히아 Finca Vigia에 살며 집필 활동을 했다. 집 안 입장이 금지되어 있지만 넓은 창을 통해 안을 들여다보면 9천 권의 책이 있는 서재와 타자기, 사진들이 있으며 집 안에 있는 욕실에서 내다보는 전망이 가장 좋아 보인다. 헤밍웨이도 이곳에서 항구 너머로 아바나와 바다를 바라보며 하루를 보냈을 것이다.

바라데로

아바나가 문화적 볼거리로 넘치는 곳이라면 바라데로는 쿠바의 자연이 절정을 이루는 곳이다. 모든 것이 포함되어 있는 리조트에 들어서는 순간 지금까지의 여행의 불편함은 씻은 듯이 사라진다. 원하면 언제든 맛있는 커피와 럼주 그리고 모히토와 해산물 가득한 식사를 즐길 수 있다.

무엇보다도 흥분되는 것은 리조트의 정원을 지나면 바로 눈앞에 펼쳐지는 카리브 해변이다. 바라만 보아도 온몸이 정화되는 푸른빛을 따라 바다로 들어서면 한 폭의 그림 속으로 들어온 듯하다.

몸을 바다에 담그고 물속으로 들어갔다가 다시 나와 수평선을 바라보면 단숨에 닿을 듯 가까이에 있다. 해가 높이 솟을수록 점점 진한 옥빛으로 물들어가는 카리브 바다는 여행자의 공허한 환상을 채우기에 부족함이 없다. 카리브 해변의 아름다움은 노을이 질 때 완성된다. 세상의 노을을 많이 보아 왔지만 쿠바의 노을은 특히 아름답다. 아바나의 모로 요새에서 말라콘으로 떨어지는 노을이 여행자의 넋을 반쯤 가져간다면 시엔푸에고스와 바라데로에서 바다로 떨어지는 노을은 여행자의 넋을 완전히 빼놓는다.

생각해 보면 쿠바의 노을은 어디서나 아름답다. 쿠바의 가장 사랑스러운 도시 트리니다드에서 바라보는 노을은 황홀했고 산타클라라를 비롯하여 산티아고 데 쿠바의 골목골목 사이로 펼쳐지는 노을은 연인들의 키스처럼 역시 진하고 매력적이었다.

쿠바 여행을 마치고 돌아오면서 가슴속에 남아 지워지지 않는 것은 역시 쿠바의 음악이다.

쿠바인들은 자본주의적 성장은 이제 그만하라는 신의 명령에 그대로 멈추어 섰고, 가난하지만 춤추고 노래할 수 있는 자유를 선택했다. 그 자유를 따라 쿠바의 음악은 생활이 되었다. 아침 식사를 할 때나 길거리를 걸어갈 때 그리고 지친 몸을 끌고 숙소에 들어올 때까지 음악은 끊이지 않는다. 아바나나 산티아고 데 쿠바 등 쿠바의 모든 지역이 음악의 성지이지만 그중 여행자들을 가장 설레게 하는 곳은 트리니다드이다.

한낮의 뜨거운 햇살이 사라지고 살랑살랑 기분 좋은 바람과 함께 트리니다드에 밤이 찾아오면 사람들은 자신의 영혼을 풀 열쇠인 모히토와 시가를 쥐고 마요르 광장의 계단을 오른다.

마요르 광장은 이미 무희들의 살사와 함께 경쾌한 소울 리듬으로 인생의 즐거움과 슬픔을 노래한다. 아프리카 특유의 빠르고 강한 템포가 스페인 음악의 우아함과 만나 처음에는 부드럽지만 시간이 지날수록 뜨겁게 사람들의 영혼을 달군다.

내 들판에는 꽃들이 잠들어 있네.
글라디올라스와 장미, 흰 백합
그리고 깊은 슬픔에 잠긴 내 영혼

난 꽃들에게 내 아픔을 숨기고 싶네.
인생의 괴로움을 알리고 싶지 않아.
내 슬픔을 알면 꽃들도 울 테니까.

깨우지 마라. 모두 잠들었네.
글라디올라스와 흰 백합.

인생의 괴로움을 알리고 싶지 않아.
내 슬픔을 알면 꽃들도 울 테니까.
깨우지 마라. 모두 잠들었네.
글라디올라스와 흰 백합.

애잔한 기타와 트럼펫에 맞추어 〈침묵〉이 울려 퍼지면 고단하고 힘들었던 인생의 날들이 주마등처럼 스치며 그 아리고 매운 속살을 있는 그대로 드러낸다. 그러나 가수는 덤덤히 노래한다. 당신들뿐 아니라 우리도 죽을 만큼 아픈 삶을 살아왔다고 노래한다. 그러나 그 아픔과 슬픔을 삼키지 않고 드러내면 세상의 꽃들이 죽어 버린다고 노래한다. 그렇게 버텨 온 삶이 모여서 결국 아름다워지는 것이 인생이라는 기막힌 역설을 노래한다. 결국 세월이 지나야 그 의미를 알고 장밋빛 인생이 완성된다고 노래한다.

마지막 피날레 〈칸델라〉가 시작하면 사람들은 언제 그랬냐는 듯 모두 일어나서 춤을 춘다. 축제처럼 화려하지 않지만 신나는 영혼의 음악에 맞추어 이 순간에 완전히 젖어든다. 어느새 나도 멈추지 않는 시간의 끝에 서서 춤을 춘다.

삶이 그대를 속일지라도
슬퍼하거나 노여워하지 말라.
슬픈 날을 참고 견디면
기쁜 날이 오고야 말리니.

마음은 미래에 살고
현재는 우울한 것
모든 것은 순간에 지나가고
지나간 것은 다시 그리워지나니.

러시아 국민 시인 푸시킨의 시 〈삶이 그대를 속일지라도〉이다. 그가 살았던 상트페테르부르크는 서유럽을 향한 표트르 대제의 야망으로 건설된 도시이다. 표트르 1세는 러시아 역사상 전후무후한 위대한 황제로, 페테르부르크는 표트르 대제가 제위에 오르기 전까지 세상에 존재하지 않았다. 표트르 대제는 유럽 열강과의 경쟁을 위식해 유럽으로 향하는 새로운 수도가 필요했다. 그가 주목한 곳은 모스크바에서 640킬로미터 떨어진 네바강 인근이었다. 당시 네바강변은 스웨덴 땅이었으나 스웨덴과의 전쟁을 통해 영토를 획득한 표토르 대제는 1703년에 페테르부르크라는 도시를 건설하였다.

새로운 도시 건설은 쉽지 않았다. 늪지대 위에 지반을 다지고 도시를 건설하는 과정에서 수십만의 러시아 민중은 자신의 옷가지에 진흙을 담아 옮기는 열악한 작업 환경과 부족한 보급 그리고 겨울철 추위로 인해 상당수 사망하게 된다. 그래서 푸시킨은 그의 서사시 〈청동 기사〉에서 상트페테르부르크를 '인간의 뼈 위에 건설된 도시'라고 표현했다. 러시아 민중의 막대한 희생으로 탄생하게 된 이 새로운 도시는 표트르 대제의 이름을 따서 '성스러운 표트르의 도시'라는 의미를 가진 상트페테르부르크로 명명되었고 1712년 러시아의 수도가 되었다. 이후 1917년 볼셰비키 혁명이 일어나기 전까지 200년간 로마노프 왕조의 수도 역할을 하게 되었다.

민중들의 생활이 점점 더 어려워지고 마침내 1905년 피의 일요일 사건이 일어났다. 페테르부르크의 노동자들이 빵과 전제 정치 개혁을 요구하며 시위를 하자, 러시아 정부는 이를 잔인한 방식으로 진압한다. 하지만 러시아 정부의 무력 진압에도 사람들의 의지는 꺾이지 않아 러시아 정부는 국민의 자유와 권리를 인정하고 의회를 설치하는 등 개혁을 추진한다. 하지만 제1차 세계 대전으로 민중들의 삶이 더 나아지지 않자 결국 노동자, 병사 등은 소비에트를 만들고, 1917년 2월 혁명을 일으킨다.

2월 혁명으로 황제는 퇴위하고 임시 정부가 수립되지만 임시 정부 역시 개혁에 실패하고 전쟁은 지속된다. 이때 레닌이 주도한 볼셰비키가 10월 혁명을 일으켜 임시 정부를 붕괴시키고 소비에트 정부를 수립한다. 레닌은 우선 독일과 강화 조약을 체결해 제1차 세계 대전을 중단하고 코민테른을 결성한다.

코민테른이란, 전 세계가 사회주의 국가가 되는 것을 꿈꾸는 국제 사회 주의 운동 단체로, 각국의 노동 운동과 민족 운동을 지원했다. 이로 인해 우리나라에는 조선 공산당이 만들어지고 중국 역시 마오쩌둥이 공산당을 결성해 공산주의 국가를 만들었다. 주변 소비에트 정부들을 흡수하여 소비에트 사회주의 공화국 연방, 즉 소련을 만든 러시아는 레닌이 죽고 최고 지도자가 된 스탈린과 후르시초프의 지도력으로 미국을 위시한 자본주의와 경쟁하지만 1985년 고르바초프의 개혁 개방 정책으로 소련이 무너지고 지금의 러시아에 이르렀다.

공산주의 시절 레닌그라드라고 불리다가 1991년 다시 상트페테르부르크라는 본래의 이름을 찾은 이 도시는 그 자체로 거대한 박물관이다. 도시 전체가 유네스코 세계문화유산에 등재된 이곳은 문화와 예술, 역사와 유적의 도시로 시내에는 약 250개의 박물관과 50개의 극장, 80개의 미술관이 있어 한 해 1,000만 명 이상의 관광객이 방문한다. 그래서 이곳에 파리의 루브르 박물관과 런던의 대영 박물관과 함께 세계 3대 박물관 중 하나인 에르미타주 박물관이 있는 것은 당연한 일이다.

전 세계에서 가장 오래되고 가장 큰 박물관인 에르미타주는 원래 황실의 겨울 궁전이었다. 궁전 옆에 예카테리나 2세 전용의 미술관을 만들어 왕족과 귀족들의 수집품을 모은 데서 출발하여, 현재는 겨울 궁전 전체와 주위

에르미타주 박물관

건물까지 포함하는 규모에 300만 점 이상의 작품을 보유한 박물관이 되었다. 한 작품당 1분, 하루 8시간씩 관람한다면 다 보는 데 15년이 소요된다고 한다.

이곳에서는 피카소, 레오나르도 다빈치, 미켈란젤로, 루벤스, 라파엘로, 렘브란트 등 우리에게 낯익은 화가들의 작품을 만나 볼 수 있지만 우선 가장 유명한 작품인 렘브란트의 〈돌아온 탕자〉와 마티스의 〈춤〉을 감상하자.

1669년경 렘브란트 말년에 제작된 〈돌아온 탕자〉는 렘브란트가 젊은 시절 술과 유산을 모두 탕진하고 사랑하는 아내를 잃은 뒤 후회하는 자신의 심정을 성경 속 사건을 표현한 작품이다. 이 작품에서 아버지의 눈은 아들이 돌아오기를 기다리다 짓물러 있고, 아들을 감싸안고 있는 아버지의 손은 서로 다르게 그려져 있다. 왼쪽 손은 힘줄이 두드러진 남자의 손이고, 오른쪽 손은 매

끈한 여자의 손으로, 아버지의 강함과 어머니의 온화한 부드러움을 동시에 표현한 것이다.

아들의 어깨를 만지는 아버지의 왼손은 근육질에 매우 강해 보이지만 그의 손가락들이 아들의 등과 어깨를 부드럽게 감싸고 있어 안도감과 위로를 주고 있다. 아버지와 탕자를 둘러싼 주위의 사람들은 용서의 장면을 받아들이며 관객들로부

렘브란트의 〈돌아온 탕자〉

터 공감을 이끌어 낸다. 모든 것을 잃고 아버지에게 돌아온 탕자는 누더기 속옷을 걸쳤으며 샌들이 벗겨진 탕자의 왼발은 상처투성이로 그의 삶이 얼마나 힘들었는지를 보여 준다. 탕자의 머리는 죄수처럼 삭발한 모습으로 아들이 스스로 죄인임을 나타낸다. 수염을 기른 반 실명 상태의 아버지는 황금빛의 옷을 두르고 돌아온 자식을 어루만지며 절대적인 자애와 조건 없는 사랑을 보여 준다. 이는 인간의 모든 죄를 용서한 하나님을 상징한다.

마티스의 〈춤〉은 1900년대 의미 깊은 걸작 중의 하나로, 〈음악〉과 함께 모스크바에 있는 세르게이 슈킨의 집을 꾸미기 위해 제작한 작품이다. 작품에서 5명의 여인이 춤을 추고 있고, 녹색으로 형상화된 대지의 수평선과 터키석 같은 하늘이 사람들 사이에 깊이 존재하고 있다. 이러한 수평과 수직의 만남, 천지간의 만남에서 거대한 인간들은 춤을 통해서 무한한 시간 속으로 빨려 들어가는 소용돌이를 만든다. 마티스는 무아지경으로 춤을 추는 사람들을 통해서 반복되는 일상에서 드러나는 인간과 자연의 조화를 표현하고 있다.

마티스는 1년 동안 어머니의 간병을 하다 무료한 시간을 보내기 위해 회

마티스의 〈춤〉

화를 시작하였다. 세잔의 그림을 보며 군더더기 없고 지나친 색도 없이 직관이 명하는 대로 단순하게 그리는 회화를 체득하여 색 자체로 사물의 본질을 그리는 현대 작가로 나아간다.

에르미타주 박물관에서 빼먹어서는 안 되는 조각품으로 파빌리온 전당에 있는 황금 공작 시계가 있다. 시계를 자세히 보면 황금으로 된 나무 위에 황금으로 된 공작새와 닭 그리고 올빼미가 보인다. 공작은 우주를, 올빼미는 밤을, 수탉은 낮을 상징한다. 그리고 나무 아래 황금으로 된 다람쥐도 보인다. 시계는 4시간마다 공작의 깃을 펴고 시간을 알려 주는데 현재는 목요일과 특별 행사 때에만 작동을 한다. 옆에 전시된 영상물로 그 사실을 확인할 수 있다. 영국에서 제작된 이 시계는 예카테리나 여제의 연인이 선물한 것이라고 한다.

페테르부르크 시내 중심에 에르미타주로 불리는 겨울 궁전이 있다면, 근교에 위치한 페테르고프에는 여름 궁전이 있다. 이곳은 표트르 대제의 명령으로 당대 최고의 건축가와 조

황금 공작 시계

각가들이 동원되어 9년에 걸쳐 지어진 황제의 여름 휴양지이다. 루이 14세의 베르사유 궁전을 의식해 지은 여름 궁전은 크게 위쪽 정원과 대궁전 그리고 아래쪽 정원으로 나뉘는데, 관광객에게 가장 관심을 끄는 것은 정원에 조성된 144개의 분수대들이다.

당시에 전 세계 모든 종류의 분수를 이곳에서 볼 수 있게 지었다고 한다. 여름 궁전의 하이라이트는 아래 정원을 화려하게 장식하고 있는 궁전 앞의 황금 분수대이다. 이곳에만 60개의 분수와 2개의 동굴, 그리고 좌우 대칭인 양쪽 계단과 주변으로 200여 개의 조각상과 부조물이 있다. 황금 분수대에서 가장 유명한 것은 삼손 분수로 1802년에 높이 3.3미터의 거대 조각상 형태로 제작되었으며 전체에 금박을 하고 있다. 사자를 죽인 삼손의 이야기에서 모티브를 얻은 이 분수는 스웨덴과의 전쟁에서 승리한 것을 기념하기 위해 제작된 것으로 사자의 입에서 나오는 물줄기는 20미터까지 뿜어져 나온다.

여름 궁전

분수대 전후로 그리스 신화에 나오는 등장인물들이 다양하게 조각되어 있다. 황금 분수대와 이어진 인공 폭포의 수로는 핀란드만과도 연결되어 있어 작은 배가 들어올 수 있게 설계되었다. 이는 러시아 황제의 권위와 위상을 상징한다.

다시 상트페테르부르크의 시내로 돌아와 페테르부르크를 대표하는 이삭 성당으로 가자. 높이 101.1미터, 길이 111.2미터, 너비 97미터에 이르는 이 거대한 성당은 1818년에 건축이 시작되어 1858년에 완공되었으며 40년 동안 동원된 공사 인원만 50만 명에 이른다. 100킬로그램의 금을 녹여 칠한 황금빛 돔과 125톤의 붉은색 화강암 원주 기둥이 성당의 외관을 이룬다. 또한 성당의 북쪽 입구 위에는 그리스도 부활이 묘사되어 있고 서쪽 입구 위에는 황제에게 축복의 기도를 내리는 성 이삭의 형상이 그려져 있다.

늪지대였던 페테르부르크에 이 성당을 짓기 위해 성당 지하에는 2만 4천 여 개의 말뚝을 박았고, 그 위에 화강암과 석회암을 깔아 기초를 다졌다. 성당 내부는 거대한 미술 작품으로 장식되어 있는데 카를 브륄로프가 그린 800제곱미터 넓이의 〈동정녀 마리아〉와 천사와 예수 그리스도가 신도들을 내려다보는 〈최후의 심판〉이 가장 눈에 띈다. 실내를 둘러본 후 300개의 계단을 올라 성당의 돌기둥에 이르면 도시 전체를 한눈에 내려다볼 수 있다.

이삭 성당과 더불어 상트페테르부르크를 대표하는 피의 구세주 성당은 동화적인 낭만이 흐르는 비잔틴 양식으로 흔히 테트리스 성당이라고 불린다. 성당은 세계에서 가장 넓은 모자이크 장식으로도 유명하며 황금 광채로 가득 찬 실내의 풍경은 지상 천국을 구현하고 있다. 1881년 폭탄 테러로 서거한 알렉산드르 2세가 흘린 피를 기념하는 이 성당은 예수 그리스도의 일생을 모자이크로 묘사해 더욱 유명해졌다.

이삭 성당

상트페테르부르크의 중심에 네브스키 대로가 있다. 13세기 몽고군의 침략으로 붕괴된 러시아를 구원한 알렉산드르 네브스키를 기념해 만들어진 이 대로는 모스크바 역에서 에르미타주 박물관에 이르는 4킬로미터의 짧은 도로로 대로변에는 웅장하고 화려한 건축물이 줄지어 있다. 네브스키 대로를 걷다가 카잔 성당의 좁은 골목으로 들어서면 '문학 카페'가 나온다. 이곳은 러시아의 국민 시인 푸시킨이 죽음의 결투를 앞두고 마지막 아침 식사를 했던 장소로 그의 자리가 아직도 남아 있다.

1837년 푸시킨은 자신의 아내에게 구애를 하며 명예를 더럽히는 일행을 향해 결투를 신청하지만 결투에 져 죽음을 맞게 된다. 그의 나이 서른여덟이었다. 문학 카페를 나와 푸시킨의 생가로 가면 그가 실제로 결투에 사용한 총과 그의 서재와 책들을 감상할 수 있다.

푸시킨 외에 러시아 문학 하면 생각나는 사람은 도스토옙스키이다. 상트페테르부르크 출신인 그는 톨스토이와 함께 러시아 문학을 대표하는 세계적인 작가이다. 그의 대표작《죄와 벌》은 네프스키 대로 남서쪽에 있는 센나야 광장 주변을 무대로 쓰여졌다.

소설 속 K다리인 코쿠시킨 다리를 건너면 'S골목'으로 묘사된 스톨라르니 골목이 나온다. 이곳부터 소냐의 집과 도스토옙스키가《죄와 벌》을 집필했던 생가, 그리고 라스콜리니코프의 집들이 나온다. 다시 운하를 따라 내려가면 전당포 노파의 집도 나온다. 이 중에서 박물관으로 남아 있는 도스토옙스키의 생가를 방문하면 그가 시간을 보낸 서재와 응접실 그리고 마지막 숨을 거둔 침대 등 삶의 흔적을 생생하게 느낄 수 있다.

생가의 시계는 1881년 1월 28일 8시 38분, 그가 죽은 시간을 가리키며 멈추어 있다. 도스토옙스키의 무덤은 네프스키 대로 끝에 있는 네프스키 수도원의 묘지에 있으며 이곳에는 차이콥스키 등 러시아의 위대한 인물들의 무덤도 있다.

　이제 날이 어두워지면 모스크바의 볼쇼이 극장과 함께 러시아 최고의 발레 오페라 극장으로 꼽히는 마린스키 극장으로 갈 시간이다. 상트페테르부르크는 세계 유명 음악인들을 배출한 국립 음악원이 있을 만큼 150년 전통의 예술 도시로 이 가운데 으뜸은 발레이다.

　알렉산드르 2세의 황후 이름을 따서 지은 마린스키 극장은 고전 오페라와 발레를 상연하면서 19세기 후반 역사적인 장소로 명성을 떨쳤다. 발레가 러시아에서 처음으로 공연된 것은 1673년의 일이다. 발레를 보며 한눈에 반했던 러시아 황실은 무용 학교를 세우면서 훌륭한 안무가들을 초빙해 교육시킨 결과, 19세기에 와서 러시아 발레를 유럽 최고의 자리에 올려놓았다.

　발레는 프랑스와 이탈리아에서 시작되었으나 오늘날 서양의 발레는 러시아 고전 발레를 기본으로 한다. 그래서 러시아에서 발레 공연을 관람한다는 건 가장 러시아적인 것을 경험하는 것이다.

　오늘 감상할 발레는 차이콥스키의 〈백조의 호수〉이다. 1877년 〈백조의 호수〉가 모스크바 볼쇼이 극장에서 처음 상연되었을 때 얼마나 가혹한 평가가 있었는지 차이콥스키는 두 번 다시 발레 음악을 작곡하지 않겠다고 맹세하였다고 한다. 이후 〈백조의 호수〉는 여러 버전이 있었지만 번번이 실패하다가 1895년 상트페테르부르크 마린스키 극장에서 안무가 마리우스 프티파와 그의 제자 레프 이바노프의 안무로 마린스키 버전이 나오자 〈백조의 호수〉는 최고의 발레로 호평을 받으며 많은 사람들로부터 사랑받기 시작했다. 마린스키 버전에서 처음으로 백조와 흑조를 한 명의 발레리나가 소화하기 시작했고 발레리나가 입는 순백색 치마 '튀튀'가 발레의 상징으로 자리 잡

튀튀 발레리나가 입는 스커트

게 되었다.

연녹색의 호화로운 외관을 지나 마린스키 극장 내부로 들어서면 화려한 무대 위의 커튼과 넓은 연주자석 그리고 객석의 황금빛 인테리어는 여행자를 설레게 한다. 잠시 후 〈백조의 호수〉 1막이 시작하자 무대 위에서 지그프리드 왕자의 성인식 축하연이 시작된다. 축하연 도중 왕비가 왕자에게 내일 무도회에서 신부를 선택해야 한다고 말한다. 화려한 축하연이 끝나자 사람들은 돌아가고 왕자는 백조 사냥에 나선다.

2막에 장소가 바뀌어, 악마 로트바르트의 성이 보이는 호숫가에 백조들이 날아들고 있다. 우연히 백조가 아름다운 소녀로 변신하는 것을 본 사람들은 이 사실을 왕자에게 알려 주고, 왕자는 백조를 향해 활을 쏘려고 한다. 이때 오데트가 빛을 발하면서 나타나 자신이 악마의 마법에 걸려 밤에만 사람의 모습으로 돌아간다고 하소연한다. 그리고 마법에서 벗어나는 길은 오직 왕자님의 진정한 사랑뿐이라고 고백하면서 2막이 끝이 난다.

브레이크 타임을 가진 후, 무도회에 왕비와 왕자가 입장하면서 3막이 시작된다. 춤을 마친 여섯 명의 신부 후보 중 왕비는 왕자에게 마음에 사람이

드는 사람이 있는지 묻는다. 이때 팡파르가 울리면서 기사로 변장한 악마 로트바르트와 오데트로 변장한 그의 딸 오딜로가 등장한다. 오딜로를 오데트로 착각한 왕자가 오딜로에게 사랑을 고백한다. 바로 그때 오데트가 창가에 있는 것을 발견하고 악마의 계략에 넘어간 것을 깨달은 왕자는 백조를 쫓아 호수로 달려간다.

마지막 4막에서 어둠이 짙게 드리운 가운데 백조들이 오데트가 돌아오기를 기다리고 있다. 이때 몹시 실망한 오데트가 인간의 모습으로 호수에 몸을 던지려고 하자 왕자가 달려와 자신의 잘못을 뉘우치고 사랑을 맹세한다. 여기에 로트바르트가 나타나 오딜로와의 결혼을 요구하지만 백조들이 날이 밝기 전에 모두 자살할 것임을 알고 사라진다. 오데트는 성 꼭대기에서 춤을 추다 몸을 던지고 그 뒤를 따라서 왕자도 몸을 던진다. 그 순간 호수 위를 맴돌던 악마 로트바르트 역시 죽고 악마의 성도 무너져 내린다. 두 사람의 뜨거운 사랑에 악마의 마법도 풀린 것이다. 악마의 사슬에서 벗어난 두 연인은 영원한 행복의 나라를 향해 여행을 떠난다.

화려한 빛과 하얀 발레복 그리고 무용이 그리는 우아한 곡선에 시간이 가는지도 모르고 공연을 감상한다. 특히 백조가 깃털을 가지런히 하기 위해 목을 둥글게 돌리는 모습과 날갯짓하는 가슴, 그리고 날개 끝이 파르르 떨리는 섬세한 움직임 등에서 한순간도 눈을 뗄 수가 없다.

또한 백조가 다리의 물방울을 톡톡 털어 내는 모습과 호수 위를 날 때의 빛과 선이 주는 아름다움은 어디서도 볼 수 없는 장면이다. 공연을 많이 접해 보지 않는 사람들에게는 발레가 뮤지컬이나 오페라보다 훨씬 쉽다. 발레는 모든 스토리와 감정을 오로지 몸으로 보여 주기 때문이다.

슬퍼서 아름다운, 부다페스트

■ 악마의 속삭임 〈글루미 선데이 Gloomy Sunday〉는 비운의 천재 작곡가 레조 세레소가 연인을 잃은 슬픔에 1933년 발표한 곡이다. 레코드가 발매된 지 8주 만에 이 음악을 들은 헝가리인 187명이 자살하자 자살의 송가로 금지곡이 되고 모두 불태워져 원곡이 남아 있지 않다고 전해진다.

〈글루미 선데이〉의 위력은 여기서 그치지 않는다. 1936년 4월 30일 프랑스 파리의 세계적인 콘서트 현장에서 이 곡에 심취해 연주하던 드럼 연주자의 권총 자살을 시작으로 그 곡을 연주하던 현장의 단원은 단 한 사람도 살아남지 않았다고 한다. 작곡가 레조 세레소 역시 창문을 향해 몸을 던져 스스로 삶을 마감하였다.

노래가 가진 힘이 당시 세계적 불황과 2차 세계 대전의 발발 등 우울한 시대적 배경과 맞아떨어지면서 사람들을 우울과 자살의 유혹에서 벗어나

부다페스트

지 못하게 했다. 이 곡의 스토리를 각색해 영화감독 롤프 슈벨이 부다페스트를 배경으로 1999년 〈글루미 선데이〉를 찍었다. 누가 봐도 매력이 넘치는 사랑스러운 여자 일로나와 그 여자의 사랑을 차지하려는 세 남자의 비극적인 이야기가 아름다운 부다페스트를 배경으로 영화 속에서 펼쳐진다.

볼가강과 더불어 유럽에서 가장 긴 강인 다뉴브강에 의해 남북으로 나뉜 헝가리는 외로운 섬이다. 헝가리를 제외한 오스트리아와 슬로바키아 그리고 체코 등 7개 주변 국가가 슬라브족인 반면, 유일하게 헝가리만 마자르족이다. 우리에게 흉노족으로 알려진 훈족이 4세기 유럽을 휩쓸면서 공포의 대상이 되었는데 9세기경 마자르족이 헝가리에 등장하자 이를 본 사람들이 훈족으로 착각하여 마자르가 세운 나라를 '훈족이 세운 땅[Gary]'이라 부르면서 헝가리라는 이름이 유래되었다. 전설에 따르면 마자르족의 족장 아라파드는 꿈속에 나타난 독수리를 따라와 정착하였는데 그곳이 헝가리였다. 헝가리 건국 1천 년을 기념해 1896년 완성한 영웅 광장에는 아라파드를 비롯한 7명의 마자르 부족장의 동상이 있으며 부다 언덕에 있는 왕궁 앞에는 시조새인 독수리 동상이 있다.

부다페스트는 다뉴브강을 중심으로 남쪽인 부다 지역과 북쪽인 페스트 지역으로 나뉜다. 온천이 많아 '물'이라는 의미를 가지고 있는 남쪽 부다 지역은 언덕 위에 세워진 도시로 왕을 비롯한 부자들이 살았던 곳이다. 부다 지구는 왕궁, 어부의 요새, 마차시 성당과 겔레르트 온천과 언덕 등 볼거리가 넘친다. 그중 가장 인상적인 곳이 마차시 성당과 어부의 요새이다.

마차시 성당의 정식 이름은 성모 마리아 대성당이지만 성당의 남쪽 탑에 헝가리의 가장 위대한 왕 마차시 1세의 문장과 그의 머리카락이 보관되어 있기 때문에 마차시 성당으로 부른다.

성당에서 가장 눈에 띄는 것은 성당의 지붕으로 빈의 슈테판 사원이나 자그레브의 성 마르코 성당과 마찬가지로 아름다운 도자기로 꾸며져 있다. 역대 왕들의 대관식과 결혼식이 거행된 성당의 내부는 스테인글라스가 화려하며 프레스코화도 멋지다. 성당 앞에는 헝가리의 기독교 교화에 힘쓴 이스트반 1세의 기마상이 있으며 동상을 지나 언덕 끝으로 가면 어부의 요새가 있다. 동화 속 풍경처럼 5개의 둥근 탑과 뾰족 지붕 그리고 첨탑이 긴 회랑으로 연결된 건물로, 강변을 따라 습격해 오는 적들을 막기 위해 강에서 일하는 어부들이 중심이 되어 이곳에서 도시를 지켰다고 하여 어부의

영웅 광장

어부의 요새

요새라고 불린다. 이곳에 서면 다뉴브강을 배경으로 시원한 부다페스트의 도시 전경을 한눈에 감상할 수 있다.

파릇한 새싹과 꽃봉오리가 움트는 나뭇가지, 봄날의 초원을 연상시키는 녹색과 금색의 테두리, 투명한 백자 위 생명의 기쁨이 가득한 무늬를 지니고 있는 헤렌드 도자기는 헝가리의 대표적인 도자기이다. 헤렌드 도자기는 오스트리아 합스부르크 왕가의 전설적인 왕비 엘리자베스 시시의 사랑을 받았으며, 빅토리아 여왕을 비롯한 영국의 황실에 납품되기도 했다. 이처럼 도자기로 유명한 부다페스트의 '페스트'는 도자기를 굽는 마을이라는 의미를 가지고 있다.

평지로 이루어진 페스트 지역의 중심 거리는 바치 거리이다. 카페와 레스토랑 그리고 상점들이 늘어서 있는 바치 거리의 끝에 중앙 시장이 있고 그 옆에 '포세일 FOR SALE' 식당이 있다. 땅콩이 무제한 제공되는 이 집은 땅콩을 먹고 바닥에 껍질을 마음대로 버려도 된다고 하여 땅콩 집으로 유명한데 이 집에서 헝가리의 전통 음식인 맛있는 굴라쉬를 맛볼 수 있다.

굴라쉬는 오스트리아, 독일, 스위스에서도 먹을 수 있는 음식이지만, 국

포세일 식당

굴라쉬

물이 많고 매콤하여 우리의 육개장과 비슷한 헝가리 굴라쉬가 우리 입맛에 가장 맞다. 헝가리 남동부 끝 세게드 지방이 본고장인 굴라쉬는 냄비에 잘게 썬 양파, 베이컨, 식용유를 넣고 끓이다가 파프리카 가루를 약간의 물과 함께 넣고 고기를 넣어 강한 불에 잠시 볶는다. 그리고 육수를 붓고 양배추 절인 것과 토마토, 감자, 후추 등을 넣고 끓인 후 마지막으로 사워크림을 섞는다. 깊은 맛을 내기 위해 1시간 이상 천천히 끓이는 이 음식은 겨울에 어울린다. 굴라쉬는 으깬 감자, 버터로 볶은 국수, 쌀밥과 함께 먹는다.

식사 후에 후식으로 귀하게 썩었다고 하여 귀부 와인으로 불리는 헝가리 최고의 와인 '토카이 Tokay'를 곁들이면 금상첨화이다. 루이 14세가 그 맛에 반해 와인의 왕이라 불렀던 황금색 귀부와인 토카이는 깊고 진한 단맛의 스위트 와인으로 후식으로 제격이다.

식사를 마치고 바치 거리 끝에서 지하철 1호선 역으로 내려가면 타임머신을 타고 갑자기 200년 전으로 돌아간 느낌이다. 작고 좁은 역사 안은 오래된 나무와 타일로 꾸며져 있고 당시의 것으로 추측되는 포스터와 안내문들이 여기저기 전시되어 있다. 과거를 탐험하듯 역사 안 여기저기를 기웃거리다 보면 한 대의 노란 지하철이 조용히 들어왔다가 우리를 태우고 다음 역을 향해서 힘겹게 출발한다.

지하철역시 바닥과 벽은 오래된 나무판자로 이루어져 있고 앙증맞은 손잡이는 오래된

부다페스트 지하철

성 이슈트반 대성당

집의 문고리 같다. 부다페스트의 지하철 1호선은 런던, 이스탄불에 이어 세계에서 세 번째로 운행한 지하철로 세계 최초로 유네스코 세계문화유산에 등재되었다.

지하철을 타고 두 정거장이 지나 지하철역을 나오면 페스트 지역에서 가장 유명한 성 이슈트반 대성당이 나온다. 성 이슈트반 대성당은 헝가리 부다페스트에서 가장 큰 성당으로 헝가리의 초대 국왕이자 로마 가톨릭 교회의 성인인 성 이슈트반을 기리기 위해 1851년에 세운 성당이다.

대칭과 비례가 정확한 르네상스 양식 건물인 성 이슈트반 대성당의 내부 구조는 그리스 십자가 형상으로 되어 있으며 그 중심에, 내부에선 높이가 86미터, 외부에서는 96미터인 중앙 돔이 있는데, 이것은 마자르족이 이 지역에 자리 잡은 896년을 의미한다. 8,500명 이상을 수용할 수 있는 성당은 50종류 이상의 대리석으로 꾸며져 있으며 당대의 저명한 헝가리 예술가인 모르 탄, 베르탈란 세케이, 쥴러 벤추르 등의 작품으로 가득하다. 특히 벤추르의 〈성모 대관식〉은 성 이슈트반 왕이 헝가리 왕관을 성모 마리아에게

성 이슈트반 대성당 쿠폴라

이슈트반 1세

바치는 장면을 그린 것으로 이교도였던 마자르족이 기독교인 유럽의 일부가 되었음을 내외에 과시한 그림이다.

이 대성당에서 가장 유명한 것은 중앙 돔의 스테인드글라스와 제단 뒤에 보관되어 있는 성 이슈트반의 오른손 미라이다. 아들이 없었던 이슈트반 왕이 죽자 서로 왕권을 가지기 위해 암투가 벌어지는데 이때 왕의 시신을 보관하기 위해 관을 열어 보자 오른쪽 손만이 썩지 않고 그대로 있었다고 한다. 그 후 미라 처리된 오른손을 2차 세계 대전 당시 독일이 없애려고 하자 미국이 먼저 찾아내어 보관하고 있다가 전쟁이 끝나자 돌려주어 오늘날까지 보관되어 있다.

성 이슈트반 대성당 근처에는 여행의 피곤을 풀어 줄 장미 아이스크림 가게와 카페 제르보가 있다. 장미 아이스크림 가게는 2가

카페 제르보

지 이상의 색색의 아이스크림을 주문하면 아이스크림을 얇게 옆으로 발라 장미 꽃모양으로 내어준다. 모양만큼 맛도 좋아 많은 여행자들이 찾는다.

성 이슈트반 성당에서 오페라 하우스 쪽으로 10분 정도 걸어가면 뵈뢰슈머르치 광장에 카페 제르보가 나온다. 1858년에 개업하였으며 합스부르크 왕가의 엘리자베스 시시의 단골집이던 이곳에서는 아직도 그녀의 초상화를 볼 수 있다. 천장에는 아직 대형 샹들리에가 있으며 이국적인 목재로 만들어진 패널과 가구들로 장식되어 있는 카페에서 카푸치노나 라테와 함께 제르보 토르테 등 마음에 드는 조각 케이크를 주문하여 시간을 보내다 보면 부다페스트 여행이 달콤하고 사랑스러워진다.

도시 구경이 끝났다면 부다페스트에서 꼭 즐겨야 하는 것이 온천이다.

헝가리는 온천의 천국으로 100여 개의 온천이 있으며 부다페스트 시내에만 10개의 온천이 있다. 헝가리 온천은 물의 성분이 뛰어나 피로 회복뿐만 아니라 치료에도 도움이 된다고 하여 인근 국가에서뿐만 아니라 전 세계의 많은 사람들이 찾는다.

세체니 온천

부다페스트에서 가장 유명한 온천은 세체니 온천이다. 동역에서 걸어가면 바로 보이는 세체니 온천은 네오 바로크 양식의 웅장한 건물로 3개의 풀과 온천탕 12개로 이루어져 있다. 세체니 온천은 로커 키가 따로 없고, 자신의 로커 번호를 외어 두었다가 키보이를 불러 열어 달라고 해야 한다. 또한 수영복을 입어야 하는 남녀 혼탕으로 수영복을 준비하지 못했으면 현지에서 빌려 준다. 온천에 입장하여 수영장을 지나 안쪽으로 들어가면 실내 유황 온천과 사우나 그리고 야외 온천장이 나온다. 세체니 온천은 겨울이 제격이며 따뜻한 탕과 시원한 수영장을 오가며 느끼는 포근함과 상쾌함은 여행자를 즐겁게 한다.

부다페스트의 하이라이트인 야경을 감상하는 방법은 3가지이다. 부다페스트가 한눈에 보이는 겔레르트 언덕에서 보는 방법, 다뉴브강의 유람선에서 보는 방법 그리고 다뉴브강 옆을 달리는 트램을 타고 보는 방법이다. 겔레르트 언덕과 다뉴브강의 유람선에서는 부다와 페스트의 야경을 한눈에 볼 수 있는 장점을 가지고 있다. 반면 다뉴브강을 따라 달리는 트램에서는

세체니 다리

부다 지역의 야경밖에 볼 수 없지만 다른 곳에서 볼 수 없는 화려한 국회의 사당 뒤편을 감상할 수 있는 장점을 가지고 있다. 기왕이면 이틀 이상 부다페스트에 묵으면서 세 가지를 모두 감상할 것을 추천하지만 시간이 없다면 노을 질 무렵, 겔레르트 언덕 위의 야경을 감상한 후 완전히 어두워지면 강으로 내려와 유람선을 타면서 야경을 감상할 것을 추천한다.

야경을 감상하기 위해 겔레르트 언덕을 가려면 〈글루미 선데이〉의 주요 배경이 되었던 세체니 다리를 건너야 한다. 세체니 다리는 다뉴브강에 놓인 최초의 다리로 세체니 백작이 만들었다. 19세기 초 헝가리의 영웅 세체니 백작은 아버지의 죽음을 연락받고 부다 지역에서 페스트 지역으로 넘어가려 했으나 비가 너무 많이 와서 배가 다니지 않아 8일간이나 장례식에 참석하지 못했다. 안타까운 경험을 한 세체니는 템스강의 런던 다리를 건설한 영국의 설계 기사를 초빙해 다리를 건설했다. 1839년부터 10년의 공사 끝에 건설된 다리는 건설 당시만 해도 유럽에서 가장 아름다운 건축물로 전혀 왕래가 없던 부다와 페스트를 한데 묶어 주던 상징물이 되었다.

380미터의 케이블로 이어진 세체니 다리의 수천 개의 전등이 다뉴브강의 수면 위로 떠오르면 유럽에서 가장 장엄한 야경이 시작된다.

세체니 다리를 지나 에르제베트 다리로 가면 겔레르트 언덕을 오르는 계단이 보인다. 20분 정도 올라가면 정상이다. 해발 235미터의 바위산 겔레르트 언덕은 원래 켄렌 언덕이라 불렸다가 11세기 가톨릭을 전파하다 순교한 선교사 겔레르트를 기리기 위해 지금의 이름으로 바뀌었다.

겔레르트 언덕 위에 올라서면 처음으로 월계수 잎을 들고 있는 자유의 여신상이 보인다. 나치군과의 싸움에서 죽어 간 소련군 추모 위령탑으로 공산 정권이 무너진 후 철거하려 했으나 교훈으로 삼고자 그대로 두었다고 한다. 위령탑 아래 새겨진 '용서한다. 그러나 잊지 않겠다.'라는 글귀에서

국회의사당

형가리인의 다짐과 아픈 상처를 볼 수 있다.

자유의 여신상 옆에 있는 시타델라 요새는 1848년 형가리인들의 반 오스트리아 운동을 감시하기 위한 만들어진 것으로 총탄과 포탄 자국이 성벽에 그대로 남아 있다. 성벽을 지나 전망대에 서자 노을 진 하늘 아래 펼쳐진 부다페스트가 한눈에 들어온다.

탁 트인 부다페스트의 도시 위로 빛나는 훈장처럼 국회의사당과 성 이슈트반 대성당이 우뚝 솟아 있다. 그 중심에 다뉴브강이 흐르고 둘로 나뉜 부다와 페스트 지역을 안간힘으로 붙이려는 듯 세체니 다리가 잡아끌고 있다. 한참을 넋 놓고 서 있자 서서히 어둠이 내리고 형형색색의 빛깔들이 도시 위로 떠오른다. 완전히 어두워지자 정점을 찍듯 세체니 다리와 국회의사당이 보석처럼 환하게 빛난다.

이지적인 남자가 건네는 선물 같은,
뮌헨

푸른빛과 싱싱함이 감도는 가을에 열리는 옥토버페스트는 뮌헨에서 열린다. 축제 시기가 되면 뮌헨은 꽃과 벌들의 꽃밭으로 변한다. 하얀색 블라우스에 원색의 원피스로 구성된 드린딜 Drindl 을 입은 여자들과 빨간 체크무늬에 가죽 멜빵으로 만들어진 레더호젠 Lederhosen 을 입은 남자들이 뮌헨은 물론 인근 지역까지 넘쳐난다. 전 세계에서 축제를 즐기러 온 사람들이 전통 복장을 하고 한껏 고무되어 호텔을 나선다. 세련된 외투와 선글라스만이 현대를 상징한다.

축제가 열리는 장소는 '테레지엔비제 Theresienwiese'로 중앙역에서 지하철로 한 구간이다. 테레제 공주의 잔디밭이라는 의미를 가진 이곳에서 1810년 10월 루트비히 황태자와 테레제 공주의 결혼을 기념하여 경마 경기가 열렸다. 이후 이 잔디밭은 10월 맥주 축제의 장으로 바뀌었다. 해마다 축제

옥토버페스트 빅텐트

를 위해 호프브로이하우스, 레벤브로이 등 뮌헨의 유명 맥주 회사들이 세
달 전부터 1만 명 이상을 수용할 수 있는 빅 텐트를 세운다. 옥토버페스트
는 화려한 마차와 악단이 뮌헨 시내 7킬로미터를 가로지르는 시가행진으
로 시작한다. 사람들은 때로는 걸어서 때로는 지하철로 축제의 장으로 이
동하는데 지하철역은 2002년 월드컵 당시 서울의 모습과 같이 인산인해를
이룬다. 다만 2002년 월드컵과는 달리 지하철역 안은 붉은 악마를 표시하
는 붉은색 대신 울긋불긋한 전통 의상을 입은 사람들로 총 천연색이다.

축제의 장소에 도착하여도 미리 예약을 하지 않으면 1만 명 이상을 수용
하는 8개의 빅 텐트에 들어가기가 하늘의 별 따기이다. 참을성 있게 기다리
다 보면 중간에 한 번씩 텐트가 열린다. 화려한 애드벌룬들이 천장을 수놓
고 중앙의 브라스 밴드가 홀이 떠나가라 연주하는 텐트에 들어서면, 빼곡
히 들어찬 사람들이 저마다 커다란 맥주잔을 들고 웃고 떠들고 마시고 춤
추는 모습을 볼 수 있다. 아무도 앉아 있지 않으며 자신이 아는 노래가 나

오리지널 비어

옥토버페스트 빅텐트

오면 테이블 위로 올라가 목청껏 노래를 부른다.

마주하는 사람이 누구든 큰 웃음으로 맞으며 잔을 높이 들고 건배한다. 전 세계 여행자들이 매년 이 시기 옥토버페스트를 찾는 이유는 화려한 빅 텐트가 주는 흥겨움과 색다른 맥주에 있다. 축제에 참여하는 맥주 회사는 시중에 유통되는 맥주보다 알코올 함량을 1도 높인(5.8~6.3퍼센트) 특별한 축 제용 맥주를 준비한다. 축제 기간 동안 팔려 나가는 맥주는 평균적으로 약 700만 잔으로 1년 소비량의 3분의 1에 해당한다.

빅 텐트 주위에는 빅 텐트에 입장하지 못한 사람들을 위해 회전목마, 대 관람차, 롤러코스터 같은 놀이 기구 80종을 포함해 다양한 식당과 서커스, 팬터마임, 영화 상영회 등 남녀노소가 함께할 수 있는 볼거리와 즐길 거리 200여 개를 운영한다. 그중 전통 음식을 파는 식당에 들러 뮌헨의 명물 흰 소시지 weißwürste 와 족발 Schweinshaxn 을 먹어 보자. 흰 소시지는 입에 넣으면 사르르 녹을 정도로 부드러우면서도 소시지 특유의 고기 맛을 간직하고 있 으며 족발은 겉은 딱딱하나 안은 무느럽고, 훈제 특유의 향이 배어 있어 맥 주와 곁들이기에 최고이다.

축제의 여운이 가시지 않는 여행자라면 뮌헨 시내에 있는 호프브로이 하

슈바이네 학센

호프 브로이 하우스 악단

우스를 추천하다. 1895년 빌헬름 5세에 의해 왕실 양조장으로 만들어진 호프브로이는 왕궁의 맥주를 제조하는 곳으로 이곳의 문양은 왕관 모양이다. 세계에서 가장 큰 맥주홀인 이곳은 1층과 2층, 정원을 포함해 3,000여 명을 수용할 수 있으며 깊은 술맛과 자유롭고 흥겨운 분위기로 수많은 관광객들이 찾는다. 호프브로이하우스에서는 유명한 세 가지 맥주가 있다.

흑맥주 Dunkelbier 와 오리지널 맥주 Originalbier 그리고 흰 맥주 Weissbier 이다.

맥주는 발효균을 바닥에서 발효하는 하면 맥주와 위에서 발효하는 상면 맥주로 나눈다. 독일은 하면 맥주, 영국은 상면 맥주를 대표하는 나라이다. 우리나라를 비롯하여 대부분의 맥주는 하면 맥주이다. 호프브로이를 대표하는 오리지널 맥주는 하면 맥주로 처음 마시면 걸쭉하게 입안에 쫙 달라붙으면서도 시원한 목 넘김이 좋다. 호프브로이 흑맥주 역시 하면 맥주로 오리지널보다는 진하고 고소한 맛을 느낄 수 있다.

여성들에게 사랑받는 흰 맥주는 상면 맥주이다. 옛날 바이에른 군주들이 보리 맥아의 생산을 독점하고 가격을 통제했는데 이에 대항하기 위하여 밀 맥주가 발달하여 오늘날의 흰 맥주를 탄생시켰다. 흰 맥주는 밀의 부드러움과 함께 상면 맥주의 독특한 향을 가지고 있어 많은 사람들로부터 사랑받는다.

　호프브로이 역시 중앙에는 브라스 밴드가 있어 흥겨운 연주를 한다. 세계적인 맥주홀이라 독일 민요를 비롯하여 세계 각국의 민요들을 신나게 연주하며 여행자의 흥을 돋운다. 여행자들은 자기 나라 음악이나 잘 아는 독일 음악이 나오면 모두 일어서서 합창을 하고 때로는 탁자 위에 올라가서 춤을 춘다.

　호프브로이하우스의 흥겨운 분위기를 제대로 즐기기 위해서는 브라스 밴드가 보이는 자리에 앉는 것이 좋다. 항상 사람들로 북적거리는 이곳에서 세계인들과 함께 취하고 노래하고 이야기하다 보면 독일의 밤은 아쉽지만 쏜살같이 지나간다.

　축제의 흥겨움과 아쉬움을 뒤로 하고 다음 날 일찍 퓌센으로 가야 한다. 뮌헨을 벗어나 기차로 2시간 이상 가야 나오는 퓌센의 산꼭대기에 백조의 모양으로 환상적인 분위기를 간직한 노이슈반슈타인 성이 있기 때문이다. '새로운 백조의 성'이라는 뜻을 지닌 이 성은 그 모습이 신비스럽고 동화적이어서 디즈니 월터가 이 성을 모델로 자신의 디즈니랜드 성을 만들었다. 루트비히 2세의 지시로 바그너의 오페라 〈로엔그린〉에 나오는 주인공이 사는 성처럼 만든 노이슈반슈타인 성은 방어나 요새의 기능이 전혀 없고 한 낭만주의자의 꿈속을 들여다보는 듯 화려하기만 하다.

　성 안에 입장하면 화려한 왕실의 방들을 볼 수 있다. 이 중 특히 왕의 침실에 있는 세면대에는 〈로엔그린〉을 연상시키는 백조의 주둥이에서 물이 나오는 백조의 샘이 있어 가장 눈에 띈다. 또한 지하 주방에서 꼭대기 방까지 곧바로 연결되는 음식 배달 장치와 내부 장식에 금을 사용해 화려하게 꾸민 실내 등이 루트비히 왕의 낭만과 사치를 보여 준다. 이 성을 완성한

노이슈반슈타인 성

후 루트비히는 성을 지키는 집사를 제외하고는 아무도 성에 들이지 않고 오직 혼자서만 있었다고 한다. 루트비히 2세는 191센티미터의 큰 키에 흑갈색 머리를 소유한 미남으로 여자들에게 인기가 많았지만 평생을 미혼으로 살았다.

16세에 그는 바그너의 오페라 〈로엔그린〉을 보고 감동하면서 예술에 눈을 떴다. 16세 소년의 눈에 비친 중세의 기사와 환상적인 백조는 꿈의 세계였다. 루트비히 2세는 노이슈반슈타인 성 건축으로 엄청난 재정 적자에 시달렸다. 그리고 이에 불만을 품은 신하들로부터 회복 불가능한 정신병이라는 진단을 받고 왕의 직위에서 쫓겨난다. 거처를 슈탄베르크 호숫가 요양소로 옮긴 그는 사흘 만에 호수에서 익사체로 발견되었다. 어려서부터 수영을 잘했던 왕이 깊지 않은 호수에서 익사체로 발견된 것은 믿기 힘든 사실로 그의 죽음은 아직도 미스터리로 남아 있다.

노이슈반슈타인 성의 최고의 전경은 마리엔 다리에서 바라보는 모습이다.

성을 나와 성의 뒤편으로 걸어 오르면 중간쯤 퓌센의 아름다운 들판과 호수 위로 호엔슈방가우 성이 보인다. 어려서 루트비히가 살았던 성이다, 여기서 15분쯤 더 오르면 루트비히 2세 어머니의 이름을 딴 마리엔 다리가 나온다. 밑이 까마득하게 보이는 깊은 골짜기 위에 있는 다리에 서면 마치 번지점프대에 서 있는 듯 두려움이 느껴진다. 두려움을 누르고 다리 중간으로 가면 사진에서 보았던 노이슈반슈타인 성의 전경이 푸른 하늘과 아늑한 들판을 배경으로 아름답게 펼쳐진다. 유럽을 통틀어 최고의 아름다운 전경 앞에 서면 두려움은 어느덧 사라지고 감탄사와 함께 사진을 찍느라 정신이 없다. 오직 이 다리 위에서만 여행자와 성의 전체가 나오는 사진을 찍을 수 있기 때문이다.

다음 날 언제나 깨끗하고 문화적인 기품으로 넘치는 이지적인 남자 같은, 뮌헨의 미술관 지역으로 향한다. 뮌헨의 미술관 지역은 알테 피나코테크와 노이에 피나코테크 그리고 모던 피나코테크로 나뉜다.

알테 피나코테크는 '옛날 미술관'이라는 뜻으로 렘브란트, 루벤스를 비롯한 플랑드르 회화와 라파엘로를 중심으로 하는 이탈리아 르네상스 회화 그리고 뒤러를 중심으로 하는 북방 르네상스 회화 작품들을 전시하고 있다. 세계 6대 미술관인 알테 피타코테크에는 루벤스의 작품이 전 세계에서 가장 많은데 네덜란드 지방 총독으로 부임했던 선제후가 돌아오면서 외상으로 잔뜩 루벤스의 그림을 가져왔기 때문이라고 한다. 이곳의 가장 유명한 작품은 루벤스의 〈최후의 심판〉과 렘브란트의 〈자화상〉 그리고 라파엘로의 〈성모자상〉이다.

루벤스는 르네상스 시대 거장들 중에서 미켈란젤로와 티치아노에게 영향을 받았는데, 그의 작품 〈최후의 심판〉은 V자 형태의 회오리 구도와 인물들의 배치에서 미켈란젤로의 영향이 보인다. 작품 속 여러 인물들은 저마다의 방향을 가지고 시선을 분산시키면서 혼돈케 한다. 루벤스의 〈최후의 심판〉은 장렬하고 신비스러운 심판의 모습보다는 오히려 루벤스 특유의 생명성과 관능이 느껴지는 작품이다.

알테 피나코테크에 있는 렘브란트의 〈자화상〉은 그가 평생 동안 그린 90점의 자화상 중 1629년에 완성한 것으로 뮌헨에서 도제 생활을 마치고 난 뒤 방황하던 자신의 청년 시절을 그린 것이다. 이 작품은 다른 자화상들과는 달리 젊은 시절에 그린 것으로 엉클어진 머리칼에서 젊은이의 에너지가 돋보인다.

라파엘로가 피렌체에 체류하던 시절에 그린 〈성 모자상〉은 성모 마리아가 아기를 안고 있는 단순한 구도지만 성모 마리아의 자애로운 표정과 아기 예수의 어른스러운 표정이 성스러움을 자아낸다. 종교화임에도 화려한 색채를 사용한 것이 한눈에 띈다.

넓은 정원을 사이에 두고 알테 피나코테크와 마주 보고 있는 노이에 피나코테크는 '새로운 미술관'이라는 뜻으로 19세기 유럽 회화를 전시하고 있다. 루트비히 왕가의 수집품을 기반으로 조성된 이곳에는 우리들에게 가장 잘 알려져 있는 고흐의 〈해바라기〉를 비롯해 고갱의 〈네 명의 브르타뉴 무용수〉와 마티스의 〈정물〉, 마네의 〈아틀리에의 식사〉 등 유명한 작품들이 있다. 그 외 르느와르, 모네, 클림트와 에드가 등의 작품도 있어 대중적인 면에서 오히려 알테 피나코테크보다 더 흥미를 끄는 미술관이다.

자신의 취향에 맞는 모티브를 마음껏 그려 놓은 마네의 작품 〈아틀리에의 식사〉는 왼쪽 테이블 위에 있는 투구와 검은 고양이 그리고 그 뒤의 화분과 부인이 들고 있는 물병과 식탁 위의 여러 가지 소품들이 인물 못지않

아틀리에의 식사

게 흥미를 끈다. 노랑과 검정 그리고 하얀색이 조화를 이루고 부드러운 명암이 화면 전체를 차분하면서 친밀감이 들도록 한다. 마네는 1868년 여름 볼로뉴에서의 스케치를 토대로 파리에 가서 이 작품을 완성하였는데 앞쪽의 소년은 마네의 아들인 레옹 코에라이며 그 뒤가 마네의 부인 그리고 식탁에 앉아 있는 사람은 그의 친구인 오귀스트 르스랭이다.

40세를 넘긴 마티스가 아프리카에서 얻은 아라베스크 무늬가 돋보이는 〈정물〉은 색채에 의한 공간을 표현하고 있다. 1990년 마티스는 파리 교외로 거처를 옮겨 안정된 가운데 활발한 작품 활동을 하는데 당시 그의 아틀리에가 연상되는 이 작품은 화면 중심에 펼쳐져 있는 천에서 아라베스크 무늬를 볼 수 있으며 바탕의 푸른 회색은 벽까지 연결되어 화면에 퍼져 있다. 곳곳에 빨강과 노랑 그리고 초록이 대비를 이루며 포인트를 주고 있다.

피나코테크 3형제 중의 막내인 모던 피나코테크는 2002년 개관한 곳으로 회화와 디자인 그리고 건축을 아우르는 거대한 현대 미술관이다. 피카소와 마그리트 그리고 ·앤디 워홀 등 내로라하는 화가들의 작품이 있는 미술관에 들어서면 가장 먼저 눈에 띄는 것은 한쪽 벽면을 꽉 채운 자동차들과 의자 책상 등 가구들이다. 이곳은 5만여 점의 아이템이 전시되어 있다. 이번 방문에서 가장 인상적인 것은 이탈리아 남부 도시들의 황량한 모습을 담은 비디오 전시관이다. 뜨거운 여름의 한낮, 인적이 없는 거리와 골목에서 영원히 정지될 것 같은 정적이 느껴지는 가운데 한 번씩 불어오는 바람으로 하얀 빨래가 날리는 모습에서 외로움과 고요 그리고 불안한 평화가 교차하는 느낌을 받았다.

　늦은 오후 모던 미술관을 나와 오늘 미술관의 마지막 순례지인 렌바흐하우스로 향한다.

　렌바흐하우스는 19세기 말에 활약한 화가 프란츠 폰 렌바흐를 기념하기 위해 그의 사후인 1929년에 렌바흐가 생전에 사용하던 아틀리에에 세웠는데, 여러 차례 문을 닫았다가 1957년 칸딘스키의 부인이었던 화가 G. 뮌터가 칸딘스키의 작품을 상설 전시하면서 본격적으로 미술관으로서의 역할을 시작하였다.

　칸딘스키는 1866년 모스크바에서 태어나 독일에서 청기사파 운동(작가의 내부 표현과 색채의 상징적 의미를 강조하는 그룹)을 주도하며 자기 눈앞에 벌어지는 모순된 현실과 추한 인간들의 모습을 표현했다. 히틀러가 퇴폐 미술로 칸딘스키 및 청기사파들을 탄압하고 렌바흐하우스를 폐교하자 칸딘스키는 프랑스로 건너가 활동하다가 1944년 78세로 인생을 마감했다.

　칸딘스키는 그림에서 대상의 묘사는 불필요하며, 눈에 띄는 대상을 그리지 않고 감정의 내용을 전달할 수 있다고 믿었다. 렌바흐하우스를 방문하

렌바흐하우스 지하철역

렌바흐하우스 입구

인상3

구성8

면 칸딘스키가 추상의 길로 들어가기 전의 작품부터 완전히 추상의 길로 들어서서 완성한 대작까지 감상할 수 있다.

칸딘스키 초기 작품 중 하나인 〈말 위의 연인〉과 중기 작품인 〈인상〉, 〈낭만적 풍경〉과 그의 대작인 〈구성〉을 놓치지 않고 감상한다. 칸딘스키가 추상의 길로 들어서기 전의 작품인 〈말 위의 연인〉은 러시아의 민속적 모티브로 그렸다. 그러나 형태를 재현하는 것이 아니라 형태 그 자체가 색채와 어우러져 직접적인 감정을 나타내고 있다. 그의 중기 작품인 〈인상3〉을 보면 형태는 서서히 사라진다. 이 작품은 1911년 1월 1일 칸딘스키가 쇤베르크의 연주회에 참석하여 현악 4중주와 3개의 피아노 소품을 듣고 그린 작품이다. 이날 음악회 이후로 칸딘스키는 점점 색채와 형태의 내적 구성에 주목하는 추상의 세계로 빠져든다.

작품 왼쪽 아래에서 시작되는 노란색의 대각선은 그랜드 피아노를 연상케 하는 검은색과 만난다. 피아노 앞에 피아니스트가 앉아 있고 그 뒤에는 몇몇 청중의 모습이 눈에 띈다. 빨간색과 흰색 기둥이 여기에 리듬감을 더하고 있다. 작품에서 노란색은 고통스러운 자극을 상징하고 있으며 검은색은 미래도 희망도 없는, 영원한 침묵의 소리를 담고 있다.

이 작품부터 칸딘스키는 본격적으로 화면에서 대상과 형태를 서서히 지우고 순수 추상으로 나아가기 시작했다. 이후 칸딘스키는 외부의 대상 묘사가 아니라 자신의 주관에 의해 만들어진 것을 내적인 필요성에 근거하여 그림을 완성하였다. 그것의 절정체가 그의 작품 〈구성〉이다. 제2차 세계 대전 때 분실되었던 이 작품은 색채의 소용돌이 안에서 어떤 명확한 연계성도 가지지 않은 듯 보이는 형상들이 혼란스러운 모습을 보여 주고 있다.

렌바흐하우스를 나와 지하철을 타러 역으로 내려가면 이지적인 남자의 뜻하지 않는 선물을 받는다. 지하철역 안 모든 벽면은 칸딘스키의 작품과 여러 명작들로 도배되어 있고, 잔잔한 클래식 음악이 역 안에 울려 퍼지고 있다. 여행자는 한적한 의자에 앉아 이지적인 남자가 주는 선물을 가슴에 두고두고 담는다.

정열의 춤 플라멩코처럼,
마드리드

보석같이 빛나고 있다. 그냥 화보에서 보는 마하가 아니다. 작가에게서 이 작품이 얼마나 소중히 다루어졌는지 그림 앞에 서야만 직감할 수 있다. 작품 내 모든 색감들이 반짝거리며 관람자를 두근거리게 한다. 고야는 이 작품을 남기기 위해서 목숨을 걸었다. 당시 가톨릭 국가인 스페인에서 여성의 누드를 그린다는 것은 상상도 못할 악행으로 죽음을 각오해야 했다. 고야는 왜 〈옷을 벗은 마하〉를 그렸을까. 작품 속 주인공에 대한 사랑 때문이었을까 아니면 시대를 앞서간 그의 예술적인 영혼을 주체하지 못했기 때문일까. 그의 작품은 관람자 앞에서 시대를 초월해 반짝거린다.

세르반테스가 스페인의 영광이요 빛이라고 극찬한 톨레도는 마드리드에서 버스로 1시간 거리에 있다. 16세기까지 스페인의 정치, 종교, 문화, 경제

고야 〈옷을 벗은 마야〉

의 중심지였던 톨레도는 기독교와 무슬림 그리고 유대인들이 함께 살았으나 16세기 무어인들이 기독교인들에게 추방되면서 스페인 기독교의 중심지가 되었다. 구시가 곳곳에는 아직도 이슬람 사원들과 유대 교회 그리고 르네상스의 구조물이 남아 있어 갖가지 건축 양식들이 축제를 벌이고 있다. 1987년 12월 톨레도는 가장 중세적인 도시로 유네스코에 의해서 세계문화유산으로 지정되었다.

톨레도에 도착하여 도시 입구에 있는 소코도베르 광장에서 조금만 내려가면 이름 그대로 성 십자가 모양을 한 산타크루즈 미술관이 나온다. 이곳에 스페인 최고의 화가 엘 그레코의 〈성모 마리아의 승천〉이 있다. 이 세상에서 오로지 하나님 말씀에 귀 기울이고 온전히 그 말씀에 따라 살았던 마리아를 하나님이 드높여 주고 있다. 비정상적으로 길쭉한 모습으로 표현한 성모 마리아의 표정은 우수에 젖은 듯 진지하다. 작품 전체에 흐르는 빛과 그림자의 깊은 명암과 청색과 적색의 색감들이 경건하면서 신비로운 희망의 세계를 보여 준다.

세잔을 비롯한 많은 화가들에게 영향을 준 엘 그레코는 라틴어로 '그리

엘 그레코 〈성모 마리아의 승천〉

스 사람'이라는 뜻으로 톨레도에서 40년 동안 종교화와 인물화를 그리며 살았다. 그는 원근법을 기본으로 하는 사실주의 화풍을 무시하여 18세기까지 인정을 못 받았으나 19세기에 재평가가 이루어져 스페인 최고의 화가로 각광받았다. 그가 그린 대부분 종교화는 사실적인 묘사에서 벗어나 보이지 않는 사물의 본질적인 측면을 표현하고 있다.

산타크루즈 미술관을 나와 다시 소코도베르 광장으로 올라오면 톨레도를 볼 수 있는 전망대로 가는 미니 열차가 있다. 열차를 타고 좁은 도시를 벗어나 강을 건너고 산길로 올라가면 톨레도를 한눈에 보여 주는 전망대가 나온다. 전망대에 올라서면 드라마틱한 하늘을 배경으로 창과 방패를 가진 오래된 기사의 모습을 한 톨레도가 나타난다.

4개의 탑이 솟아 있어서 톨레도를 환상적이게 하는 방패 모양의 알카사르와 하늘을 찌를 듯한 창의 모습을 한 대성당이 서로 대립하며 도시를 양분하고 있다. 그 사이로 500년이 더 된 집들이 좁은 길을 따라 꽉 차 있다. 옛날에는 해자 역할을 하며 도시를 지켰던 타호강이 때로는 시퍼렇게 때로는 붉게 도시를 돌고 돌아 흘러간다.

미니 열차를 타고 광장으로 돌아와 500년 전 열쇠를 그대로 사용하고 있는 중세의 옛집들이 늘어서 있는 좁고 복잡한 길을 지나면 산토 토메 성당이 나온다. 이곳에 미켈란젤로의 〈천지창조〉와 〈최후의 심판〉과 더불어 세계 3대 벽화로 알려진 엘 그레코의 〈오르가스 백작의 매장〉이 있다. 250년 전에 세상을 떠난 오르가스 백작의 장례식을 그린 이 작품은 오르가스 백작을 매장하려 할 때 일어난 기적에 대한 내용을 담고 있다. 사람들이 그의 시신을 묻으려 할 때 두 사람의 성자가 천국에서 내려와 그의 시신을 받아 무덤에 안치했다고 한다. 이 기적이 일어나자 그의 무덤 위에는 산토 토메 성당이 세워졌고, 이 작품은 그 부속 성당에 소장되어 있다.

작품은 상하 2단으로 나누어져 상단부는 천상계를 하단부는 지상계를 상징하고 있다. 천상의 모습을 한 상단부의 꼭대기에는 길게 늘어진 팔을 뻗고 있는 예수 그리스도를 중심으로 왼쪽으로는 마리아가, 오른쪽으로는 성 요한이 보인다. 마리아 뒤쪽으로는 천국의 열쇠를 쥔 베드로가 있으며

톨레도

오르가스 백작의 매장

요한의 뒤로도 검은 머리의 뚜렷한 옆모습을 보이는 스페인 왕이었던 펠리페 2세가 있다.

그는 1584년 영국 신교의 엘리자베스 1세에 대항하여 전쟁을 일으켜 패배하였지만 유럽 영토를 가톨릭으로 통일하고자 했던 왕이기도 하다. 성 요한의 아래쪽으로는 날개를 펄럭이며 죽은 영혼을 하늘로 인도하는 천사가 보이는데 천사가 들고 있는 흐릿한 영혼이 죽은 오르가스의 영혼이다. 오르가스의 영혼이 하늘에 당도하자 성모 마리아와 성 요한이 그 영혼을 천국의 세계로 받아 줄 것을 예수에게 간청하고 있고, 이 영혼을 천국으로 인도하려고 베드로가 천국의 열쇠를 들고 있다. 지상의 세계를 보여 주는 하단부에는 먼저 화가 자신과 그의 아들 호르헤이가 보인다. 호르헤이의 주머니에 나와 있는 손수건에는 자신이 태어난 1578년이라는 글자가 쓰여 있다.

중앙에 죽은 오르가스 백작이 보이고 양쪽에서 그를 들고 있는 두 성인이 보인다. 왼편의 제복을 입은 성인이 스테파노이고 오른편에 있는 사람은 초대 그리스도교 교회가 낳은 위대한 철학자이며 사상가인 성 아우구스티노이다. 아우구스티노 뒤편으로, 소매가 넓은 흰 성직자 옷을 입은 뒷모습의 사람은 이 성당의 사제인 안드레스 루네스이다. 오르가스가 죽으면서 교회에 많은 액수의 돈을 유증했는데, 그 후세들이 이 사실을 부인하고는 유언을 이행하지 않자 루네스는 법정 투쟁을 벌였고, 결국 승리하여 고인의 유언을 실행하게 되었다. 엘 그레코는 성서 속의 인물과 사건, 성자들,

신앙심이 깊었던 사람들을 주제로 사실적이지만 인체의 묘사에서 자유로운 표현으로 극적 효과를 창조하며 경건하고 성스러운 작품을 남겼다.

톨레도의 최고 볼거리는 대성당이다.

스페인 가톨릭의 총 본산인 톨레도의 대성당은 한마디로 경이롭다. 밀라노의 두오모나 파리의 노트르담 등 다른 어느 도시의 대성당과 견주어도 전혀 손색이 없다. 엘 그레코나 티치아노, 고야 등의 프레스코화가 꾸미고 있는 톨레도 대성당은 1299년 톨레도가 이슬람의 지배를 벗어난 것을 기념하기 위해 알폰소 8세가 세운 것이다. 성당에 입장하면 가장 먼저 눈에 띄는 것은 거인이 예수를 어깨에 올리고 있는 커다란 벽화이다.

거인은 크리스토포루스로 그 이름은 그리스도를 어깨에 업고 간다는 뜻의 그리스어이다. 성 크리스토포루스는 시리아 출생으로 소아시아에서 선교를 하던 중 순교하였다. 전해지는 이야기에 따르면 그는 사람들을 업어 강을 건너 주는 일로 생계를 꾸려 가던 거인이었는데 어느 날 조그만 아이를 업고 강을 건너는데 너무 무거워 건널 수가 없었다. 이상하게 여긴 그에게 아이는 "너는 지금 세계를 옮기고 있다. 나는 네가 찾던 왕, 예수이다."라고 말했다고 한다. 그는 여행의 수호신으로 동·서방 교회에서 가장 사랑받는 성인들 중 한 사람이라고 한다.

이제 성당 중앙에 있는 제단으로 가면 제단 위로 화려한 병풍 형태의 조각상들이 보인다. 화려하고 정교한 조각으로 장식된 중앙 제단 장식은 7폭의 병풍 형태로 되어 있다. 그중 가운데 부분은 5개의 조각으로 되어 있어 하단부터 성모자상, 성체 현시, 예수 탄생, 성모 승천, 십자가에 못 박히신 예수가 조각되어 있으며 왼편에는 예수님의 수난과 죽음, 오른편엔 부활과 영광이 조각되어 있다. 그리고 양쪽 가장자리엔 이곳 출신의 대주교들이

톨레도 대성당

톨레도 대성당의 제단

조각되어 있다

중앙 제단에서 돌아 나와 오른쪽에 있는 성물실로 가면 엘 그레코의 성화와 조르다노의 천장화가 보인다. 엘 그레코의 성화는 성물실 중앙에 있으며 작품 이름은 〈엘 엑스폴리오 El Expolio〉이다. '엑스폴리오'는 '옷을 벗긴다'는 의미로 그리스도의 옷을 벗기는 장면을 보여 주고 있다. 작품에서 빨간 옷을 입은 예수 그리스도는 의연한 모습이지만 조금은 불안한 눈빛으로 하늘을 응시하고 있다. 색깔과 표정에서 그가 순교자가 될 것임을 짐작할 수 있다. 그리스도 왼쪽에는 로마 병사가 무심한 표정으로 서 있고, 오른쪽에는 피부가 검은 폭도가 예수의 옷을 벗기려는 듯 어깨 위로 손을 올리고 있다.

이들 뒤로는 십자가에 못 박히는 예수를 보기 위해 몰려든 사람들이 보이는데 다양한 표정을 가지고 있다. 사람들 사이로 보이는 창과 무기는 사태의 긴박성을 알린다. 그에 비해 그림의 오른쪽 아랫부분에는 십자가에 못을 박으려는 사람의 모습이 보인다. 그리고 왼쪽의 세 사람은 이러한 행위에 시선을 고정시킨다. 예수의 최후를 보여 주는 절박한 그림인데 이상하게도 평온하면서 엄숙하다. 엘 그레코는 그 특유의 변형과 왜곡 기법을 통해 작품에 초자연적인 종교성을 부여하고 있다. 성물실 천장에 있는 조르다노의 프레스코화는 엘 그레코의 제단화와는 달리 밝고 화려하다.

황금색의 밝은 색조를 바탕으로 천상에서 지상으로 한 줄기 빛이 내려온다. 이것은 하늘나라에서 일데폰소 성인에게 제의(祭衣)를 내려 주는 모습이라고 한다. 조르다노는 1692년부터 1702년까지 마드리드에서 에스파냐 궁정화가로 활동했다고 한다.

톨레도 대성당의 후문으로 가면 보물실이 있고 이곳에 톨레도 대성당의 가장 귀한 보물 〈성체 현시대〉가 있다. 콜럼버스가 남미에서 가져온 금으로 만든 현시대는 매년 성체축일에 톨레도 시내를 도는 행렬에 참가하기도 한다. 성체 현시대란 그리스도의 성체를 넣어서 보이게 하는 투명 상자를 말하는 것으로 그 높이가 2.5미터이며 사용된 순금만 18킬로그램에 이르고, 금으로 된 나사만도 12,000개가 넘는다. 이 외에도 성체 현시대는 수많은 보석들로 장식되어 있는데 중앙의 다이아몬드 십자가가 특히 인상적이다. 성당을 감상하고 마지막으로 성당 탑에 오르면 톨레도 시내를 한눈에 내려다볼 수 있다.

톨레도 여행을 마치고 마드리드로 돌아와 서둘러 마드리드의 현대 미술관인 국립 소피아 왕비 예술센터로 간다. 세계적으로 유명한 피카소의 〈게르니카〉를 만나기 위해서이다. 1937년 4월 26일은 나치는 스페인 북부 지방에 있는 게르니카에 5만 발의 포탄을 퍼부었다. 당시 내전 중이던 스페인의 프랑코 정권이 반대파를 없애기 독일에게 요청한 결과이다. 당시 전쟁 준비 중이던 독일 나치는 자신들의 비행기와 폭탄에 대한 성능 테스트를 위해 요청을 받아들여 폭격하였다. 무고한 시민을 상대로한 게르니카의 폭격은 서너 시간밖에 되지 않았지만 불길은 사흘이나 지속되었고, 이 작은 도시 인구의 3분의 1인 1,600여 명의 사상자를 내고 도시의 70퍼센트를 파괴하였다. 당시 파리 만국 박람회 스페인 전시관의 벽화 제작을 의뢰받아 파리에 머무르고 있었던 피카소는 조국의 비보를 접하고 한 달 반 만에 폭 7.8미터, 높이 3.5미터에 이르는 〈게르니카〉를 완성했다.

그는 목이 베인 군인, 죽은 아이를 품은 어머니의 절규, 부러진 칼을 꼭 쥐고 있는 잘린 팔, 말 아래에 짓밟힌 사람들의 모습을 의도적으로 왜곡하여 광기와 절망 그리고 좌절을 단순하지만 극대화하여 표현했다. 또한 그는 흰색, 검은색, 회색, 황토색 등 애도의 뜻을 상징하는 색상만을 사용해

피카소 〈게르니카〉

전쟁의 공포, 민중의 분노와 슬픔을 격정적으로 나타냈다. 〈게르니카〉는 그해 파리 만국 박람회를 비롯해 유럽의 여러 나라에서 순회 전시되며 독재와 탄압, 폭력에 침묵하던 세계의 지성인들이 무력에 항거해 일어서는 계기를 마련했다. 피카소는 스페인에서 내전으로 인한 잔인한 폭력이 자행되는 동안 단 한 번도 조국 땅을 밟지 않았다고 한다.

마드리드의 현대 미술관을 보았다면 마드리드 최고의 자랑거리이자 최고의 명소인 프라도 미술관으로 가야 한다. 프라도 미술관은 에스파냐 왕가의 소장품을 중심으로 1819년 페르난도 7세 때 건립한 곳으로 12세기에서 19세기에 걸친 스페인의 미술 대작들이 전시되어 있다. 프라도 미술관에서 가장 인기 있는 작품은 고야와 벨라스케스 그리고 엘 그레코의 작품이다. 그중 가장 유명한 작품은 벨라스케스의 〈시녀들〉이다. 웅장하고 화려한 작품을 많이 남긴 바로크 시대 궁정 화가로 활약한 벨라스케스는 〈시녀들〉을 통해 당시 궁정 안에서 벌어지는 일상의 생활을 생생하게 보여 주고 있다.

프라도 미술관

　　화면 중앙에 마르가리타 공주가 있고 그 주위로 그녀를 다정하게 달래는 두 시녀가 보인다. 그 아래로 그녀의 기분을 좋게 하는 뚱뚱한 난쟁이와 개 그리고 놀이 상대 소년 니콜라스가 보인다. 시녀들 뒤로는 그림을 그리고 있는 벨라스케스와 신하들이 보이고 중앙에 있는 거울에는 국왕 부처가 보인다. 거울과 열린 문을 통해 공간을 확장시키는 이 작품을 들여다보고 있으면 어느새 내가 궁정 안에서 벌어지는 일상의 한가운데에 지금 서 있다는 착각을 불러일으킨다.

　　당시의 상황을 구체적이며 생생하게 보여 주려는 화가의 구도가 돋보이는 〈시녀들〉은 화가들이 가장 좋아하는 미술 작품 1위로 꼽힌다.

　　〈시녀들〉과 함께 프라도 미술관에서 가장 유명한 작품은 고야의 〈옷을 입은 마하〉, 〈옷을 벗은 마하〉이다. 인간 본성의 실체를 보여 주는 이 작품 앞에서 관람자들은 저절로 감탄이 나온다. 여자의 누드를 그렸지만 그의 작품 어디에도 천박함이나 외설적인 이미지는 보이지 않는다. 오직 모든 사회적 속박에서 벗어나 아름답게 반짝거리는 누드의 여인이 보인다. 죽음을 각오하고 모든 외부적 편견과 시각에서 벗어나 자신만의 아름다움을 추구한 고야의 재능과 예술혼에 오히려 숙연함을 느낀다.

벨라스케스 〈시녀들〉

이제 마지막으로 스페인에 오면 누구나 소망하는 마드리드의 만찬과 플라멩코를 즐길 차례이다. 〈뉴욕 타임즈〉가 선정한 죽기 전에 가 보아야 할 1,000가지 장소 중 하나이며 미슐랭 가이드에서 추천한 마드리드 최정상급의 레스토랑이자 플라멩코 공연장인 코랄 드 라 모레리아로 간다.

18세기 고풍스러운 공연장 입구를 들어가면 플라멩코를 바로 내 눈앞에서 볼 수 있는 40평 정도의 공연장이 나온다. 공연 30분 전인데도 빈 좌석이 보이지 않는다.

스페인을 제대로 느끼기 위해 조금 비싸지만 안달루시안 가스파초와 파에야 등이 곁들여진 3코스 요리와 레드 와인을 주문한다. 신선한 재료로 기본에 충실하게 만든 코스 요리는 스페인에 와서 한 번은 맛보아야 하는 전통 메뉴로 구성되어 있다. 특히 식당과 공연장이 함께 있어 이곳에서의 식사는 더욱 특별하게 느껴진다. 제일 먼저 레드와인이 나오고 첫 번째 요리인 가리비와 새우가 들어간 가스파초 Nuestra Versión del Gazpacho Andaluz con Gelatina de Tomate, Langostino y Lámina de Vieira 가 나왔다. 새콤하면서 차가운 가스파초에 신선한 토마토, 살아 있는 가리비, 신선한 단맛이 나는 새우와 곁들여져 '스페인의 맛은 바로 이것이다.'라고 말하는 듯하다.

다음으로 메인 요리는 파에야가 곁들여진 세리주와 마늘 향의 닭고기 요리 Picantón Aromatizado al Jerez y al Ajillo con un Suspiro de Paella 로 샤프란과 해산물의 풍미로 감칠맛 나는 파에야와 함께 마늘이 들어가 있는 잘 구워진 닭고기 요리는 우리 입맛에 잘 맞았다. 메인 요리가 끝나갈 때쯤 비로소 공연이 시작되었다. 공연장은 이미 식사와 술로 기분이 좋아진 사람들로 달아오르고 있었다.

제일 먼저 머리를 뒤로 넘긴 기타리스트가 무대에 무희와 함께 등장해 스페인 기타를 들고 서정적인 연주를 하며 무대를 서서히 달군다.

모든 플라멩코는 감미롭지만 격정적인 기타 연주로 시작한다. 잠시 후 옆에 있던 6명의 무희가 돌아가면서 춤을 추면서 관객을 흥분의 도가니로 몰아넣으며 1막이 끝나고 조명이 사라진다. 다음 무대는 '칸테'라는 노래 공연으로 플라멩코의 핵심 중 하나이다. 폐부를 쥐어짜는 듯 허스키한 목소리가 무대를 압도하면서 왠지 모를 슬픔을 자아낸다.

가수는 오로지 기타 반주와 자신의 손바닥이 만들어 내는 박수 소리, 그리고 발굽을 두드려 만들어 내는 박자로 자신만의 끝없는 향수와 슬픔을 노래한다. 노래가 끝나자 무대에 어둠이 내리고 마지막 코스 요리인 귤 소르베가 곁들여진 캐러멜 라이스 푸딩 Baile Clásico de Arroz con Leche Caramelizado y Sorbete de Mandarina 이 세팅되고 잠시 여유를 찾는다. 새콤한 귤 아이스크림과 달콤한 라이스 푸딩은 입안뿐만 아니라 온몸을 행복하게 자극한다.

바로 그때 절정의 마지막 무대인 '바일레'라는 춤 공연이 시작된다. 조명

칸테

이 완전히 꺼진 상태에서 남성 무희가 등장한다. 무대는 정지된 듯 정적이 흐른다.

남성 무희가 때로는 절도 있게 때로는 열정적으로 춤을 추기 시작하자 관객들은 동작 하나하나에 압도당한다. 뜨거운 열기 속에 남성 무용수의 춤이 끝나면 여성 무용수가 등장해 함께 춤을 춘다. 공연의 절정의 순간이다. 바닥을 구르는 강력한 발굽 소리와 칸테의 끊어질 듯 흐느끼는 애수 어린 소리, 기타리스트의 격렬한 리듬에 맡겨 남녀 무용수는 하나의 불꽃이 되어 타오르기 시작한다. 주위의 무용수들은 캐스터네츠와 박수를 치면서 '올레'를 외친다. 격렬한 춤을 추다가 바닥이 부서져라 앞으로 내딛는 발동작, 마음을 헤집는 듯한 화려한 손동작 뒤에 오는 허공을 바라보는 눈빛, 무대 위에서 두 무용수의 몸짓에 순간을 관객들은 숨죽이며 바라본다.

관능적이면서도 매혹적인 플라멩코는 절정을 지나 화려하면서 우아한 몸짓으로 마무리된다. 여행을 하면서 세계의 멋진 춤과 함께 일정을 마무리할 수 있다면 최고의 축복이다.

부에노스 디아스, 멕시코

칸쿤의 모히토는 한국의 모히토와는 확연히 다르다. 보드카에 레몬을 넣고 사탕수수 액즙을 넣은 모히토가 아니라, 럼에 라임과 금방 간 사탕수수를 넣고 스피어민트를 넣은 칸쿤의 모히토의 맛은 환상적이다. 특히 카리브해안의 야외 바에 앉아 길거리 악단 마라아치의 〈베사메무초〉를 청해 들으며 먹는 모히토는 그 한 잔에 여행의 모든 낭만이 담겨 있다.

우리가 잘 아는 멕시코 음악으로 〈라밤바〉와 〈라쿠카라차〉가 있다. 1980년대 후반 전 세계 청춘 남녀를 설레게 했던 신나는 음악 〈라밤바〉는 멕시코의 베라크루즈 Veracruz 지방의 전통적인 결혼식 축가로 1958년, 미국 태생의 라티노인 리치 밸런스가 로큰롤로 편곡하여 세상에 알린 곡이다. 가사를 보면, 결혼 전의 미숙아에서 벗어나 이제는 가정을 이끌고 험한 세상을 항해할 선장의 자세와 어른스런 자세를 함께 갖추어야 한다는 내용으로 여

칸쿤 멕시코의 가장 동쪽에 있는 킨타나로오 주에 있는 해변 도시이다.

기서 '라밤바^{La Bamba}'란 결혼 피로연에 추는 춤으로 결혼을 의미한다.

바퀴벌레라는 의미를 가지고 있는 멕시코 노래 〈라쿠카라차〉는 1910년부터 1920년까지 진행되었던 멕시코 혁명 당시 농민 혁명군이 부르던 노래로, 스스로를 보잘것없지만 끈질긴 생명력으로 아무리 죽여도 나타나는 바퀴벌레에 비유하며 암살로 생을 마감한 멕시코 혁명 전쟁의 영웅인 판초 비야를 기리는 노래로 알려져 있다.

하얀 파도가 끝없이 밀려오는 에메랄드빛 바다로 알려져 있는 칸쿤은 산호로 만들어진 길쭉한 섬으로 초호화 시설의 호텔과 식당, 쇼핑 시설 등이 들어서 있다. 미국인들이 은퇴 후 가장 살고 싶은 곳 1위인 칸쿤에는 스노클링과 다이빙, 요트, 스칼렛이라 불리는 놀이공원 그리고 라스베가스 쇼까지 즐거움을 채워 줄 모든 것이 기다리고 있지만 높은 비용을 지불해야 한다. 저렴하면서 좀 더 자유롭게 카리브 바다를 즐기고 싶다면 칸쿤에서 배를 타고 20분 거리에 있는 이슬라 무헤레스로 가야 한다. 여인의 섬이라는 뜻의 이슬라 무헤레스는 카리브의 푸른 바다를 간직하고 있으며 마음 가는 대로 백사장을 걷고 내키는 대로 바다에 뛰어들 수 있는 자유가 남아 있다. 특히 투명한 젤리 같은 바다를 수영하다가 나와 먹는 해변 식당의 시푸드와 코로나 맥주의 맛은 일품이다.

칸쿤의 바다가 지루해지면 여행자들은 일일 투어로 대표적인 마야 문명의 유적지 치첸 이트사Chichen Itza를 다녀온다. 치첸 이트사는 '우물가 이트사 족의 집'이란 뜻으로 이곳에 최대의 세노 떼(성스러운 우물)가 있어 지어진 이름이다.

이곳은 6세기 마야족에 의해 번성하였다가 쇠락하고, 11세기가 되어서야 후기 마야 문명을 중심으로 200년 이상 발전하다가 13세기 전쟁에서 패한 후 버려졌다. 거대한 테마파크같이 여러 가지 유물이 잘 보전되어 있는 이곳은 중앙에 쿠쿨칸 피라미드Kukulkan Pyramid가 있고, 그 주위로 고대 축구 경기장, 여러 가지 제단, 신전이 있다.

　중앙 신전인 쿠쿨칸 피라미드는 다른 유적지의 피라미드에 비하면 아담하지만, 동서남북으로 피라미드를 올라가는 계단이 달력을 나타내는 것이 특징이다. 한 면의 계단이 총 91개인데, 사면에 똑같은 계단이 있고 정상에 있는 1개의 계단을 더하면 그 수가 정확히 365가 된다. 잉카, 아스텍과 함께 중남미의 3대 문명을 이루고 있는 마야인들은 서기 500년에 이미 1년

치첸 이트사 멕시코 유카탄 반도에 있는 마야 유적에서 가장 유명한 것 중 하나이다.

을 365일로 계산하고 있었던 것이다. 중앙 신전의 특징은 피라미드 꼭대기에 깃털 달린 뱀이 있어, 해가 길어지는 춘분과 추분이 되면 햇빛에 그림자가 생겨 마치 피라미드를 구불구불 내려오는 뱀의 모습처럼 보인다고 한다. 이는 뱀을 숭배하던 마야의 풍습을 반영하고 있다. 쿠쿨칸은 뱀 신의 이름으로 마야인들에게 생명과 풍요의 상징이다. 쿠쿨칸 피라미드 정문에서 박수를 치면 공명 현상에 의해 재규어 울음소리가 선명하게 들린다고 많은 사람들이 박수를 치며 신기해한다.

사방이 석벽으로 둘러싸인 고대 축구장은 농구 골대처럼 높은 벽에 골대가 있다. 전사 기질이 넘쳤던 마야인들은 골대에 고무공을 넣기 위해 대결을 벌였고, 게임이 끝난 뒤 승자는 신에게 봉납되었다. 제물로 바친 승자는 불멸의 전사로 다시 태어난다는 믿음으로 매우 영광스럽게 목숨을 바쳤다고 한다. 고대 축구장을 나오면 독수리와 재규어, 뱀과 사람을 섞은 신기한 형상의 제단이 보이고 조금 더 가면 금성의 제단이 있다.

제단 모서리에는 금성을 상징하는 문자가 보이고 제단의 오른쪽 아래 반쯤 누운 모습의 석상이 있다. 앉은 것도 누운 것도 아닌 독특한 자세의 석상인 착물chacmool은 인간과 신의 중간 형태를 표현한 것으로 이 착물에 오른 제물의 심장을 통해 신과 연결된다고 믿었다. 금성의 제단 옆으로 천 개의 기둥으로 세워진 전사의 신전이 보이는데 내부에 깃털 달린 뱀이나 전사, 수도승 등 전쟁과 일상의 모습을 그린 천장 벽화가 있다.

마지막으로 내부가 나선형으로 되어 있어 ‘달팽이’라고 불리는 천문대는 건물 위로 하늘을 관찰할 수 있는 창과 문이 있다. 농경 생활을 했던 마야인들에게는 기후 예측은 중요한 일이었다.

칸쿤에서 비행기로 2시간 30분 거리에 있는 멕시코의 수도 멕시코시티는 현지에서 메히코 데에페Mexico D. F라고 불린다. 멕시코 원주민이 꽃피운 마지막 문명 아스텍의 수도 테노치티틀란은 원래 호수 위에 있는 섬이었다. 16세기 멕시코를 점령한 스페인군은 신전을 부수고 호수를 메운 자리에 메히코 데에페를 지었다. 메히코 데에페에서 가장 유명한 여행지는 헌법 광장 소칼로와 인류학 박물관 그리고 프리다 칼로의 블루 하우스이다.

멕시코에서 가장 크고 오래된 광장인 헌법 광장 소칼로는 과거 아스텍 제국의 수도였던 테노치티틀란이 세워진 때는 거대한 신전이 자리 잡고 있던 장소로, 그때부터 이미 명실상부한 도시의 중심이었다. 하지만 스페인의 정복자 코르테스는 모든 신전을 파괴하고 호수를 매립하여 자신들의 도시를 세웠다. 소칼로는 '기반'이라는 뜻으로 멕시코 어느 도시를 가나 중앙 광장을 소칼로라고 부른다. 광장 주변에는 대통령궁과 대성당 그리고 템플로 마요르 사원이 있다.

신분증을 맡기고 대통령궁전으로 들어가면 멕시코의 화가 디에고 리베라의 거대한 벽화가 보인다. 이 벽화는 아스텍 등 멕시코 원주민의 부흥과 스페인의 침략 그리고 멕시코의 독립에 이르는 역사적 사건을 총 8개의 장면으로 그려 낸 작품이다. 디에고 리베라는 멕시코 고유의 색감과 영감을 벽화로 제작하여 민중적이면서도 인디오적 원시성을 과감하게 그려 낸 화가이다. 그는 문맹률이 높은 멕시코의 민중을 위하여 116점의 민중 벽화를 그리며 멕시코의 역사와 희망을 알려 주었다. 멕시코 학생들은 디에고 리베라의 벽화를 통해 멕시코의 역사를 배우고 느끼며 멕시코의 과거와 현재를 배운다. 멕시코 민중들의 역사가 꿈틀대는 그의 작품은 대통령궁 외에 예술 궁전과 디에고 리베라 무랄 박물관, 국립 역사 박물관에도 있다. 특히 디에고 리베라 무랄 박물관에 있는 〈아랄에다 공원에서의 어느 일요일 오후의 꿈〉에는 멕시코의 역사적 인물들이 모두 등장한다. 스페인의 정복자 코르테스와 멕시코 근대화의 아버지이자 원주민 최초의 대통령인 베니

프리다 칼로(위)와 프리다 칼로 박물관 입구(아래)

토 후아레스, 19세기 중반 오스트리아에서 건너와 3년간 멕시코를 지배했던 막시밀리아노 황제와 리베라 자신의 여인이자 동료 예술가인 프리다 칼로, 그리고 가운데 해골 여신을 잡고 있는 자신의 모습까지 있다. 이들을 확인하며 그림을 감상하다 보면 멕시코의 역사가 머릿속에 저절로 그려진다.

프리다 칼로는 생전 디에고 리베라의 부인 정도로 여겨졌지만, 그녀의 말년과 사후에는 그녀의 강렬한 작품이 세상에 알려지면서 디에고 리베라가 '프리다 칼로의 남편'이라고 불릴 정도로 사후에는 세계적으로 유명한 화가가 되었다. 메히코 데에페에 있는 그녀의 집 블루 하우스는 그녀의 생활과 작품 활동을 한 곳으로 언제나 많은 여행자들이 집을 관람하기 위해 줄을 서 있다. 멕시코를 대표하는 초현실주의 화가이자 페미니스트들의 우상인 프리다 칼로는 6살 때 소아마비로 가늘어진 오른쪽 다리 때문에 심각한 열등감에 휩싸이고, 18세 때 버스가 전차와 충돌하는 대형 사고로 버스의 레일이 그녀의 배를 관통하여 척추를 뚫고 들어오는 큰 상처를 입었으나 기적적으로 살아났다. 이 사고로 평생 아이를 낳을 수 없게 된 그녀는 32번의 수술을 해야 했고 특수 제작된 코르셋과 몸을 지탱해 주는 기구를 착용해야만 했다. 사고 후 그녀는 고통에서 벗어나기 위해 침대 위에서 그림을 그리기 시작하는데 그때부터 그림은 그녀의 인생이었고, 존재의 이유가 되었다.

프리다 칼로를 말할 때 절대로 빼놓을 수 없는 인물이 디에고 리베라이다. 프리다에게 디에고는 영혼이었고 고통의 근원이었으며 삶의 목적이었다. 프리다 칼로는 21살의 나이 차를 극복하며 디에고 리베라의 세 번째 아내가 되었지만 디에고 리베라의 지칠 줄 모르는 여성 편력은 그녀를 멍들게 했고, 고통의 도가니로 몰고 갔다. 여동생 크리스티나와 디에고의 깊은 관계를 알고 큰 충격을 받은 프리다는 별거에 이르렀고 이혼을 하게 된다. 프리다는 이 일로 마음에 큰 상처를 받지만 그를 진심으로 사랑했기 때문에 서로 생활을 간섭하지 않는다는 조건으로 1940년 디에고와 다시 재결합을 시도한다.

그녀의 작품 〈두 명의 프리다〉에서 디에고를 사랑하면 할수록 더욱 외로워지는 프리다와 고독과 아픔으로부터 벗어나려는 프리다를 보여 준다. 웨딩드레스를 입은 프리다의 심장은 비어 있고 동맥은 끊어져 있다. 프리다에게 이별은 자아가 두 개로 분열되는 고통을 감내하는 것이었다. 그녀의 또 다른 작품 〈상처 입은 사슴〉을 살펴보면 그녀의 고통이 더욱 진하게 느껴진다. 아스텍 달력에서 사슴의 날이 자신이 생일인 프리다는 사슴과 자신을 동일시하여 사슴의 몸을 하고 몸에 화살을 맞은 프리다를 등장시킨다. 배 속의 아이까지 잃은 프리다는 디에고로부터 화살에 맞은 사슴처럼 잔인한 슬픔을 당하면서도 끝내 사랑의 올가미에서 벗어나지 못하고 재결합을 한다.

그녀의 〈우주와 지구, 그리고 멕시코에서 나와 디에고〉라는 작품에서 벌거벗은 디에고를 안고 있는 자신과 그들을 안고 있는 여신이 보인다. 여신은 조국 멕시코를 상징한다. 이 작품에서 프리다는 디에고에 대한 사랑을 모성애로 승화시키며 여성으로서의 자신과 작가로서의 자신을 성숙시켜 나가며 자신의 인생을 정리한다.

멕시코의 지하철역 이름은 글자를 모르는 사람들을 위해 모두 그림으로 표시되어 있다. 그래서 지하철 노선도나 지하철역 안의 표지판에서 대포나 인물 그리고 벌레 등의 그림을 볼 수 있다.

메히코 데에페에서 최고의 여행지인 국립 인류학 박물관을 가기 위해서는 지하철 1호선 차풀테팩 Chapultepec 역에 내려야 한다. 차풀테팩은 메뚜기를 뜻하는 말로 지하철역에 메뚜기가 그려져 있다. 지하철역을 나와 소년 영웅들의 기념비를 지나 강을 건너면 국립 인류학 박물관이 나온다. 국립 인류학 박물관은 멕시코에서 가장 큰 박물관이다. 1층은 각기 다른 12개 문명에 관한 전시관으로, 2층은 멕시코 각 지방의 민속과 풍물을 엿볼 수 있는 민속관으로 구성되어 있다. 박물관 입구에는 정복 이전의 원주민을 상징하는 독수리와 재규어를 묘사한 그림이 있고 중앙에는 마야 문명의 유적에 있는 생명의 나무에서 모티브를 얻은 커다란 분수 기둥이 있다.

박물관에서 가장 인상적인 곳으로는 테오티우아칸 유물이 전시된 제5전시실과 아스텍 문명의 흔적이 가득한 제7전시실, 그리고 마야 유물이 전시된 제10전시실이다.

테오티우아칸 전시실에서 돋보이는 것은 케찰코아틀 신전과 테오티우아칸의 전체 모형이다. 전시실 중앙에는 6층으로 이루어진 케찰코아틀 신전 가운데 3층 부분을 복원해 놓았는데, 신전에 새겨진 깃털 달린 뱀 형상이 인상적이다. 테오티우아칸 전체 모형은 다음 날 방문할 테오티우아칸 유적을 한눈에 볼 수 있어 좋다.

박물관 중앙에 있는 아스텍 전시실은 멕시코 마지막 고대 문화의 유물이 전시되어 있는 곳이다. 이곳에서 스페인 군대가 파괴하기 전 아스텍 제국의 수도였던 테노치티틀란을 축소한 모형도와 그들이 섬겼던 신의 형상, 동물 모양의 그릇 등 화려하고 장엄한 전시물을 감상할 수 있다.

전시실에서 특히 눈길을 끄는 것은 태양의 돌과 코아트리쿠에 여신상이다. 태양신을 섬긴 아스텍인의 우주관을 보여 주는 태양의 돌은 달력으로 농경과 의식의 시기를 결정하는 데 사용하였다. 높이 2.5미터의 거대한 코아트리쿠에 여신상은 죽음의 신이자 다른 신들의 어머니 여신으로 뱀으로 얽힌 치마를 입고 짐승의 발톱을 가진 모습이다. 여신의 복부에 새겨진 머리 잘린 뱀에서 떨어진 피가 대지로 스며들면 모든 식물들이 살아난다는 전설이 있다.

아스텍 문명은 13세기에 북멕시코에서 이동해 온 수렵 민족인 아스텍족이 텍스코코호(湖)의 작은 섬에 테노치티틀란이라는 도시를 세우면서 시작되었다. 15세기 말부터 아스텍족은 군사와 정치력을 증강하여 멕시코의 주인이 되었다.

그들의 달력에 따르면 지금 우리가 살고 있는 제5태양 시대는 2012년 12

 후안 디에고라는 인디언 개종자에게 두 번 현신했던 동정녀 마리아의 모습을 그린 〈과달루페의 동정녀 마리아〉로 유명하다.

월 23일에 끝난다고 되어 있다. 그래서 그들은 그 태양이 사멸하는 것을 막기 위해 대규모 인신공양을 행했다. 즉 세계의 본질인 허무의 암흑과 싸우는 태양에게 인간의 피와 심장을 바쳐, 아스텍 시대를 영원히 지속하려 했다. 그들은 이를 위해 여러 개의 신전을 세웠고, 인신공양을 위해 전쟁을 일으키고 포로들을 잡아들였다. 그러나 깃털 달린 뱀이 흰 피부를 가지고 있는 사람과 함께 돌아와 자기들을 구원해 줄 것이라고 믿었던 것과는 달리 흰 피부의 스페인 군인들에 의해 무참히 파괴된다. 코르테스가 아스텍을 정복한 후 무엇보다 먼저 한 것이 인신공양 금지와 신전 파괴였다. 뒤이어 이루어진 대대적인 가톨릭 포교는 폭력과 약탈, 파괴를 수반하였으며 수없이 많은 인디오들이 목숨을 잃었고, 그들의 문화 역시 사라졌다.

마지막 제10전시실은 마야 전시실로, 기원전 600년 전부터 싹트기 시작한 여러 지역의 마야 문명에 관한 유물을 비교해 볼 수 있는 공간이다. 지하로 내려가면 팔렌케 유적에 있는 파칼 왕의 지하 묘를 완벽하게 재현해 놓았다. 마야의 우주관을 빈틈없이 새겨 놓은 석관과 300개의 옥 조각으로 된 마스크는 놓치지 않고 보아야 할 유물이다.

메히코 데에페를 모두 보았다면 인근에 있는 과달루페 성당과 테우티오아칸 유적지를 들러야 한다. 멕시코시티 북쪽에는 아주 특별한 성당이 한 곳 있는데 멕시코 사람들에게는 기적의 장소로 알려진 과달루페 성당이다.

1531년 12월, 후안 디에고라는 인디언이 길을 가는데 성모 마리아가 나타나 사랑과 구원 그리고 연민을 위해 나를 위한 성당을 세우라고 이야기한다. 디에고는 이 사실을 스페인 신부에게 알렸으나 신부는 믿지 않았다. 얼마 후 디에고 앞에 다시 나타난 마리아는 그에게 장미꽃을 따서 그의 옷에 싸서 주었고 이것을 들고 신부에게 가서 마리아가 다시 나타나 성당을 지을 것을 이야기했다고 전하라고 한다.

디에고는 다시 신부에게 가서 이야기하지만 여전히 의심하던 신부는 장미와 디에고의 옷을 보자 깜짝 놀란다. 장미는 자신의 고향에서만 피던 카스티야산 장미였고 장미를 들고 온 디에고의 옷에 마리아의 형상이 새겨져 있었기 때문이다. 신부는 회개의 눈물을 흘리며 성당을 세웠는데 그 성당이 과달루페 성당이다. 재미있는 사실은, 후안 디에고가 본 성모 마리아의 모습은 우리가 흔히 아는 마리아의 모습이 아니라 검은 머리에 갈색 피부를 가진 인디언의 모습이었다는 점이다. 그래서 과달루페 성당의 성모 마리아도 검은 머리에 갈색 피부의 모습을 하고 있다.

성당이 완성되자 교황을 비롯하여 멕시코 각지에서 수많은 사람들이 성당을 찾았다. 특히 가난하고 힘없는 인디언과 멕시코 사람들이 많이 찾아오면서 과달루페 성당은 곧 신앙의 중심지가 되었다. 성당에서는 입구에서부터 걷기를 포기하고 무릎만 써서 안으로 들어가는 사람들을 종종 볼 수 있다. 특히 성모 마리아의 축일인 12월 12일이 되면 멕시코 전역에서 모여든 수많은 사람들이 성모 마리아를 생각하며 무릎으로 기어서 성당으로 들어간다.

처음 세워진 성당은 땅이 약해 조금씩 가라앉으면서 지금은 출입이 금지되었고, 이를 대신하여 1976년 바로 건너편에 좀 더 큰 건물을 세웠다. 과달루페 성당은 가난한 멕시코인들과 인디언들에게 현실로부터 위안을 얻을 수 있게 해 주고, 미래에 대한 희망과 꿈을 주는 성스러운 곳으로 확실

테오티우아칸

히 자리 잡았다.

　메히코 데에페에서 버스로 1시간 거리에 있는 테오티우아칸은 아메리카 대륙의 가장 큰 피라미드 유적지이자 죽은 인간이 신이 되는 장소로 알려져 있다. 이집트의 피라미드만 알고 있는 사람들에게 멕시코의 중앙에 세워진 거대한 피라미드는 신선한 충격이다. 테오티우아칸 유적은 기원전 300년부터 지어지기 시작했고 인신공양을 시행했던 곳으로 추정되는 태양의 피라미드는 기원전 150년경, 달의 피라미드는 기원후 500년경에 지어졌다. 전성기인 기원후 300~600년에는 인구 15만 명이 살았던 테오티우아칸 문명은 과테말라의 마야 문명에까지 영향을 주었으나 기원후 600년이 되면서 쇠퇴하였다. 훗날 이 유적을 발견한 아스텍인들은 규모에 놀라 신들의 도시라 믿었고 그들이 사용했던 나와틀어로 '신의 탄생지' 또는 '신의 길을 가진 자들이 사는 곳'이라는 의미로 테오티우아칸이라 지었다.

　테오티우아칸은 태양과 달의 피라미드와 죽은 자의 거리, 케살코아틀 신

태양의 신전

전으로 구성되어 있다. 신전 지역은 도시에서 가장 계급이 높았던 사제들과 관리들이 살았던 곳으로 신전 가운데 작은 피라미드 2개가 세워져 있다. 그중 뒤편에 있는 것이 케살코아틀 신전으로 아즈텍인들이 하늘과 창조의 신이자 깃털 달린 뱀인 케살코아틀을 섬기던 곳이다. 계단 좌우와 기단마다 뱀의 조각이 보인다. 테오티우아칸 중앙에 있는 길은 달의 피라미드까지 길이 4킬로미터, 폭 45미터로 뻗어 있는데, 신에게 바칠 인간 제물을 운반했던 길이라서 '죽은 자의 길'이라고 불렀다. 도로 양쪽에는 신전이나 주거 지역으로 건축물과 광장의 잔해가 남아 있다.

아메리카 대륙에서 가장 크고 세계에서 세 번째 크기를 자랑하는 태양의 피라미드는 가로 225미터, 세로 65미터의 피라미드로 기자의 피라미드보다는 작지만 계단과 함께 단을 이루는 피라미드가 정교하다. 기원전 200년에 시작하여 기원후 150년에 완성된 피라미드는 기존의 피라미드에 새로운 피라미드를 덧씌우는 방식으로 만들었다. 약 250개의 계단을 걸어올라 정상에 서면 태양의 정기를 받기 위해 다양한 포즈를 취하는 여행자의 모습을 볼 수 있다. 춘분과 추분이 되면 피라미드 꼭대기 위로 태양이 떠오르는데 이때 태양의 정기를 받기 위해 많은 여행자가 이곳을 찾는다.

죽은 자의 길이 끝나는 북쪽 끝, 달의 피라미드 앞에는 피라미드 사이로 기둥이 세워진 케살파팔로틀 궁전이 있다. 이곳은 달의 피라미드에서 제례를 지내던 신관이나 왕족이 거주하던 곳으로, 안쪽의 기둥에 나비와 새의 무늬가 새겨진 프레스코화와 부조가 남아 있다. 테오티우아칸의 실질적인 중심인 달의 신전은 기원후 500년에 만들어졌으며 가로 150미터, 세로 42미터의 규모로, 실제적인 의례들을 올린 곳이라서 이곳에서 가장 중요한 장소라고 할 수 있다.

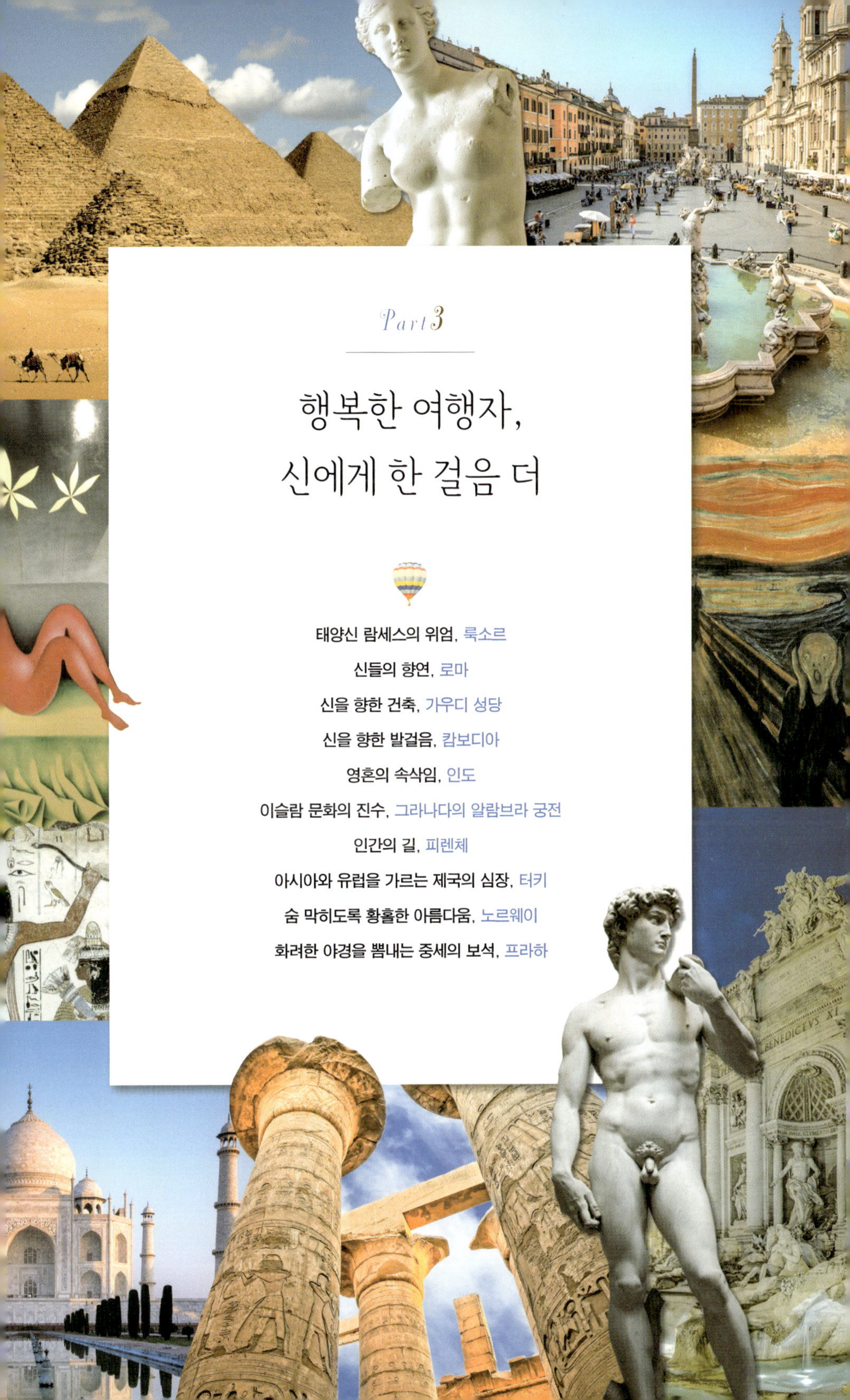

Part 3

행복한 여행자,
신에게 한 걸음 더

태양신 람세스의 위엄, 룩소르

신들의 향연, 로마

신을 향한 건축, 가우디 성당

신을 향한 발걸음, 캄보디아

영혼의 속삭임, 인도

이슬람 문화의 진수, 그라나다의 알람브라 궁전

인간의 길, 피렌체

아시아와 유럽을 가르는 제국의 심장, 터키

숨 막히도록 황홀한 아름다움, 노르웨이

화려한 야경을 뽐내는 중세의 보석, 프라하

태양신 람세스의 위엄, 룩소르

밤 12시가 넘어서 카이로에 도착했다. 위험한 곳이라는 여행 책자의 경고에 곧바로 인포메이션 센터로 가서 호텔과 픽업을 예약했다. 물가가 저렴해 수준 있는 호텔로 예약을 부탁하자 직원은 "오브 코스 Of Course"를 연발하며 안심하라고 거듭 강조한다. 픽업 차량이 도착해 공항을 빠져나가려 하자 입구에서 공항을 나서는 모든 차량의 번호를 일일이 체크한다. 호텔에 도착해 입구에 들어서는 순간 속았다는 것을 바로 알아차렸다. 높은 천장과 냄새 나는 방에는 침대만 하나 덜렁 있다. 너무 늦은 시간인 데에다 피곤해 울분을 참으며 잠들었다.

다음 날 하루 종일 카이로를 여행했다. 카이로가 한눈에 들어오는 87미터의 카이로 타워와 투탕카멘의 황금 마스크가 있는 이집트 박물관 그리고 가장 큰 재래시장 알칼릴리 시장을 여행하고 기자의 피라미드를 방문했

기자의 피라미드

다. 피라미드를 보는 순간 내가 바로 그 앞에 있다는 사실에 황홀했으며 또한 145미터의 높이와 규모에 압도당했다. 세계 7대 불가사의인 피라미드를 완성하기 위해 평균 2.5톤의 돌 230만 개가 쓰였고 하루 10만 명이 1년에 3개월씩 40년을 일했으며 공사에 투입된 인원이 2억 명이 넘는다고 하니 할 말이 없다. 기원전 2,500년, 모래밖에 없는 사막에 이렇게 거대한 피라미드를 세운 것을 보면 이집트들이 얼마나 사후 세계에 집착했는지 알 수 있다.

야간열차를 이용해 룩소르에 도착했다. 계절은 여름 끝이지만 뜨거운 태양으로 정신을 차릴 수가 없다. 카이로 호텔의 아픔을 상기하며 역 앞에 있는 인포메이션 센터에서 비싼 유럽식 호텔을 예약하고 찾아갔다. 생각대로 호텔은 깨끗하고 에어컨 시설도 잘되어 있었다.

하루 종일 호텔에서 책을 보거나 음악을 듣다가 무료하면 옥상에 있는 수영장에서 나일강을 바라보았다. 유유히 흐르는 나일강과 아프리카의 특

나일강

유의 야자수 너머 아득한 지평선이 이국적이며 잔잔한 기쁨을 선사한다.

오후 늦게 더위가 누그러지자 서둘러 카르나크 신전과 룩소르의 시내를 돌아다닌다. 이집트 최대 규모의 카르나크 신전 입구의 양머리 스핑크스와 제1, 2탑문을 지나자 가장 안쪽에 높이가 23미터와 15미터인 두 종류의 거대한 기둥이 134개가 있는 열주실이 나타난다. 카르나크 신전의 하이라이트인 열주실의 기둥과 북면에는 전투 장면과 대관식, 카데쉬 전투와 평화 조약, 오페트 축제 등에 대한 내용을 담은 상형문자가 새겨져 있다.

처음 이집트 문명을 접한 유럽인들에게 큰 문제가 있었다. 웅장하고 거대한 이집트의 유적과 유물을 눈으로 볼 수는 있으되 거기에 담긴 속뜻을 알 수 없었다. 무덤 안의 벽화나 탑에 새겨진 이집트 상형문자를 해독할 수

룩소르 신전

없었기 때문이다. 바로 그때 4,000년이나 쓰였던 상형문자를 푼 열쇠가 로제타 스톤이었다. 로제타 스톤은 1799년 나폴레옹 원정군의 도트풀이라는 병사가 알렉산드리아에서 동쪽으로 60킬로미터 떨어진 로제타 마을에서 발견한 것으로, 1801년 알렉산드리아 전투에서 프랑스군이 영국군에 패하면서 빼앗겨 지금 현재 대영 박물관에 전시되어 있다.

로제타 스톤에는 각기 다른 세 가지 글자들이 새겨져 있는데, 이집트 상형문자와 이집트 민중 문자 그리고 그리스어이다. 셋째 단의 그리스어를 번역해 보니 기원전 196년에 이집트 신관들이 프톨레미 왕의 공덕을 찬양한 글로, 같은 내용을 세 가지 글자로 써 놓은 것을 알게 되자 학자들은 기쁨을 감추지 못했다. 그리스어를 아는 이상 나머지 두 가지 문자를 푸는 일은 쉬울 것이니, 이집트 문명의 수수께끼를 풀기란 시간문제라고 보았다.

카르나크 신전

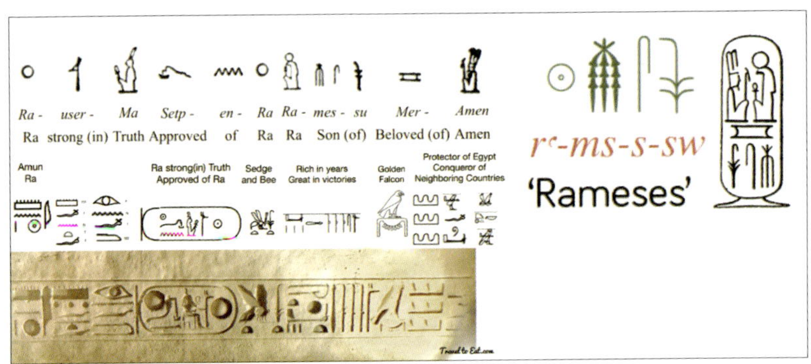

이집트 상형문자

언어·역사·고고학을 연구하는 영국 프랑스 학자들이 모두 이 일에 매달렸다. 그들은 이집트의 문자를 뜻글자인 표의문자로 보고 거기에서 상징적 의미를 찾아 해석하려고 애썼다. 예를 들어 매는 왕을 상징하고 연꽃은 포로를 상징한다고 믿었다. 하지만 몽땅 엉터리였다. 1822년 프랑스의 언어학자 샹폴리옹은 마침내 이집트 상형문자가 뜻글자인 표의문자가 아니라 한글이나 영어 알파벳처럼 소리글자 즉 표음문자라는 것을 알게 되었다.

1822년 9월 14일 샹폴리옹은 타원형의 동그라미 안에는 왕의 이름이 새겨져 있다는 사실에 착안해 27개나 되는 파라오(왕)의 이름을 해독하여 그날 아침까지 그는 파라오 이름 25개를 풀었다. 마지막 남은 2개를 놓고 씨름하던 그에게 한 가지 생각이 떠올랐다. M과 SS까지 풀고 앞에 놓인 태양 그림 대신 태양신 Ra(라)라고 놓고 거기에 이집트어에서 가끔 생략되는 모음 E를 집어넣자 RAMSES가 되었다.

"아, 이것은 저 유명한 람세스 대왕의 이름이 아닌가!"

2미터도 안 되는 이 조그만 돌덩이 하나로 인해 마침내 신비에 싸인 이집트 문명이 세상으로 나오게 되었다. 샹폴리옹의 나이 겨우 서른한 살 때였다. 당시 교황청은 샹폴리옹의 해석에 극심한 반대를 했다. 샹폴리옹의 해석이 맞는다면 기원전 2,000년경에 일어났던 노아의 홍수 기간에 이집트의 유물이 건재했다는 사실이 증명되고 이것은 당시 세상을 지배하던 기독교적 세계관에 치명적인 흠집을 내기 때문이다.

모든 사실을 비밀로 한다는 조건으로 교황청의 허락을 얻은 샹폴리옹은 이집트로 건너가 연구를 계속하지만 병을 얻어 영국으로 돌아와 얼마 후 죽는다. 오늘날 로제타 스톤은 베일에 싸여 있던 이집트 문명을 밝혀 주는 결정적 열쇠이자 우리 존재의 기원을 밝혀 주는 최초의 역사적 상징이 되었다. 당시 지배적이었던 창조설, 즉 지구상의 모든 생물체는 신의 뜻에 의해 창조되고 지배된다는 신중심주의 학설을 뒤흔드는 결정적 증거를 제시하며 새로운 시대를 열었다.

다음 날 새벽 일찍 일어나 나일강을 건너 서안에 있는 왕가의 계곡으로 향했다. 왕가의 계곡은 도굴을 방지하기 위해 이집트의 왕들이 눈에 띄지 않는 계곡에 무덤을 만들어 생긴 이름이다. 이곳에는 투트모세 1세부터 람세스 11세에 이르는 18, 19, 20왕조의 거의 모든 왕이 묻혀 있다. 그 밖에도 아직까지 알려지지 않은 왕과 귀족들의 무덤도 즐비하다.

최근 이집트 18왕조의 12대 왕 투탕카멘의 화려한 무덤과 네바문의 무덤도 여기서 발견되었다. 네바문은 신이 내려 준 밀 경작지의 서기로 최고의 지위와 부를 겸비한 사람이었다. 네바문의 무덤 벽화에서 네바문은 나일강가의 늪지대에서 작은 배를 타고 그의 어린 딸과 부인 하셉수트와 함께 사냥을 즐기고 있다. 벽화 중앙에 우뚝 솟아 있는 네바문은 다리를 크게 벌려 걸으면서 영원한 행복과 젊음을 표현하고 있다.

주위의 기름진 늪은 부활과 에로틱함을, 많은 동물들과 장식들은 부를 상징한다. 여기서 사냥은 혼돈을 넘어 질서와 진리를 찾았다는 의미를 가진다. 당시 사냥을 하며 자유로운 시간을 보내는 장면의 무덤 장식은 무덤 주인이 사후에도 현세의 행복을 계속 누리기를 바라는 염원을 담고 있다. 죽음을 끝이 아니라 새로운 시작으로 인식하는 이집트인들의 세계관이 고스란히 담겨 있다.

네바문 벽화

하셉수트 신전

　서안 투어의 백미는 하셉수트 신전이다. 성소 중의 성소라 불리는 신전
은 상상을 넘는 거대한 규모이며 신전 주위로 가파른 절벽들이 요새처럼
둘러싸고 있다. 차에서 내려 신전 가까이 다가가 보니 기원전 1,500년경에
세운 것이라 믿기지 않을 정도로 신전의 문이나 기둥에 정교한 조각과 상
형문자가 새겨져 있다. 3층 규모의 신전에 있는 거대한 테라스는 고대 세계
가 바로 눈앞에 펼쳐질 것 같은 착각을 자아낸다.
　왕가의 계곡을 나오면서 루브르 박물관의 이집트관에서 본 파이윰 초상
화가 떠오른다. 로마 지배하의 이집트의 파이윰 지역에서 발견된 파이윰

파이윰 초상화

초상화들은 기원전 또는 기원후 1세기 로마 시대부터 그려지기 시작한 것으로, 미라가 된 시신의 얼굴 부분을 덮기 위해 만들어졌다. 젊은 여인의 파이윰 초상화에서는 푸른 회색 배경에 완벽한 타원형의 얼굴을 한 여인이 정면을 응시하고 있다. 둥근 금색 브로치로 고정한 노란 외투를 입고 다소 크고 뾰쪽한 귀에 진주 귀걸이를 하고 있으며 잘 빗어 넘긴 머리칼 위로 왕관 같은 금 머리핀 장식을 하고 있다. 당시 금은 불멸을 상징했다.

고온 건조한 이집트의 기후 덕분에 잘 보존되어 생생한 색을 유지하고 있는 초상화 속 젊은 여인의 큰 눈에는 눈물이 고여 금방이라도 얼굴 위로 흘러내릴 것 같다. 죽은 자의 관 위로 살아 있을 때의 아름다움과 슬픔을 생생하게 그려 놓은 파이윰 초상화는 이집트인들이 죽은 자를 얼마나 절실히 그리워하고 사랑했는지를 보여 준다.

서안 투어를 마치고 호텔로 돌아오니 체크아웃 시간이 되어 기차역으로 향했다. 출발 시간이 많이 남아 있었지만 너무 더워 다른 곳에 가 볼 엄두가 나지 않아 기차역으로 바로 향했다. 기차역은 엄청난 열기에 싸여 있다. 밖으로 나와 그늘에 앉았지만 덥기는 마찬가지이다. 그렇게 1시간이 지나자 손가락 하나 꼼짝할 수 없는 더위와 뜨거운 모래바람으로 정신을 차릴 수가 없다. 옆에 있던 드럼통의 물을 모두 뒤집어쓰고도 더위는 가시지 않고 금방이라도 숨이 멎을 것 같다. 카뮈의 소설《이방인》에서 뫼르소가 뜨거운 햇볕 때문에 권총으로 사람을 쏴 죽였다는 에피소드가 온몸으로 이해가 갈 정도였다.

6시간 동안 사막의 더위와 사투를 벌인 후 마침내 기차가 도착했다.

기차를 타고 30분 정도 지나니 시원한 에어컨 바람 덕분에 이제야 겨우 살았다는 안도감이 들었다. 문명의 위대한 힘에 절실히 감사하고 있는데 노크 소리가 들렸다. 차장이 들어와 내가 예약한 2인실이 다른 손님이 없어 혼자 써도 된다며 저녁을 주었다. 기내식보다 더 화려한 저녁과 와인은 기차 안 스피커에서 들려오는 음악과 함께 죽음에서 살아온 자를 위한 만찬으로 더할 나위 없었다.

창밖으로 달리는 나일강과 열대림의 축복 속에 나는 와인 잔을 들고 음악에 맞추어 춤을 추었다. 태어나서 처음으로 내가 원해서 추는 춤이다. 다른 사람들이 보았다면 미쳤다고 했을 것이다. 그 정도로 무슨 호들갑을 떠느냐고 비웃을지 모른다. 하지만 나는 난생처음 내 안에 있는 나와 춤을 추었다. 나는 내 안의 나와 늘 대립적이었다. 처음으로 같이 호흡하고 마시고 떠들어 대며 나와의 일체감에 전율하였다. 그리고 나를 실은 기차는 나일 강가를 밤새도록 달렸다.

신들의 향연,
로마

로마에 가면 볼거리가 넘친다. 콜로세움, 바티칸 시국, 스페인 계단, 트레비 샘 등 빼어남과 역사성에서 어느 것 하나 뒤떨어지는 것이 없다. 그러나 이 모든 것을 스케일이나 역사성에서 단연 압도하는 유물은 포로 로마노이다. 현재 폐허처럼 흩어진 돌덩이 몇 개와 기둥 몇 개만 남아 있는 포로 로마노는 기원 전후로 전 세계에서 가장 거대한 도시의 중심이었다.

로마 역사의 시작은 우리 민족의 단군 신화처럼 두 가지 전설에서 비롯한다.

트로이 전쟁에서 패한 트로이 왕 프리아모스의 사위인 아이네아스가 탈출하여 그의 후손들이 로마를 세웠다는 전설과 불을 섬기는 사제인 레아 실비아와 전쟁의 신 마르스의 관계에서 나온 쌍둥이인 로물루스와 레무스가 로마의 시조가 되었다는 전설이다. 역사에서는 후자를 받아들인다.

전쟁의 신 마르스가 잠이 든 사이 자기를 범해 처녀의 몸으로 임신을 했다고 주장하는 레아 실비아는 생매장이 될 운명에 처한다. 알바 롱가의 왕인 아물리우스는 레아 실비아가 자신이 내쫓은 전 왕이자 형의 딸이었기 때문에 죽이지 못하고 감금하고, 그녀가 쌍둥이를 낳자 테베레강에 띄워 보낸다. 테베레강물을 따라 이탈리아 반도로 온 이 요람이 갈대 속에 놓이자 늑대가 발견하고 아이들을 데려다 키우는데 이 형제가 바로 로물루스와 레무스로 로마를 세운 시조이다. 이후 로물루스와 레무스는 주위의 라틴계 양치기와 농민들을 끌어모아 알바 롱가로 쳐들어가 정복하지만 머물지는 않고 자신들의 고향인 로마 인근에 터를 잡는다.

형과 동생은 각기 그 터를 양분해서 서로 침범하지 않기로 약속하지만 레무스가 로물루스의 영역을 침범하고 이에 화가 난 로물루스는 동생 레무스를 죽이고 유일한 왕이 된다. 그리고 왕국의 이름은 자신의 이름을 따서 로마라고 정한다. 기원전 753년의 일이다.

당시 로마는 6개의 언덕 위에 있는 보잘것없는 움막촌으로 사람들은 언덕 위에 거주하였으며 서로의 만남과 물물교환을 위해 언덕을 내려와 교류를 했으나 비가 많이 내려 물이 고이게 되면 교류가 끊어지는 큰 어려움을 겪었다. 로마 최초로 선거를 해서 왕이 된 로마 5대왕 타르퀴니우스는 지대가 낮아 비만 오면 물이 넘쳐 나는 포럼 지역에 '클로이카 막시마'라 불리는 하수도 시설을 만들어, 고인 물을 티베르강으로 흐르게 하고 그 위로 돌을 깔아 광장을 만들었다. 그리고 그 광장 위에 신전, 재판소, 시장, 의회 등 각종 공공시설을 세웠는데 이것이 포로 로마노(로마 공회장)의 시초가 되었다. 2천 5백 년이나 지난 오늘날에도 변함없이 사용되고 있는 하수도 시설이 로마가 움막촌에서 벗어나 기원후 인구 100만이라는 세계 도시로 번창하는 결정적인 계기가 되었다.

포로 로마노의 로마 시민 생활은 처음에는 야외에서 이루어졌으나 사시
사철 악천후 속에서도 상업적 거래를 할 수 있는 공간이 필요했다. 기원전
2세기 포로 로마노 위에 거대한 실내 공간인 바실리카(공회당)가 만들어졌
다. 이때부터 로마 공회당은 종교, 정치, 행정, 사법 기관이 집중되어 있는
중심가가 되었다. 로마의 정치인들은 포로 로마노에 웅장한 건물을 짓는
것을 자신을 홍보하는 수단으로 삼았다.

예를 들어 기원전 179년 마케도니아를 제압한 에밀리아 파울로스는 원
로원(국회의사당) 옆에 바실리카 에밀리아를 세워 많은 정치인과 사업가가
교류하는 장소로 이용하게 했으며 기원전 80년에는 독재자 술라가 국립 도
서관인 타불라리움을 언덕 남쪽에 세웠다. 율리우스 케사르는 이런 점에서
특출한 인물이었다. 로마에 새로운 정치적 질서를 구축하기 위하여 기원전
54년 초 대형 공공 건물인 바실리카 율리아를 세워 법원, 행정 기관, 금융
기관, 상가들이 들어서게 했다. 로마가 공화정에서 황제의 제국으로 바뀌면
서 포로 로마노의 화려함은 극치에 다다랐다. 당시 로마에는 인구 1백만 명
이 살고 있었고, 포로 로마노에서 정치인들은 회합과 연설을 하고 판사는
법 집행을 하였으며 사제들은 종교 행사를, 시민들은 쇼핑을 즐겼다. 특히
포로 로마노의 유일한 길인 비아 사크라에서는 개선 행렬과 종교 행렬이
웅장하게 펼쳐졌다. 이러한 모습은 영화 〈글래디에이터〉에서 엿볼 수 있다.

로마 제국이 팽창하자 기존 포로 로마노만으로는 로마 시민들의 공공 생
활을 유지하기가 어려워졌다. 그래서 아우구스트 황제는 로마 공회장 동쪽
에 새로운 공회장을 건설했다. '황제들의 공회장'이다. 오늘날 '황제들의 공
회장' 중앙에 잘 보존되어 있는 트라얀 시장을 보면 당시의 찬란한 문명을
확인할 수 있다.

기원후 2세기 트라야누스 황제가 지은 트라얀 시장은 150여 개의 가게

포로 로마노

트라얀 시장

와 사무실이 있었고, 중동으로부터 수입한 실크와 향신료부터 신선한 생선, 과일, 꽃에 이르기까지 온갖 것들을 팔았으며, 그 규모가 오늘날 대규모 백화점 규모를 넘어선다. 2차 세계 대전 당시 무솔리니가 황제들의 공회장에 6차선 도로를 내는 바람에 현재 도로를 사이에 두고 포로 로마노와 갈라져 있다. 황제 공회장과 콜로세움의 탄생으로 모든 공공 행사가 두 곳으로 이전해 가자 포로 로마노는 점점 로마 시민의 기억에서 잊혀 갔다. 기원후 313년 콘스탄티누스 황제가 기독교를 공인하자 성당을 짓기 위해 포로 로마노에 있는 돌과 쇠를 마구 뜯어 가면서 포로 로마노는 더욱 황폐해졌다. 그 후 포로 로마노는 방목장으로 사용되다가 18세기 이후 고고학에 대한 관심이 높아짐에 따라서 겨우 보호되기 시작하여 오늘날에 이르렀다.

《로마인 이야기》의 저자 시오노 나나미는 포에니 전쟁 등 수많은 존망의 위기를 헤치면서 이탈리아 반도를 통일하고 지중해의 패권자로 천 년을 넘게 유지해 온 로마 제국의 비밀은 상대방을 존중하는 관용의 정신에 있다고 이야기한다. 그들은 식민지를 만들고 그 식민지에 대한 착취를 최소화하고 그들의 삶을 존중하며 그들 스스로 로마 제국 안으로 스며들게 했다.

그중 가장 대표적 사례로 일정 기간 로마 군대에서 복무하면 로마의 시민으로 인정해 주었다는 점을 들 수 있다. 이를 통해 그들은 이방인이 아닌 로마의 시민이 되었고 로마 시대 최고의 권력을 가졌던 집정관이나 황제도 될 수 있었다.

로마 시민권 제도는 로마 제국이 팽창하는 큰 역할을 했지만 기존 로마 시민권자들과의 심각한 갈등도 초래했다. 마키아벨리는 이러한 갈등마저도 로마 제국의 중요한 밑거름이 되었다고 주장한다. 그는 《로마사 논고》에서 로마가 제국이 될 수 있었던 이유로 호민관 제도를 이야기한다. 당시 로마 귀족 출신들이 장악하고 있는 원로원들에 대항해서 평민들의 이해와 요구를 반영할 수 있는 평민 출신 대표인 호민관을 선출해 원로원들의 기득권과 횡포를 견제하면서 로마는 점점 더 강력한 힘을 가지는 국가로 성장했다고 한다. 결국 갈등과 견제를 통한 합리적인 경쟁이 로마가 제국이 될

나보나 광장

수 있는 또 다른 원천적인 힘이 되었다는 것이다.

포로 로마노를 관람하고 나면 정오가 된다. 여름의 로마는 너무 더워서 한낮에는 여행을 피하는 것이 좋다. 숙소나 시원한 곳에서 더위를 피하여 마음껏 쉬었다가 해가 질 무렵부터 다시 여행을 시작하는 것이 좋다.

저녁 도보 여행은 더위가 한풀 꺾이는 6시쯤 로마의 나보나 광장에서 시작한다. 광장은 더위를 피한 여행자들이 몰려나와 한층 활기를 띤다. 나보나 광장은 68년 도미티아누스 황제가 만든 광장으로 원래는 전차 경기장이었으나 지금은 거리의 화가들로 분주하다. 나보나 광장 중앙에는 바로크의 거장 베르니니가 설계한 피우미 분수가 있다. 분수 바로 옆에 당시 베르니니의 최대 라이벌 보르미니가 지은 아그네스 성당이 있다.

성 아그네스는 신앙을 지키려다 발가벗겨져 순교를 당한 후 머리카락이 자라 몸을 덮어 그녀의 알몸을 가렸다는 전설이 전해지는 성인이다. 나보나 광장에는 저녁 식사를 즐길 만한 식당이 많다. 그중에서 가장 많은 사람들이 찾는 곳이 피자집 '바베토'이다. 바베토 식당의 피자는 화덕에 넣어 구운 피자로 도우가 얇고 토핑이 많아 평소 피자를 싫어하는 사람도 이 집에서는 대부분 중간 사이즈 1인분을 다 먹을 수 있다.

최고 인기 메뉴는 바베토 스페셜로 모둠 토핑에 계란 프라이를 하나 올려 주는데 바삭바삭 씹히는 빵 위로 계란 프라이와 섞인 토핑의 맛이 풍부하다. 깔끔한 맛을 좋아하는 사람은 치즈와 햄이 든 마르게리타를 추천한다. 단, 나폴레타나 피자는 피하는 것이 좋다. 앤초비라는 새우젓이 통째로 들어가 있어 우리 입맛에 맞지 않다. 피자를 먹다가 느끼하면 고춧가루를 달라고 해서 피자에 뿌려 먹으면 좋다. 알싸한 매운맛이 피자의 풍미를 더해 준다. 고춧가루는 엄청 매우니 조금씩 뿌려 먹어야 한다.

식사를 마친 후 선선한 바람을 음미하며 다시 나보나 광장으로 가서 맞은편 판테온 신전으로 향한다. 걸어서 10분 거리로 대부분의 여행자들이 판테온으로 향하니 무리를 따라 움직이면 쉽게 찾을 수 있다. 판테온은 기

바베토 피자집

판테온 신전

원전 27년 옥타비아누스 황제의 사위 마르쿠스 아그리파가 모든 신들을 위한 만신전을 건설하였는데 그 장대함과 경이로움에 보는 사람마다 감탄을 금치 못했다고 한다. 미켈란젤로가 천사의 설계라고 극찬한 이곳에 르네상스의 대표적 작가 라파엘로의 무덤이 있다.

판테온을 나와 향하는 곳은 로마에서 가장 유명한 아이스크림집 '지올리티'이다. 1900년부터 시작한 이곳은 로마 최고의 아이스크림집으로 전 세

지올리티 아이스크림

계 방송에 소개된 집이다. 먼저 입구 카운터에서 표를 구입하고 아이스크림 부스가 있는 곳으로 가서 먹고 싶은 아이스크림 세 가지를 선택하면 매일 아침 햇과일을 갈아 만든 아이스크림을 내어 준다. 아이스크림의 종류는 50가지 정도로 젤라토와 과즙, 설탕을 넣어 얼린 셔벗, 레몬커피, 피스타치오, 바닐라, 멜론, 워터멜론 등 다양하다. 최근에는 쌀로 만든 리조 아이스크림을 많이 찾는다. 지올리티에서 아이스크림을 맛보고 나오는 여행자들의 얼굴에는 언제나 웃음이 넘친다. 아이스크림만큼이나 시원하고 달콤한 로마의 밤거리가 흥겨워지기 시작한다.

'지올리티'를 나와 콜로나 광장을 지나면 오늘 야경의 하이라이트인 트레비 분수가 나온다. 좁은 골목에서 갑자기 시야가 트이며 쏟아지는 빛 속에 화려하게 등장하는 트레비 분수는 로마를 찾는 여행자들에게 '이래도 로마가 싫냐'고 말하는 듯 아름다움의 절정을 보여 준다. 트레비의 야경을 보고 감동하지 않는다면 유럽의 어떠한 관광 명소를 본다 하더라도 감동하지 못할 것이다.

로마에서 가장 아름다운 분수인 트레비 분수는 1762년에 교황 클레멘스

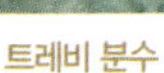
트레비 분수

스페인 계단

13세의 지시로 지은 바로크 양식의 분수이다. 이 분수의 압권은 폴리 궁전을 배경으로 중앙에 위치한 바다의 신 넵튠 조각상이다. 넵튠은 그의 두 아들 트리톤이 이끄는 두 마리의 말을 타고 달려가는 모습을 하고 있는데 조각 곳곳에 섬세함과 생동감이 넘친다. 예부터 내려오는 전설에 따르면 트레비 분수에서 여행자가 동전을 한 번 던지면 로마로 다시 돌아올 수 있고 두 번 던지면 사랑하는 연인과 사랑의 결실을 이룰 수 있다고 한다. 트레비 분수는 항상 바닥이 안 보일 정도로 동전이 쌓여 있는데 이 동전들은 모아서 자선 단체에 기부된다고 한다.

트레비 분수를 끝으로 로마의 아름다운 밤도 끝이 보이기 시작한다. 이제 야경 여행의 종착지인 스페인 계단만 남았다. 137개의 계단으로 만들어진 스페인 계단은 영화 〈로마의 휴일〉에서 오드리 햅번이 아이스크림을 먹으며 계단을 내려오는 장면으로 유명해졌다. 이곳은 영국인들이 좋아했으나, 프랑스인들이 자본을 대고, 이탈리아인들이 만들었고, 지금은 미국인으로 가장 붐비는 곳이 되었다. 이탈리아 중심인 이곳의 이름을 스페인 계단으로 정한 이유는 1647년부터 지금까지 계단 옆에 스페인 대사관이 있기 때문이다.

계단 앞에는 로마에서 가장 유명한 명품 거리인 콘도티 거리가 있고, 콘도티 거리에는 로마에서 가장 유명한 카페 '크레코'가 있다. 여름이면 이곳에서 화려한 패션쇼가 열린다.

다음 날 아침 일찍 일어나 바티칸을 방문한다. 미켈란젤로의 〈천지창조〉를 보기 위해서이다. 이 작품을 보기 위해 여행자들은 새벽부터 따가운 태양 아래 1시간이고 2시간이고 마냥 기다린다. 교황 비오 11세의 문장 옆으로 미켈란젤로와 라파엘로의 조각상이 나란히 있는 입구로 들어가서 라파엘로의 〈그리스도의 변용〉이 있는 피나코텍 미술관과 미켈란젤로가 자신의 조각상을 깨부술 정도로 찬탄한 〈라오콘의 군상〉이 있는 벨베데레 정원을 지나고, 〈아테네 학당〉이 있는 라파엘로의 방을 지나면 시스티나 성당이다.

시스티나 성당은 1471년 율리우스의 삼촌 식스투스 4세가 자신의 치적을 기념하기 위해서 지은 곳으로 오늘날 추기경들이 여기 모여서 교황을 선출하는 곳으로 유명하다.

이곳에 위대한 천재 미켈란젤로의 〈천지창조〉와 〈최후의 심판〉이 있다.

중앙 제단에 선 율리우스 교황은 뭔가 석연치 않았다. 제단을 중심으로 양쪽 벽으로 당대의 최고 화가들이 그린 예수의 일생과 모세의 일생이 드라마틱하게 펼쳐져 있는데 천장은 그냥 어두운 밤하늘에 별들만이 반짝거렸다. 다음 날 그는 바티칸 증축 공사의 책임자인 브라만테를 불러 천장에 열두 제자의 모습을 그렸으면 좋겠다고 이야기한다. 재정난으로 난색을 표하던 브라만테는 갑자기 마음을 바꾸어 적임자로 조각가 미켈란젤로를 추천한다.

당시 미켈란젤로는 교황의 묘지를 짓고 있었는데 미켈란젤로가 시스티나 성당 천장 벽화를 맡게 되면 자연히 묘지 사업이 중단되고 그로 인해 재정적 여유가 생기는 것을 알았기 때문이다. 만약 조각가인 미켈란젤로가 시스틴 천장 벽화를 제대로 못 그리면 그의 동향 후배 화가인 라파엘로에게 맡길 생각이었다. 화가가 아닌 조각가인 미켈란젤로에게 천장 벽화가 맡겨지자 그는 묘한 경쟁심과 불타는 예술혼으로 천장 벽화를 기꺼이 그리기로 한다.

그는 작품 구상을 위해 시골 마을로 여행을 갔다가 동굴에서 잠든다. 새벽에 깨어 밝아 오는 태양을 보며 〈천지창조〉를 그릴 것을 결심한다. 교황에게 달려간 그는 그림이 완성될 때까지 시스티나 성당 안에 아무도 들어오지 못하게 할 것을 교황에게 약속 받는다. 시스티나 성당 벽에는 이미 쟁

천지창조

인간의 창조

쟁한 선배 화가이자 그의 스승들인 보티첼리, 기를란다요 등의 그림들이 있었는데 미켈란젤로가 다른 화풍의 그림을 그릴 경우 그들이 간섭하는 것을 막기 위해서였다.

1508년 5월 10일 그는 많은 제자들과 함께 작업을 시작하지만 시간이 흐를수록 제자들의 도움이 성에 차지 않자 제자들을 물리친 후 20미터 천장 밑에 받침대를 세우고 그림을 직접 그렸다. 얼굴에는 온갖 물감이 흘러내려 피부병이 생기고 몸은 휘어지고, 항상 고개를 뒤로 젖히고 작업을 해 고개가 굳는 고통스럽고 긴 작업이었다. 한쪽 눈은 이미 실명 상태였다.

작업이 거의 끝날 무렵 호기심을 못 참은 교황이 시스티나 성당을 찾았다. 미켈란젤로는 약속을 어긴 교황을 보고 격노했으며 나가라고 소리쳤다. 당시 교황과 미켈란젤로의 신분은 하늘과 땅의 차이였다. 화가 난 교황은 미켈란젤로를 끌어내려 분이 풀릴 때까지 때렸다.

미켈란젤로는 모든 작업을 중단하고 자신의 고향인 피렌체로 돌아갔다. 미켈란젤로가 돌아가고 라파엘로 등 많은 예술가들이 그의 중단된 작품을 보고 놀랐다. 미켈란젤로가 아니면 그 누구도 흉내조차 낼 수 없는 없는 대작이었다. 공사 책임자인 브라만테로부터 미켈란젤로 외에는 누구도 〈천지창조〉를 완성할 수 없다는 이야기를 들은 교황은 오랜 고심 끝에 미켈란젤로에게 사과의 편지를 써서 보내지만 미켈란젤로는 받아들이지 않는다. 교황은 다시 엄청난 금은보화를 실은 수레를 보내어 미켈란젤로를 달래지만 그는 꿈쩍도 하지 않았다. 마침내 교황은 피렌체에 미켈란젤로를 보내지 않으면 전쟁을 불사하겠다는 엄포를 놓자 미켈란젤로는 로마로 돌아와 다시 작업에 들어간다.

작업을 시작한 지 만 4년 만에 작품이 완성되어 일반인에게 공개되었다. 그림을 본 사람들은 입을 다물지 못했다. 머리 위 수천 피트의 천장에는 300명이 넘는 인물들이 생동감 있게 그려져 있었고, 어떤 인물은 실물보다 3.5배나 더 크게 그려져 있었다. 성경에 있는 창세기의 여러 장면들이 이제까지 본 일이 없는 거대한 스케일과 찬란한 색채로 빛나고 있었다.

〈천지창조〉의 하이라이트는 〈인간의 창조〉이다. 하나님이 세상을 창조하는 닷새째 되던 날 신은 마지막으로 자신과 닮은 아담을 창조한다. 작품에서 몸이 반쯤 세워진 아담이 하나님에게 생명의 힘을 전해 받으며 짓는 표정에는, 앞으로 그가 에덴동산에서 추방당해 고통스러운 시간을 보내게 될 것을 암시하고 있다. 한편으로 신이 취하고 있는 역동성과 신비함은 인간이 다다를 수 없는 절대적 존재로 표현되어 있다.

신이 최초로 인간을 창조하고 그의 육체에 영혼을 불어넣으려는 순간을 아담과 신의 손가락이 막 닿을 것 같은 순간으로 표현한 것은 현대의 많은 예술가들에게 영감을 주었는데 스티븐 스필버그 감독의 영화 〈ET〉의 한 장면이 그 대표적인 예이다.

신을 향한 건축,
가우디 성당
Gaudi Cathedral

■　젊은 시절 우연히 보았지만 시간이 지나도 잊히지 않고 마음속에 생생하게 살아 있는 풍경이 있다. 대학교 2학년 여름방학, 학교 나무 그늘에서 친구를 기다리다가 신비한 빛에 끌려 고개를 들자 햇볕이 반짝거리며 푸른 나뭇잎 사이로 쏟아지고 그 빛이 반사된 검은 잎들이 다시 햇빛과 하나가 되어 큰 모자이크를 만들며 따뜻하면서 편안한 기분을 가져다주었다. 누구나 흔히 볼 수 있는 풍경이지만 나는 그 모습에 매료되어 한참을 서 있었다. 그때는 그 풍경이 왜 좋은지 알 수가 없었는데 가우디의 성 가족 성당을 보면서 비로소 그 이유를 알 수 있었다.

1만 3천 명을 수용하는 엄청난 규모와 영속성 그리고 섬세한 조각품에 스페인 바르셀로나를 방문하는 사람이라면 누구나 성 가족 성당을 찾는다. 1882년에 짓기 시작하여 1891년부터 가우디가 이어받고 다시 그 제자들

성 가족 성당

이 이어받아 지금까지 짓고 있는 성 가족 성당은 앞으로 가우디 탄생 100
주년인 2026년이 되어서야 완성된 모습을 볼 수 있다고 하니 시간과 공간
을 뛰어넘는 그 장엄한 걸작에 여행자는 놀랄 수밖에 없다.

성 가족 성당은 총 18개의 탑으로 구성되어 있다.

본당이 있는 북쪽을 제외한 3개의 출입구 위로 4개씩, 12제자의 탑이 올
라가고 다시 안으로 신약 성서를 지은 4명의 복음 전도자의 탑이 들어선
다. 마지막 중앙에는 예수와 마리아의 탑이 세워진다. 이 중에서 복음 전도
자의 탑 꼭대기에는 각각의 상징물에 따라 성 누가는 황소, 성 마가는 사자,
성 마태는 천사, 성 요한은 독수리의 형상으로 묘사된다. 현재 18개의 탑 중
성당 입구 12개의 탑만 완성되어 있으며 그 높이가 107미터나 된다. 예수

를 상징하는 중앙 탑은 그 높이가 170미터이고 그 위로 십자가가 들어 설 예정이다.

북쪽을 제외한 성당의 3개 입구에 각각의 주제를 가지는 조각상들이 들어서 있는 파사드가 있다. 현재 정면 입구로 쓰이는 있는 '영광의 파사드'는 완성이 안 되었으며 동쪽의 '탄생의 파사드'와 서쪽의 '수난의 파사드'가 완성되어있다. 가우디가 살아 있을 때 만들어진 '탄생의 파사드'에는 예수의 탄생을 주제로 인간이 느끼는 희로애락의 감정이 모두 들어 있다.

네 명의 제자를 나타내는 네 개의 탑 중앙에 비둘기가 나는 녹색 나무와 빨간 T자 형태가 보이고 십자가에는 X자가 조각되어 있다. 녹색의 나무는

죽음과 삶을 잇는 부활의 상징인 사이프러스 나무를 상징하며, 빨간색 T자 모양은 성부(하나님)를, 그 위의 X자 모양은 성자(예수), 비둘기는 성령을 의미한다. 이는 가톨릭에서 이야기하는 삼위일체를 표현한 것으로 성부와 성자와 성령은 하나라는 것을 암시한다.

사이프러스 나무 아래쪽은 예수의 탄생과 예수의 유년 시절을 조각해 놓았다. 나무 아래에 있는 JHS는 'Jesus Hominum Salvator'의 약자로 '인류의 구세주이신 예수'를 상징한다. 중앙의 '사랑의 문' 위에는 마리아에게 대천사 가브리엘이 처녀의 몸으로 예수를 임신했다는 것을 알리는 수태고지 장면과 성모 마리아의 대관식 장면이 조각되어 있다.

왼쪽 '소망의 문' 위에는 마리아와 요셉이 결혼식을 하는 장면과 예수의 탄생으로 자신의 권력을 잃는 것이 두려운 왕이 군사를 동원해 예수 나이 또래의 아이들을 학살하는 장면이 보인다. 절규하는 부모들의 모습에 그 아픔이 생생하게 전달된다.

마지막으로 오른쪽의 '믿음의 문' 위에는 동방박사가 지켜보는 가운데 예수가 탄생하는 모습을 조각해 놓았다. '탄생의 파사드' 정문은 수많은 글자와 기호들로 가득 차 있다. 그중 반짝이는 부분의 첫 번째는 'JESUS'라고 적혀 있고 다음으로 예수가 죽었을 당시의 나이를 나타내는 문자판, 예수가 베드로에게 전해 준 천국의 열쇠, 그리고 마리아의 얼굴을 조각한 조각상이 새겨져 있다. 정문의 반짝이는 부분을 쓰다듬으며 기도를 하면 원하는 것이 이루어진다는 속설에 많은 방문자들이 만져서 지금도 반짝인다.

세련된 네오고딕 양식의 '수난의 파사드'는 예수의 마지막 삶 중 마지막 이틀을 표현하고 있다. 가우디가 기획하였지만 그의 사후에 제자들이 만든 것으로 '탄생의 파사드'보다 단순하면서 현대미가 넘친다. '수난의 파사드' 제일 윗부분에는 예수가 십자가에 못 박혀 있으며 예수의 얼굴이 생략되어 있다. 그 아래로 한 여성이 수건을 펼치고 있는데 그 수건에 예수의 얼굴이 담겨 있다.

예수가 십자가를 지고 골고다 언덕을 오를 때 모두가 겁이 나 예수를 지켜만 보았는데, 베로니카라는 여성이 자신의 손수건으로 예수의 얼굴을 닦아 주었다. 수건을 들고 있는 베로니카 조각상 오른쪽 아래로 수탉이

베드로와 수탉

보이고 한 남자가 괴로워하는 조각상이 보인다. 예수의 예언대로 첫 번째 제자인 베드로가 수탉이 울기 전에 예수를 세 번 부인했다는 내용이다.

베드로는 예수로부터 천국의 열쇠를 받은 첫 번째 제자이자 1대 교황이다. 그래서 로마 바티칸에 있는 그의 무덤에 성당을 짓고 성 베드로 성당이라 부른다. 베드로의 수탉 반대쪽에는 남자가 악마와 입을 맞추고 있으며 악마의 밑으로 파충류의 꼬리와 숫자판이 보인다. 유다의 키스

유다의 키스

를 보여 주는 이 조각은 유다가 악마와 손을 잡고 예수를 배반하는 장면을 조각한 것으로 숫자판은 예수가 죽었을 때 나이를 말한다. 숫자판은 가로, 세로, 대각선 어느 방향으로든 숫자를 더해도 33이 나온다. 또 다른 숫자판의 비밀은, 반복되는 14와 10을 더하면(10+10+14+14) 48이 나오는데 이는 알파벳순으로(9+13+17+9=48)로 INRI가 되어 라틴어로 예수를 상징한다는 것이다.

지금까지 전 세계를 여행하면서 가장 인상적인 성당은 프랑스의 작은 시골 마을 롱샹에 있는 성당이었다. 4세기에 지어진 롱샹 성당은 성모 마리아의 성당으로 많은 순례자들이 찾는 성지였으나 2차 세계 대전 당시 폭격으로 잿더미로 변했다. 그런데 그 과정에 목재로 된 성모 마리아 상만이 건재하는 기적이 일어났다. 사람들은 이 기적 같은 일을 보존하기 위해 프랑스 최고의 건축가인 르 코르뷔제에게 성당 건축을 의뢰했다. 정신과 영혼보다는 삶을 윤

택하게 해 주는 물질에 더욱 관심을 가진 물질 신봉자였던 그는 처음에 제안을 거절했다. 하지만 전쟁의 참화 속에서 인간이 행복하기 위해서는 물질보다는 성스러운 것이 필요하다고 느낀 그는 성당 건축을 받아들였다.

롱샹 성당에서 가장 특이한 것은 지붕이다. 곡선으로 처리되어 부드러운 느낌을 주는 지붕은 성당을 감싸면서 공중에 떠 있는 듯하다. 지붕의 모습에 대한 영감은 미국 여행 중 롱아일랜드 해변에서 본 게 껍데기를 보면서 얻었다고 한다. 둥글게 굽어 있고 안은 비어 있지만 견고하기에는 그 어떤 것도 따를 수 없는 게의 구조에 그는 감탄했다.

20세기 최고의 건축물 중의 하나인 롱샹 성당은 아무리 돌아다녀도 정면이 어딘지 알 수가 없다. 아니 모든 면을 정면으로 하고 있다. 언덕을 오르면 보이는 면에는 다양한 크기의 창문들이 통통 튀는 리듬을 연상하게 하는 반면 반대쪽은 지붕에 배를 얹어 놓은 모양으로 수직 기둥과 더불어 평평하게 흐르다가 휘어져 돌아가는 벽면들로 차 있다. 건물이 주위 자연과 어우러지는 것이 아니라 자연 그 자체가 되어 아름다운 음악을 연주하는 것처럼 되는 것이 르 코르비제의 의도였다. 르 코르뷔제는 건물의 외부보다 실내 공간에 집중했다.

그는 고대와 중세의 성당처럼 사람을 압도하여 사람으로 하여금 경외감을 가지게 하는 장엄한 건축물이 아니라 그 안에 살고 있는 사람이 주인이 되는 실제적 공간을 중시하였다. 그의 의도대로 성당 안으로 들어서는 순간 아무런 조명이 없는 어둡고 좁은 공간에 거친 벽을 따라 깊은 침묵이 흐른다. 세상의 모든 것과 단절된 영원한 순간을 만난다. 실내에 점차 익숙해지면 조그마한 창과 두꺼운 벽을 타고 들어오는 수많은 줄기의 빛이 구원과 치유를 위한 영혼의 샘물처럼 실내로 쏟아지고 있다. 하나님의 말씀과 예수님의 생애를 르 코르뷔제는 아무런 수식어 없이 오로지 실내의 공간과

성당 창문

성당 천장

빛으로 표현하고 있다. 롱샹 성당은 말이나 논리를 통하지 않고 여행자들의 영혼을 울린다.

성 가족 성당의 내부는 롱샹 성당의 내부와는 달리 화려한 색감과 거대한 스케일의 조각품으로 여행자의 영혼을 감동시킨다. 가우디 성당 실내로 들어서면 내부의 신비스러운 분위기가 일단 여행자를 압도한다. 크고 수많은 원색의 스테인드글라스가 햇빛을 받아 빨강과 파랑 그리고 노랑과 녹색의 물결들로 성당의 내부를 물들이고 있다. 마치 그 모습이 샤갈의 그림처럼 생기가 넘치면서 신비롭다. 성당 내부에서 가장 압도되는 장면은 중앙에서 정렬을 이루며 거대한 나무들이 치솟아 있는 본당 천장이다. 대리석으로 한 땀 한 땀 정성스럽게 조각된 거대한 나무들이 줄을 지어 천장으로 뻗어 있고, 그 나무에서 다시 뻗어 나오는 줄기 위로 역시 돌로 조각된 수많은 나뭇잎들이 천장을 뒤덮고 있다. 오각형 혹은 육각형으로 조각 된 천장의 잎들 사이로 수많은 빛들이 쏟아지며 반짝인다. 내가 젊은 시절 나무 그늘에서 보았던 그 빛깔들의 모습이 그대로 펼쳐지고 있다. 마치 내가 숲

속으로 들어와 빛의 향연을 만끽하고 있는 듯하다.

자연을 가져와 모방하는 가우디의 실내 장식은 여기서 끝이 아니다. 숲 속 성당을 장식하고 있는 기둥과 벽에는 갖가지 동물들이 살아서 움직인다. 기둥 밑에는 거북이가 놀란 듯 입을 벌리고 있고 그 위로 도마뱀은 몸을 동그랗게 말고 기어가고 있으며 기둥 위에서 용은 이 모든 모습을 노려보고 있다. 성 가족 성당에 장식될 식물과 동물들은 실제의 모델에 따라 만들어졌다고 한다.

자연 법칙을 목적으로 하는 과학과 신을 목적으로 하는 종교는 역사 속에서 늘 대립했다. 맹목적인 신 중심의 사회가 만연하면 과학은 이성적 판단으로 견제하고, 냉정한 과학 중심의 세상이 도래하면 종교는 따뜻한 사랑을 설파하며 중심을 잡았다. 인류사에서 과학과 종교는 늘 대립하고 견제하며 균형을 이루었다. 이렇게 대립하는 두 세상을 하나로 인식하며 예술의 경지로 끌어올린 사람이 가우디이다. 가우디는 평생을 믿음 속에서 성 가족 성당을 건축하고, 자연과 과학으로 성당을 투시하였다. 자연의 아름다움을 그의 믿음과 종교 속으로 일체화하고 과학적으로 재현했다. 그로 인해 자연과 신, 과학이 하나가 되었다. 가우디에 의해 신의 세계와 인간의 세계가 하나가 되었다.

가우디는 가난한 집안에 병약한 소년으로 자랐으나 건축에 대한 관심은 남달랐다. 17세에 '가우디 건축의 성지'라고 불리는 바르셀로나에서 건축 공부를 하였다. 1869년 바르셀로나 시립 건축 전문학교를 가우디가 졸업할 때, 학장 에리아스 토헨트는 "우리가 지금 건축사 칭호를 천재에게 주는 것인지, 아니면 미친놈에게 주는 것인지 모르겠다."라고 이야기할 정도로 그는 독창적인 학생이었다.

그는 건축을 사람들이 살아가는 공간이자 한편으로는 자연의 일부라고

구엘 공원

생각하며 다양한 색감으로 이루어진 자연의 이미지를 사용했다. 자연에는 직선이 없고 오직 곡선만이 존재한다고 주장하며 우아하고 기괴한 곡선으로 건축물을 장식하였다. 그의 독특한 작품은 바르셀로나에 있는 '카사 밀라'와 '카사 바트요', '구엘 공원'에서 확인할 수 있다. 1883년 가을부터 가우디는 성 가족 성당 감독직을 수락하고 성당 건축을 제외한 모든 것을 멀리하고 수도자처럼 작업에 몰두했다.

작업을 시작한 지 40년이 지난 1926년 6월 7일, 평소처럼 그는 저녁 산책에 나섰다가 아무도 모르게 전차에 치였다. 그로부터 3일 후인 6월 10일 74세의 일기로 그는 사망했다. 평생 독신으로 살았던 가우디가 너무 초라한 행색 탓에 늦게 병원으로 옮겨졌기 때문이다. 이것만으로도 말년에 그가 얼마나 건축 작업에만 몰두했는지를 잘 알 수 있다. 가우디는 로마 교황청의 특별한 배려로 성자들만 묻힐 수 있다는 성 가족 성당의 지하에 묻혀 있다.

신을 향한 발걸음,
캄보디아

A step toward God, Cambodia

■　　　이른 새벽, 잠에서 깼다. 심한 기류 변화로 비행기는 심하게 흔들린다. 고단함이 배어 있는 몸을 일으켜 기지개를 펴는데 여기저기서 훌쩍거리는 소리가 난다. 함께 여행했던 분들 중 몇 분이 조용히 울고 있다. 이번 여행을 통해서 받았던 울림으로 잠 못 이루고 있다. 시간이 지날수록 커져 가는 아이들의 맑고 깊은 눈빛이 지워지지 않는 모습이다.

캄보디아 시엠립으로 여행을 왔다.

10번이 넘게 찾은 캄보디아의 이번 방문 역시 4박 6일 일정이다. 현지 주민들이 쉬는 일요일에는 앙코르 와트와 톤레삽을 여행하고 나머지 시간은 자원봉사를 하며 자신의 내면을 바라보는 여행이다. 여행 첫날, 날이 밝자마자 곡동을 방문했다. 시엠립에서 약간 떨어진 곡동 마을은 국경에 인접한 마

앙코르 와트

을로 베트남과 라오스에서 전쟁이나 재난을 피해 국경을 넘어온 난민들이 사는 마을이다. 가난한 나라의 가장 가난한 사람들이 사는 마을이다.

곡동 마을 끝에 미취학 아동을 돌보는 커뮤니티 센터가 있다. 센터장인 소펀은 센터 앞에 작은 집을 짓고 아내와 함께 커뮤니티 센터를 운영하고 있다. 처음 커뮤니티 센터를 방문했을 때는 황량한 들판에 울타리와 초라한 야외 교실밖에 없었지만 지금은 새로운 교실과 휴게실이 있으며 그 옆으로 막 완성된 도서관이 있다.

신축 건물인 도서관은 예상대로 텅 비어 있고 책상은 물론 책조차 별로 없다. 우리 일행은 시내를 돌아다니며 마련한 책과 필기구 그리고 책상으로 도서관 안을 꾸몄다. 오후에는 가만히 서 있어도 땀이 나는 뜨거운 날씨 속에서 아이들과 함께 페인트 작업을 하였다. 저녁이 되자 도서관은 동화 속 파란색 집으로 변모하였다. 가진 것 없이 버려진 아이들을 돌본다고 미쳤다는 소리를 듣는다는 원장님의 얼굴 위로 웃음꽃이 핀다.

커뮤니티 센터에서 봉사 활동을 하다가 우연한 기회로 곡동 마을을 방문한 적이 있다. 아이들이 넷이나 있는 한 집은 아버지가 없고, 병든 어머니가 2살도 안 된 아이를 달래며 잠을 재우고 있다. 얼굴에 근심이 가득하다. 또 다른 집에서는 하루 1달러를 버는 일도 구하지 못해 멀리 태국으로 일을 하러 갔다가 월급을 못 받아 사장과 싸우다가 다친 남편이 우리를 맞는다.

얼마 후 조금이라도 벌겠다고 남의 집 일을 하고 있는 그의 아내가 어색한 웃음으로 우리에게 다가와 인사를 한다. 한여름에는 40도가 오르내리고 우기가 오면 폭우가 몰아치는 이곳의 집들은 대부분 보기 민망할 정도로 허물어져 있다. 말할 수 없이 참담한 환경에 있는 곡동 마을의 미취학 아이들은 거의 버려진 상태이다. 그런 아이들이 모여서 함께 공부하고 건강하게 자랄 수 있도록 도움을 주는 곳이 곡동 커뮤니티 센터라 생각하니 그 소중함을 이루 말할 수 없다. 점심시간이 되자 아이들은 집으로 돌아가고 아이들을 돌보는 고등학생과 대학생 자원봉사자 20명과 함께 밥을 해 먹었다. 관심과 사랑을 받아야 할 학생들이 오히려 아이들을 돌보고 있는 모습이 밥을 먹는 내내 마음에 걸렸지만 학생들은 당당하고 듬직했다 .

다음 날 우물이 필요한 마을을 방문하여 200여 가구가 사용하는 우물 설치 작업을 마치고 그레이스 빌리지를 방문했다. 이곳 역시 지역의 소외된 아이들과 남편으로부터 폭력을 당하는 부인을 돌보고 교육하는 커뮤니티 센터이다. 6년 전 영국인 원장 브리즈가 이곳에 황토를 개간해 건물을 세웠지만 배수 시설이 안 되어 전전긍긍하고 있다는 사실을 알고 우리 단체와 함께 노력해 배수 시설을 만든 곳이다.

다시 찾은 빌리지는 깨끗하게 단장되어 200여 명의 아이들이 영국인 자원봉사자들과 함께 즐겁게 뛰놀며 공부하고 있다. 센터 입구에는 대중교통이 없어 아이들이 학교를 가기 위해 사용되는 자전거들이 줄줄이 놓여 있다. 40달러 하는 중고 자전거는 대중교통이 없어 학교를 못 가는 아이들에게 미래이자 희망이다. 센터를 나오

캄보디아 아이들

기 전 교실 안을 들여다보니 6세 정도 되어 보이는 아이들이 선생님을 따라 두 손을 모아 기도를 하고 있다.

캄보디아 자원봉사 여행을 하기는 쉽지 않다.

'국내에도 봉사할 곳이 많은데 왜 멀리까지 가서 자원봉사를 하느냐.'라고 이야기하는 사람들이 있는가 하면, 그냥 돈만 기부하면 되지 더운데 굳이 거기까지 가서 직접 전달해야 하느냐고 조롱 섞인 이야기를 하는 사람도 있다. 지금도 많은 이들이 하루 1달러로 생활하며 한 해 8만 명의 어린 이들이 맑은 물이 없어 죽어 가는 캄보디아를 생각하면 이분들의 이야기를 웃어넘길 수 없다. 더욱이 수많은 현지 단체가 허위로 신고해 해외 기부금으로 자신의 배를 불리는 모습을 현장에서 목격한다면 해외 자원봉사 여행의 필요성은 두말할 필요가 없다.

8년 전 처음 캄보디아 자원봉사 여행을 왔을 때가 생각난다. 아침을 먹기 위해 새벽에 일어나 맨발로 먼 길을 걸어오는 아이들의 시커먼 발과 천진난만한 웃음을 보면서 목이 메었다. 함께 아침 식사를 준비하시는 캐나다 수녀님은 전 세계를 다니며 평생을 가난한 아이들과 함께하였고 이곳에서 삶을 마무리하고 있었다. 사람이 별처럼 아름다운 모습을 그때 처음 보았

다. 아침 식사 봉사를 마치고 시엠립에서 차로 2시간 떨어진 시소폰이라는 마을을 방문했다. 그해 폭우로 무너진 교실을 세우고 페인트칠을 하자 그날 저녁 마을 이장님이 잔치를 벌였다. 대부분의 마을 사람들이 참석한 잔치에서 우리를 귀빈처럼 극진하게 대해 주었다. 아이들이 정성 들여 준비한 압살라 춤을 추면서 우리 위로 뿌렸던 꽃들의 축복이 지금도 생생하다.

봉사 여행의 마지막 날인 토요일, 80퍼센트 이상의 집에 화장실이 없는 마을을 방문하였다. 공중위생이 전혀 안 되어 많은 아이들과 노인들이 병들어 가고 있다. 긴 시간 논의 끝에 공중화장실 설치를 결정하자 마을 이장님은 몇 번이나 고개 숙여 감사를 표시한다. 일요일이 되자 우리는 가벼운 마음으로 앙코르 와트와 수상 마을 메이츠라이를 방문했다.

'사원의 도읍'이라는 뜻을 가진 앙코르 와트는 12세기 초에 수리야바르만 2세에 의해 30년에 걸쳐 크메르 제국의 도성으로 만들어졌다. 처음에는 힌두교의 비슈누 Visnu 신에게 바치는 힌두교 사원으로, 나중에는 불교 사원으로도 쓰였다. 비슈누 신은 자기 파괴를 통해 새로운 세상을 만들어 내는 신이다. 새 세상을 만드는 데 자신의 모든 에너지를 다 사용한 비슈누는 종종 지친 몸을 나가 아난타 Naga Ananta (코브라 뱀 모양의 신) 위에 비스듬히 기대 누워서 쉬는 것으로 부조된다.

앙코르 와트의 정문은 해가 지는 서쪽에 있다. 사후 세계가 있다는 힌두교의 교리에 따른 것으로 앙코르 와트는 왕의 사후 세계를 위한 사원이다. 이 사원은 길이 3.6킬로미터의 직사각형 해자에 둘러싸여 있는데, 중앙의 높은 탑은 우주 중심인 수미산을 상징하며 주위에 있는 4개의 탑은 주변의 봉우리들을 상징한다.

외벽은 세상 끝에 둘러쳐진 산을 의미하며 해자는 바다를 의미한다. 이 해자를 건너기 위해서는 나가 Naga 난간을 따라 250미터의 사암 다리를 건

메이츠라이

너야 한다. '나가'란 다섯 개의 머리를 가진 뱀을 뜻하며 유적의 수호신으로 불린다. 앙코르 와트의 백미는 1층 회랑의 부조로 전체 둘레가 804미터이며, 서쪽 회랑은 187미터, 남쪽 회랑은 215미터이다. 남쪽 회랑에는 전투 장면과 천국과 지옥 등 힌두 신화의 재미난 이야기들이 부조로 새겨져 있다. 이 중에서 천국과 지옥은 상중하 3단으로 되어 있다. 상단은 천국, 중단은 재판을 기다리는 사람들의 모습, 하단은 지옥의 모습을 표현하고 있다. 특히 지옥의 다양한 고문 모습이 사람들의 눈길을 끄는데 죽음의 신인 야마신은 팔이 18개이고, 물소를 타고 있다. 힌두 신화의 가장 재미있는 에피소드를 다룬 〈우유의 바다 휘젓기〉 부조는 동쪽 회랑 아래쪽에 있다.

처음에 선신인 데바들은 악신인 아수라보다 약하였다. 그래서 점차 세력이 약해지자, 데바들은 비슈누 신에게 의논한다. 비슈누는 불로장생의 약인 암리타를 우유의 바다에서 건져 올려 마시기를 권한다. 암리타를 우유의 바다에서 건지려면 바다를 휘저어야 하는데 데바들만의 힘만으로는 부

우유의 바다 휘젓기

족하자 악신인 아수라들에게 거짓으로 암리타를 나누어 줄 것처럼 속여서 천 년간의 우유 바다 휘젓기가 시작된다. 가루다 신이 바다로 옮겨 온 만다라산을 바수키의 몸통에 감은 뒤 한쪽에서는 아수라들이, 또 다른 한쪽에서는 데바들이 바수키의 몸통을 당기며 우유의 바다를 천 년 동안 휘젓는다. 바수키가 힘들어서 독약을 쏟아 내자 비슈누 신이 목으로 삼키는데, 이때 독약의 시퍼런 자국이 목에 생긴다. 이후 비슈누 신은 푸른색으로 상징되었다.

그다음부터 우유의 바다에서는 생명의 어머니인 암소, 술의 여신 바루니와 비슈누의 부인 락슈미도 나오고, 거품 속에서 6억 명의 천상의 무희 압사라가 탄생하게 된다. 드디어 암리타가 나오자 비슈누는 미인계를 사용하여 악신 아수라들을 속이고, 선신들에게만 나누어 준다. 그때 몰래 마시던 악신 라후를 보고 비슈누가 차크라를 날려 라후는 목이 잘리지만 목은 영생하게 된다. 이후 암리타를 마신 선신들은 불멸의 삶을 살게 되었다고 한다. 이제 벽화를 보면 중앙에 비슈누 신이 보인다. 비슈누 신의 밑에 있는 왕관을 쓴 거북이는 비슈누의 두 번째 화신인 쿠르마이다.

쿠르마는 바다를 휘저을 때 바다로 옮겨 온 만다라산이 가라앉지 않도록 밑에서 받치고 있다. 비슈누 위에는 신들의 신인 인드라가 만다라산 꼭대기를 고정시키고 있으며 비슈누를 중심으로 왼쪽에는 악신인 아수라, 오른쪽에는 선신인 데바가 밧줄을 흔들고 있다. 밧줄은 신성한 뱀인 나가의 왕

바수키의 몸통이다. 쿠르마 주변에는 만다라산의 강력한 회전으로 인해 물고기의 몸이 잘린 것을 볼 수 있다.

앙코르 와트를 나와 톤레삽 끝에 있는 메이츠라이 마을로 들어서니 건기라 곳곳에 강바닥이 보였다. 처음에는 차를 타고 가다가 거의 땅에 닿을 듯 물이 보이는 곳에서 배로 갈아타고 아슬아슬하게 수상 마을로 향했다. 뜨거운 바람을 맞으며 바닥이 드러난 강을 헤쳐 가는 배 위에서 행복에만 매달린 나의 내면의 바닥이 보여 부끄러웠다. 마을 초입, 마을 위로 펼쳐진 찬란한 구름들이 웅성거리며 우리를 반갑게 맞는다. 수상 마을 사람들 중 일부는 호수에서 고기를 잡고 일부는 음식을 하며 아기를 돌본다. 사람들의 일상은 어디서나 똑같다. 어디 살든 모든 사람들의 삶은 존중받아야 한다.

저녁에는 시엠립에서 가장 유명한 파레 서커스 공연을 관람했다. 길거리에 버려진 아이들을 모아서 프랑스인의 지도 아래 1년간 준비한 서커스는 자립을 목표로 한다. 스토리와 음악을 가미해 예술적 완성도가 높은 공연으로 탈바꿈한 서커스는 시엠립에 오면 반드시 보아야 할 것으로 소개되어 많은 인기를 모으고 있다. 지금은 자립은 물론 수익금 일부를 예술 학교에 기부하고 있다.

공연 내용은 버려진 아이들이 어느 여선생님의 지도 아래 혹독한 훈련을 받으며 어려움을 극복하고, 점차 예술가로 성장해 가는 이야기이다. 서커서 특유의 고난도 연기와 애잔하면서 흥겨운 캄보디아 전통 음악이 절묘하게 어

파레 서커스 공연

우러진 공연은 보는 사람들로 하여금 잠시도 눈을 돌리지 못할 정도로 홍미진진하다. 공연 절정을 이루는 마지막 무렵 여주인공이 늙어서 죽음에 직면하자 자신의 삶을 되돌아보며 다음과 같이 이야기한다.

죽음은 두렵다. 죽음은 피할 수 없는 운명이다.
그렇다면 살아온 나의 삶은 무엇인가? 그렇다. 나의 삶은 나의 삶은 사랑이다.

사람은 행복하려고 산다. 하지만 행복만으로 평화롭고 충만한 삶을 살 수 없다. 내가 아닌 누군가를 사랑하는 삶을 살아야 그 삶이 충만하다. 존재의 본질은 사랑이다.

여행을 마치고 공항으로 향했다. 공항 입구에 곡동 마을 고등학생 자원봉사자들이 우리를 배웅하기 위해 나와 있다. 늦은 시간이지만 우리가 나누어 준 티셔츠를 입고 방금 전에 목욕을 한 듯 깨끗하고 정성 어린 차림이다. 아이들이 그린 그림과 손수건을 선물로 준다. 그 뒤로 환한 달이 떠 있다. 작별 인사를 하고 돌아섰다가 뒤돌아보면 여전히 그 자리에 서 있는 아이들은 보며 공항으로 들어서자 많은 인파로 잠시 혼란스러웠지만 아이들의 모습이 사라지지 않는다. 그렇게 아이들의 모습을 가슴속에 담으며 비행기에 탑승했다.

뮤지컬 〈레미제라블〉에서 자신의 죄를 씻기 위해 평생을 의붓딸인 코제트를 위해 살다가 죽어 가는 장발장 위로 천사들이 다음과 같이 노래한다.

당신이 다른 사람을 사랑한다면 당신은 신을 만난다.

캄보디아 자원봉사 여행은 신을 향한 여행이다.

샤자한은 무굴 제국의 위대한 영광의 상징이다. 그는 예술적 감성을 가진 군인이자 정치가로 무굴 제국의 5대 황제였다. 샤자한의 절대적인 사랑을 받은 뭄타즈 마할은 매혹적인 아름다움과 지성을 겸비한 여성으로 샤자한의 아버지 자한기르의 스무 번째 아내였으나, 15세에 시장에서 샤자한을 만나 사랑에 빠진 후 19세에 샤자한과 결혼하였다. 그녀는 일생을 남편과 함께하였으며 전쟁 중에도 함께할 정도로 둘은 사랑했다. 샤자한이 데칸 고원에 원정 중이었을 때 뭄타즈 마할은 14번째 왕자를 출산하던 중 38세의 젊은 나이로 죽었다.

그녀의 죽음으로 샤자한은 2년 동안 아무것도 하지 못한 채 슬픔에 잠겼다. 1632년 샤자한은 무굴 제국의 수도 아그라에 뭄타즈 마할을 기리고 그녀의 무덤을 보존하기 위한 궁전을 건설하기 시작한다. 그는 무굴 제국뿐

타지마할

아니라 이탈리아, 이란, 프랑스를 비롯한 외국의 건축가와 전문 기술자들을 불렀으며, 기능공 2만 명을 동원하여 22년간 대공사를 하였다.

궁전 건축에 쓰이는 재료인 최고급 대리석과 붉은 사암은 인도 현지에서 조달하고, 궁전 안팎을 장식할 보석과 준보석들은 터키, 티베트, 미얀마, 이집트, 중국 등 세계 각지에서 수입하였다. 타지마할을 완성한 후 샤자한은 강 건너에 검은 대리석으로 또 하나의 타지마할을 지어서 자신의 묘지로 사용할 계획이었다. 그러나 샤자한의 아들 아우랑제브가 반란을 일으켜 왕위를 찬탈하고 그를 아그라 요새에 가두어 작업은 중단되었다. 다행히도 아그라 요새에서는 2킬로미터 떨어진 타지마할의 모습을 볼 수 있었고, 1666년 죽은 뒤, 그는 그토록 사랑하던 부인 옆에 묻혔다.

시공을 초월한 완벽한 아름다움을 자랑하는 타지마할은 가로세로 각 50미터, 높이 76미터의 규모로 중앙 돔 직경이 17.7미터에 이른다. 타지마할의 완벽함은 현대의 전문가들도 혀를 내두를 정도이다. 순백의 대리석은 태양의 각도에 따라 하루에도 몇 번씩 빛깔을 달리하며 보는 사람의 넋을 빼놓고, 웅장한 건물은 중압감은커녕 오히려 공중에 떠 있는 듯 신비롭다. 또한 건물과 입구의 정원과 수로는 완벽한 대칭을 이루며 균형미를 보여준다. 수백 년이 지난 지금까지 색조와 자태가 한결같은 타지마할은 우기 때마다 범람하는 갠지스강 옆에 있으면서도 한 번도 침수된 적이 없을 정도로 과학적인 건축물이기도 하다.

인도에는 원래 드라비다족이 살았으나 기원전 1,500년부터 중앙아시아의 유목민인 아리아족이 들어와 원주민을 지배하면서 아리아족의 땅이 되었다. 그들은 왕과 귀족 그리고 평민과 노예로 이루어진 바루나라는 계급 사회를 이루어 왕국을 유지했다.

기원전 327년 알렉산더 대왕이 인도를 점령하면서 인도의 통일이 촉진되어 마우리아 왕조가 탄생했고, 헬레니즘 문화가 그들의 불교 문화와 융합해 간다라 미술을 꽃피웠다. 형체가 없던 그들의 불교 문화에 헬레니즘 문화의 영향을 받은 부처상이 만들어지고 이는 중국을 거쳐 우리나라까지 영향을 미쳤다. 기원후 320년 찬드라 굽타를 초대 왕으로 하는 굽타 왕조가 인도를 통일하면서 인도는 카스트 제도에 기반을 한 브라만교와 힌두교의 나라가 되었다.

1206년 이슬람으로 개종한 투르크족이 인도를 점령하면서 힌두교와 불교를 탄압하고 이슬람 문화를 전파시켰다. 그리고 1506년 몽고 티무르의 후손인 바베르가 델리를 점령하면서 마지막 왕국인 무굴 제국을 세웠으며 이슬람 문화와 힌두 문화의 융합에 힘썼다. 이후 1707년 아우랑제브 황제가 죽으며 영국의 식민지가 되었다.

찬란한 무덤이라 불리는 타지마할에 입장하기 위해서는 붉은 사암으로 된 30미터의 아치형 관문을 통과해야 하는데 관문에는 코란의 문구가 적혀 있다. 관문을 통과하면 넓은 뜰에 수로가 있는 무굴 양식의 관상용 정원이 펼쳐진다. 길이가 약 300미터에 이르는 일직선의 수로에는 연꽃 모양의 수조가 있고, 분수가 물을 뿜어내고 있다. 분수에 물에 흐르지 않을 때는 수로에 비친 타지마할의 모습이 환상적이어서 수많은 사진가들이 몰린다. 긴 수로의 끝에, 눈부신 순백의 대리석으로 지어진 타지마할이 있다.

네 모퉁이에 배치한 첨탑을 비롯해 좌우가 정확한 대칭을 이룬 건물은 육중한 몸체에도 불구하고 하늘을 날듯 날렵하고 우아하다. 건물 중앙은 보석과 준보석으로 정교하게 만들어진 꽃으로 장식되어 있으며, 똑같은 모양으로 장식된 타지마할의 네 면은 소용돌이 문양과 코란의 문구로 꾸민

바라나시

바라나시 가트

둥근 아치로 이어져 있다. 건물 내부로 들어서면 대리석으로 만든 왕과 왕비의 관이 보이는데 관은 비어 있다. 샤자한과 뭄타즈 마할의 유해는 지하묘에 안장되어 있다.

해가 비침에 따라 그 모양을 달리하는 타지마할을 제대로 보기 위해서는 다섯 번을 보아야 한다. 먼저 타지마할 정원과 옥상 카페에서 한 번씩 보아야 하고 다음으로 물소들이 거니는 황무지가 있는 야무나 북쪽 강둑과 남쪽 강둑에서 보아야 하며 마지막으로 8년 동안 샤자한이 갇혀 있던 아그라 요새에서 보아야 한다. 어느 곳이든 평생 잊지 못할 신비로운 광경을 선사한다.

타지마할과 함께 '인도' 하면 떠오르는 곳이 인도 최고의 성지인 바라나시이다. 힌두교 순례자들은 갠지스강을 따라 늘어선 가트에서 성스러운 강물에 몸을 담그면 모든 죄업이 소멸한다고 믿는다. 또한 이곳에서 죽어 화장한 재를 강물에 뿌리면 윤회의 고통에서 벗어난다고 믿고 있다. 윤회 사상을 근본으로 하는 힌두교는 삶 자체를 고통이라고 가르치며 윤회의 고리를 끊는 것, 즉 다시 태어나지 않는 상태를 최고의 경지로 여긴다. 이로 인해 연간 100만 명에 달하는 순례자와 임종을 앞둔 사람들이 바라나시를 찾는다.

힌두 세계의 고동치는 심장과 같다고 이야기하는 바라나시는 많은 여행자에게는 신비로운 곳이지만 심약한 사람에게는 힘든 여행지이다. 삶과 죽음에 가장 가까운 의식들이 아무렇지도 않게 일상에서 공개적으로 이루어지고 여행 내내 거짓말이 심하고 끈질긴 호객꾼으로 인하여 정신을 차릴 수 없기 때문이다. 바라나시를 여행한다면 반드시 조심해야 할 사항이 몇 가지 있다. 밤늦게 역이나 공항에 도착했다면 택시를 타고 호텔로 이동하면 안 된다. 위험하기도 하지만 호텔 이름을 말하고 가자고 하면 그곳은 어제 문을 닫았거나 불에 탔다고 거짓말하며 기사는 자신이 소개하는 호텔로 가자고 하기 때문이다. 그래서 인도를 여행하는 사람이라면 가능한 호텔 픽업을 요구하거나 지하철을 이용하는 것이 좋다.

운이 좋아 택시로 예약한 호텔로 가도 기사가 먼저 들어가 자신이 데려왔다고 팁을 요구한다. 숙소에 도착하여 시내 여행을 위하여 가트나 골목길로 나서도 상황은 비슷하다. 끈질기게 들러붙는 호객꾼이나 운전사들을 하루 종일 따돌려야 한다. 당연히 투어는 투어 회사에 직접 들러 신청해야 하고, 갠지스강의 배는 배 주인과 직접 협상해서 타야 한다. 죽은 이를 화장하는 가트에서 사진을 찍어서도 안 된다. 모든 상황을 웃는 얼굴로 견뎌야 바라나시를 비롯한 인도를 여행할 수 있다.

영적으로 깨어 있는 바라나시에서 가장 유명한 관광지는 갠지스강 서쪽의 강둑에 늘어선 가트이다. 가트는 강이나 언덕 그리고 오르막길에 있는 계단을 말하는 곳으로 주로 목욕을 하지만 죽은 이의 몸을 화장하는 곳도 몇 군데 있다. 그중 가장 대표적인 마르카르니카로 가면 뒷골목에서부터 가트까지 이어진 장례 행렬을 자주 볼 수 있다. 대나무 들것에 천으로 감싼 시신을 천민 계급인 돔이 화장터로 옮긴다. 화장하기 전에 갠지스강에 시신을 적신 후 겹겹이 쌓인 장작 위에 시신을 올린다. 이때 장작의 종류는 다양하며 그 개수와 종류에 따라 비용을 계산한다. 시신을 완전히 소각하려면 적당량의 장작이 필요하지만 가난한 사람은 별수 없이 타다 만 시신을 강물에 뿌려야 하기 때문에 주위의 관광객들에게 기부를 요구하기도 한다.

장작에 시체가 오르면 가족들이 차례로 염을 하고, 이내 불을 붙인다. 시체가 시커멓게 불에 타면 상주로 보이는 남자가 장대로 장작나무와 시신을 연방 뒤척인다. 옆에선 앞서 화장한 시신이 반쯤 타들어 가고 있으며 수십 구의 시체에서 뿜어져 나오는 연기가 바라나시를 삼킬 듯 번져 오른다. 한참을 태운 시체의 관절 부분이 다 타서 뚝뚝 소리를 내며 떨어지면 화장은 끝이 난다. 화장 내내 역한 냄새가 진동을 하지만 죽음을 기다리는 늙고 병든 사람들과 여행자들은 이를 빤히 쳐다본다.

삶과 죽음에 대한 치열한 현장인 화장터를 나오는데 타들어 가는 시신 사이를 아이들이 아무렇지 않게 뛰어다니고 있다. 그 사이로 행상을 하는 상인이 물건을 팔고 화장터 앞 가트는 죄를 씻기 위해 목욕을 하는 순례자로 발 디딜 틈이 없다. 이들이 몸을 담그고 때론 마시기도 하는 강에는 화장 후 흩뿌려진 재와 타다 만 인골, 온갖 쓰레기가 떠다니지만 그저 목욕에만 열중하고 있다. 죽음은 그렇게 현실의 삶 속에서 우리에게 잊혀져 가며 언제나 우리를 기다리고 있는지 모른다.

이슬람 문화의 진수,
그라나다의 알람브라 궁전
Alhambra

스페인 남부를 여행하는 가장 큰 이유는 그라나다의 알람브라 궁전을 보기 위해서이다. 그러나 새벽에 일어나 긴 줄을 서서 겨우 표를 구하여 입장하면 궁전이 자신이 생각했던 기대에 못 미쳐 실망하는 여행자들도 많다. 물론 궁전을 지키는 요새 알카사바의 종탑에서 보는 시에나 산맥의 장엄한 풍경이나 나스르 궁전의 환상적인 모습에 환호를 하지만 잠시뿐이다. 알람브라 궁전에 대한 정보를 수박 겉 핥기 식으로 접한 탓이다.

알람브라 궁전의 아름다움을 알기 위해서는 이슬람교가 태동한, 지금의 사우디아라비아에 있는 메카에서부터 살펴보아야 한다. 메카는 이슬람교의 성지로 초기에 강력한 군대와 토지 개혁 등을 통한 탄탄한 사회 조직을 가지고 있었지만 문화적 인프라는 절대적으로 부족했다. 이런 상황에서 이슬람은 정복 전쟁으로 영토를 확대해 나가면서 주변 국가의 문화를 용광로

처럼 받아들였다.

　초기에 척박한 이슬람 문화가 발전할 수 있었던 것은 주변 선진 문화를 전폭적으로 받아들이고 재창조했기 때문이다. 메카에서 출발하여 동쪽으로 향하던 이슬람 문화가 주변 문화를 수용하여 최고의 절정을 이룬 것이 17세기 무굴 제국의 타지마할이라고 하면, 서쪽으로 북아프리카와 지중해 그리고 스페인의 문화를 집대성하여 꽃을 피운 것이 15세기 그라나다의 알람브라 궁전이다.

　그라나다가 한눈에 들어오는 사비카 언덕에 자리 잡은 알람브라 궁전은 이베리아 반도에서 유일하게 기독교 세력의 침입을 저지하고 정착할 수 있었던 이슬람 왕조인 나자리 왕국의 궁전으로 13세기부터 건설되었다. 나자리 왕조의 후계자들은 이곳에 더 많은 궁전과 정원, 요새 등을 지어서 확장시켜 나갔는데 그 결과로 알람브라 궁전은 가장 경이로운 건축물이 되었으

알람브라 궁전

며 1984년 세계문화유산에 등재되었다.

'붉은 성'이라는 뜻의 알람브라 궁전에 입장하면 네모 형태로 간결하게 디자인된 요새, 알카사바가 나온다. 스페인에서 급속히 세력을 넓혀 가던 아프리카계 이슬람 세력인 무어인들은 토착 기독교 세력보다 언제나 수적으로 약세였다. 그래서 그들은 도시를 점령하면 지배력을 강화하고 무력 갈등을 저지하기 위해 요새인 알카사바를 만들었다.

알함브라의 알카사바는 궁전을 경비하고 보호하기 위해 성벽 길을 모두 연결시켰으며 주위가 한눈에 들어오게 만들었다. 알카사바의 입구를 지나면 곡물 저장소와 지하 감옥으로 사용했던 27미터 높이의 벨라의 탑이 우뚝 서 있다.

탑 위로 오르면 1년 내내 눈이 녹지 않는 시에나 네바다 산맥이 펼쳐지고 그 아래로 오밀조밀한 그라나다가 그 모습을 드러낸다. 벨라의 탑에는 위험을 알리거나 농민들에게 일을 지시할 수 있었던 종이 설치되어 있는데, 스페인 사람들이 무어인으로부터 이 성을 빼앗았을 때 이 종을 치며 승리를 자축했다. 그 종소리를 마지막으로 스페인에 존재했던 아랍의 풍부한 문화는 사라지고 단일한 기독교 문화로 스페인은 통일되었다.

알카사바의 보호를 받는 알람브라 궁전은 지어진 순서에 따라 메수아르궁 Sala del Mexuar과 코마레스궁 그리고 사자궁으로 나뉜다. 말라가에 정착해 있었던 나자리 가문 출신인 이스마엘 1세는 1314년 집권하고 있던 나스르왕을 무너뜨리고 그라나다의 술탄이 된다. 술탄이 된 이스마엘은 이곳에 궁전을 지었는데 지금 현재 남아 있는 건축물은 넓은 정원 두 개와 메수아르궁뿐이다. 당시 술탄의 회의실로 사용했던 메수아르궁은 이후 기독교 왕들에 의해서 여러 번의 개조 작업이 이루어져 방을 장식하는 타일들 중 기독교 시대에 첨가된 것들도 있다. 방 안에는 긴 네 개의 대리석 기둥이 있으며 기둥 위로 자연광을 비추는 창이 달린 둥근 돔이 인상적이다. 15세기 말부터 가톨릭 왕들이 이곳을 미사를 드리는 예배당으로 개조하여 기독교와 이슬람교의 문화가 섞인 묘한 분위기를 보여 준다.

메수아르궁을 나와 정원을 지나면 알람브라 궁전의 하이라이트인 코마레스 궁이 나온다. 그라나다의 이슬람 왕국은 나자리 왕조의 7대 술탄인 유스프 1세에 와서 전성기를 이룬다. 유스프 1세는 철학적이며 차분한 성격의 소유자로 기독교 세력과 북아프리카에 있는 아랍 왕들의 침입을 저지할 수 있는 정치적 실력을 겸비하여 오랫동안 평화 시대를 가질 수 있었다. 그는 학교를 설립하고 공공 기관을 만들었으며 인문과학과 예술 발전을 위해 노력했다. 그로 인해 그라나다는 당대 학문의 중심지로 자리 잡았다.

그는 메수아르궁 옆에 코마레스로 불리는 알람브라의 가장 큰 궁전을 지었으며 이 궁전은 사각형의 아라야네스 정원을 중심으로 하며, 중앙에는 황실이 있는 탑이 자리 잡고 있다. 유스프의 아들 무하마드 5세에 와서야 완성된 코마레스궁은 알람브라 궁전의 대표적인 건물로 이슬람 건축물의 이정표가 될 정도로 훌륭한 장식물로 장식되어 있다.

먼저 코마레스궁의 외벽을 살펴보면 종유석과 대리석으로 세밀하게 장식된 조각들이 왕권의 상징을 보여 주는데 원래는 형형색색의 색감을 가지고 있었으나 세월이 지나면서 없어졌다. 코마레스 궁의 현관에 새겨진 비문 메시지는 신의 통치권과 관련된 구절들을 코란에서 가져온 것으로 신성한 왕권을 상징한다. 그 외 식물들의 문양은 궁전의 이미지를 낙원으로 변모시켜 놓았다. 삼나무는 슬픔과 사후의 영원성을, 대추야자나무와 코코넛 나무는 축복과 충족을, 작약은 부를, 연꽃은 가문의 영광을 나타낸다. 이슬람교에서는 알라신 외에 다른 우상을 섬기는 것을 금지하고 있다. 그래서

아라야네스 정원

알라신이 창조한 자연이나 코란의 글귀를 가져와 끝없는 반복과 대칭 구도
로 신의 섭리를 보여 주는 장식을 사용한다.

코마레스궁 앞으로 탁 트인 아라야네스 정원은 아랍 타일과 아라얀 나무, 사각형의 연못으로 단순하면서 아름다운 공간을 보여 준다.

코마레스궁에 들어온 사람들이라면 누구나 탄성을 자아내는 아라야네스 연못은 물 위에 궁전을 그대로 반사하여 깊은 공간을 연출한다. 이곳에 비친 궁전의 모습은 알람브라 궁전을 알리는 모든 엽서와 사진 그리고 팸플릿에 사용된다. 또한 연못은 궁전의 온도 조절과 통풍을 도와 쾌적한 환경을 제공하기도 한다.

아라야네스 연못을 뒤로하고 코마레스궁으로 들어서면 옥좌가 있는 큰 방이 있고, 그 옆으로 왕의 침실로 사용된 구석 방이 보인다. 옥좌는 그라나다와 아라야네스 정원을 한눈에 내려볼 수 있는 곳에 있으며, 형형색색의 유리창문에서 들어오는 빛을 통해 신비한 왕의 모습을 연출하도록 되어 있다. 8,017개에 달하는 나뭇조각을 완벽하게 짜맞춘 방의 천장은 이슬람교에서 말하는 우주의 일곱 하늘을 재현해 놓았으며 연못과 바닥에 반사된 햇빛이 다시 천장을 밝혀 어느 때나 신비스러운 분위기를 자아낸다.

이슬람교에 의하면 알라신 앞에 도착하기 위해서는 일곱 하늘을 거쳐야 한다고 되어 있다. 마지막으로 방을 장식하는 아라베스크 문양을 살펴보면 말굽 모양의 아치 문양과 연속적인 반원 무늬 그리고 기하학적인 무늬가

아라베스크 문양

반복되며 방 안의 모든 것은 이미 이 세상을 초월해 신에게 다가가고 있다. 방에 새겨진 숫자 7은 영혼이 신에게 다가가는 것을 의미하며 숫자 4는 하늘과 천국을 나누는 영역을, 숫자 1은 모든 것이 알라신을 위한 것임을 상징한다.

코마레스궁을 나와 아라야네스 정원을 건너면 사자궁이 나타난다.

유스프의 아들 무하마드 5세는 나자리 왕국의 정치적 경제적 번영을 바탕으로 아버지가 짓기 시작한 코마레스 궁전을 완성하고 그 옆으로 사자궁을 지었다.

사자궁의 정원에는 124개의 대리석 기둥이 줄지어 서 있고 중앙에 12마리의 사자가 떠받치고 있는 분수가 있다. 분수로부터 흘러나오는 4개의 좁은 수로들은 이슬람교에 믿는 천국의 4대강인 유프라테스강, 나일강, 시란강, 지란강을 상징한다.

술탄의 권력을 보호하는 상징적 존재인 사자의 입에서 흘러나오는 물은 생명과 모든 사물의 시작과 끝을 상징한다. 사자 분수대 주위의 열쇠 구멍 모양의 궁전 창문은 열쇠가 구멍을 만날 때 알라가 오신다는 가르침을 의미한다. 이곳은 하렘으로 왕 이외의 남성은 출입할 수 없었다.

사자궁의 하이라이트는 아벤세라헤스의 방과 두 자매의 방이다. 사자궁의 남쪽에 위치한 아벤세라헤스의 방은 옛날 연회장으로 사용되었으며 15세기 왕의 명령으로 당시 가장 권력이 강했던 명문 가문인 아벤세라헤스 가문의 가족을 암살했다는 옛 소문에서 그 이름이 유래한다. 사각형의 중앙실과 양옆의 구석방으로 구성된 아벤세라헤스의 방의 중앙에는 12각형의 대리석 분수가 있고 천장 윗부분에 있는 창으로 햇빛이 들어와 분수를 비추고 있다. 방 천장은 8각형의 별 모양으로 우주를 상징하고 바닥의 사각

두 자매의 방

아벤세라헤스의 방

형은 지상의 세계를 의미한다.

아벤세라헤스의 방 맞은편에 있는 두 자매의 방은 주거 공간으로 왕실 사람들이 머물렀던 공간이다. 바닥에 나란히 놓인 두 개의 대리석 묘비에서 두 자매의 방이라 불리는 이 방은 역시 중앙실과 양옆의 조그만 방들로 구성되어 있다. 중앙에는 작은 분수가 있고 둥근 천장에는 피타고라스의 정리를 적용시킨 팔각형의 별모양이 수없이 많은 접선으로 이루어져 깊이 있는 공간을 연출한다. 특히 돔 천장은 하루를 지나는 동안 16개의 창문을 통해 들어오는 햇빛이 모카라베 장식들을 비춤에 따라 광활한 우주 속에서 끊임없이 변화하는 하늘의 이미지를 보여 준다.

　궁전 관람의 마지막 코스인 헤네랄리페 정원은 사이프러스 나무로 둘러싸여 있다. 14세기 초 성주의 여름 별장으로 사용한 이곳은 아라베스크 무늬의 조각과 물 그리고 꽃이 어우러져 이국적 향취가 가득하다. 사막 사람들의 물에 대한 동경은 남다르다. 물은 그들에게 생명의 근원이다. 이러한 사막인들이 물이 풍부한 스페인과 만났으니 세상에서 가장 화려한 정원이 나오는 것은 당연하다. 정원의 건축물에 새겨진 벌집 모양의 아치는 물에

헤네랄리페 정원

반사되어 반짝반짝 빛나면서 끊임없이 반복되며 무궁함을 향해 나아가고 있다.

매년 6천만 명이 방문하는 알람브라는 무어식 궁전의 결정판으로 1831년 최후의 무어왕 보압딜이 알람브라 궁전을 내주고 떠나며 눈물을 흘렸다고 한다. 알람브라 궁전의 전경을 보기 위해서는 알람브라 궁전을 나와 맞은편 언덕에 있는 알바이신 지구로 가야 한다. 이곳에 있는 니콜라스 전망대를 가야만 붉게 물든 노을과 함께 더욱 붉어지는 붉은 성의 모습을 감상할 수 있다. 시간을 두고 노을 지는 알람브라를 제대로 감상하고 싶다면 니콜라스 광장 바로 옆에 있는 2층 식당을 추천한다.

테이블이 많지 않은 2층 식당에 들어서면 활짝 열어 놓은 식당 창밖으로 알람브라 궁전의 모습이 펼쳐져 온몸에 전율이 일어난다. 식당 안은 능숙한 기타리스트의 라이브 연주로 슬프면서 매혹적인 〈알람브라의 추억〉이 잔잔히 흐른다.

식당의 메인 메뉴인 스테이크와 포도주로 감미로운 식사를 마칠 즈음 알람브라 궁전 뒤로 딸기 아이스크림처럼 부드러운 노을이 지기 시작한다. 식사 후 주문한 포도주와 비린내가 전혀 없는 고급 하몽이 곁들여지면 시뻘건 노을이 점점 붉은 성 뒤로 내려앉는다. 붉은 포도주와 맛있는 붉은 하몽을 먹으면서 바라보는 붉은 노을과 붉은 성의 모습은 무아지경이다. 캄캄한 밤이 되자 아름다운 금빛의 알람브라 궁전이 어둠을 뚫고 그 자태를 드러낸다. 빛나는 알람브라를 보고 또 보고 있으면 달콤한 샹그리아와 음악에 취하고 노을과 시간에 취하면서 살아 있다는 사실만으로도 나의 삶이 얼마나 찬란하게 빛나고 있는지 알게 된다.

이글거리는 얼굴 표정과 핏줄이 선 손, 그리고 쫓겨난 독재자 피에로와 그를 비호하는 세력들이 있는 로마를 향하고 있는 눈. 다비드 조각상이 시청 앞에 세워지자 피렌체의 시민들은 환호했다. 승리를 즐기는 다비드가 아니라 적을 바라보며 긴장을 가지고 있는 모습 속에 독재에 항거하는 영원한 혁명 정신을 보여 주고 있기 때문이다.

피렌체 중앙역을 나서면 맞은편에 우아한 르네상스 양식의 산타 마리아 노벨라 성당이 보인다. 이곳에 르네상스의 거장 마사초의 〈성삼위일체〉가 있다. 원근법을 이용해 회화 사상 처음으로 그림 위에 사람이 두 발로 서게 한 마사초의 작품답게 〈성삼위일체〉는 분명히 벽에 그려진 것이지만 마치 벽을 파고 조각한 것 같은 입체감을 보여 준다. 원근법을 창시한 마사초는

미켈란젤로 언덕에서 본 피렌체 전경

2차원 회화 속에 3차원의 공간을 표현하고 있다. 작품에서 기도하는 기부자 뒤로 성모 마리아가 보이고 다시 그 뒤로 예수와 하나님이 있다.

중세 이전의 고대 그리스 로마 시대에는 놀라운 수준의 문명이 꽃을 피웠다. 모든 서구 문학과 철학의 근원이 되었던 호메로스의 〈일리아드〉와 〈오디세이〉가 있었고, 소크라테스와 플라톤, 아리스토텔레스 등 고대 철학자들이 있었으며 건축의 원형을 보여 주는 파르테논 신전이나 아름다움의 상징인 비너스와 아폴론 조각상 역시 이 시대에 제작되었다. 고대의 놀라운 문명은 기독교가 중심이 되는 중세 시대에 사라졌다가 1,000년이 지난 15세기

르네상스 시대에 다시 활짝 피기 시작했다. 세계의 주인이 신이 아닌 인간으로 대체된 이 혁명적인 변화의 중심에는 원근법이 있다. 멀리 있는 것은 작고 희미하게, 가까이 있는 것은 크고 명확하게 표현하는 원근법은 신 중심의 사고에서 벗어나 인간의 눈높이에 맞추어 세상을 바라보기 시작했음을 상징한다.

산타 마리아 노벨라 성당을 나와 베키오 다리를 건너면 소박한 형태를 지니고 있는 산타 마리아 델 카르미네 성당이 나온다. 이곳에 있는 브랑카치 예배당에 마사초의 또 다른 작품 〈낙원에서의 추방〉이 있다. 튼튼한 아담의 몸과 격한 감정을 드러내는 이브의 얼굴을 통해 아담과 이브가 중세 회화의 초라한 죄인에서 고대의 영웅처럼 당당한 인간의 모습으로 변모하고 있다. 미술사적으로 커다란 의미를 가지는 이 작품에서 신에 의해 심판받거나 구원받아야 하는 기존의 약한 인간이 자기 감정을 스스로 가지는 주체적 인간의 모습으로 새롭게 탄생하였다.

다시 베키오 다리를 건너 피렌체의 중심으로 들어가면 시뇨리아 광장이 나온다. 14세기 피렌체 정치의 중심 무대가 되었던 이곳에는 94미터 높이

동방 박사 세 사람의 예배

로렌초 데 메디치

의 베키오 궁전과 우피치 미술관이 있다. 베키오 궁전은 피렌체의 정치를 총괄하는 메디치 가문의 궁전으로 지금은 시청으로 사용하고 있다. 세계 최고의 르네상스 미술관인 우피치는 영어로 오피스Office, 즉 사무실이란 뜻으로, 메디치가의 코시모가 사무실로 지은 건물이다. 이후 메디치가가 대대로 소장해 온 미술품들을 전시하면서부터 미술관의 시초가 되었다. 이곳에 입장하면 〈동방 박사 세 사람의 예배〉라는 작품이 있다. 보티첼리가 메디치 가문의 후원으로 그린 작품 속의 인물들은 메디치가의 사람들이다.

그림 중앙에서 성모 마리아의 앞에 두 손을 모은 노인이 메디치 가문을 일으킨 '코시모'이고 그 아래로 빨간 망토를 두른 이가 그의 아들 '피에로'이며 오른쪽에서 까만 옷을 입고 칼을 찬 인물이 손자 '로렌초'이다. 보티첼리는 작품 왼쪽 끝에서 무심한 얼굴로 우리를 쳐다보고 있다.

피렌체의 예술과 건축을 꽃피우며 르네상스 시대를 주도한 메디치 가문의 코시모는 제약업으로 시작해서 은행업으로 엄청난 부를 쌓았다. 평민 출신인 그는 피렌체의 귀족들과 대립하여 수년 동안 추방당한 후, 민중의 지지와 막강한 부로 정권을 장악하였다. 피렌체 공화국의 발전에 기여한 공으로 '국부'의 칭호를 받은 그는 유럽의 16개 도시에 은행을 세우는 한편, 교황청 자금의 유통을 맡아 막대한 재산을 축적했으며 막대한 사재를 투입하여 '플라톤 아카데미'를 만들었다. 코시모는 아카데미의 책임자였던 마르실리오 피치노에게 보낸 편지에서 "자네가 번역한 플라톤의 책을 갖고 가능하면 빨리 돌아오게나. 무엇이 나를 가장 큰 행복으로 이끌어 줄 수 있는지 궁금해서 미칠 지경이야."라고 썼다.

1453년 유럽은 현실을 중시하는 아리스토텔레스의 철학이 지배하고 있었다. 아리스토텔레스는 현실에 대한 분석을 시작으로 사물에 대한 관찰과 이성적 판단에 근거해 사유를 해 나갔다. 그런데 비잔틴 제국에서 피렌체

프리마베라

를 방문했던 사제들이 들고 온 플라톤의 책을 통해 사람들은 눈에 보이지 않는 세계에 관심을 갖게 된다. 그 세계란 사물의 본질인 '이데아'를 의미한다. 플라톤 철학이 지니는 핵심은 초월적 시각이다. 늘 눈에 보이는 현실을 중요시하며 그것을 과학적으로 분석하려고 노력했던 아리스토텔레스 철학에 머물러 있던 코시모에게 플라톤 철학은 새로운 세상을 열어 주는 열쇠였다. 코시모는 아리스토텔레스에게서 볼 수 없던 감성적 직관이나 창조적 영감을 만나면서 수많은 예술가들에게 플라톤의 철학을 배우게 했고, 이것이 새로운 창조의 시대인 르네상스를 여는 결정적인 계기가 되었다.

메디치 가문은 코시모의 손자 로렌초 데 메디치에 와서 가문의 위세가 절정에 이른다. 로렌초는 사랑하는 동생 줄리아노를 위해 마창 시합을 개최한다. 피렌체의 최고 미인 시모네타 베스푸치가 깃발의 모델로 나서게 된 이 시합에서 줄리아노는 당당히 1등을 차지한다. 당시 줄리아노는 사냥과 스포츠에만 몰두하여 여인에게는 관심이 없었으나 우연히 마주친 시모네타에게 반해 사랑의 노예가 된다. 하지만 얼마 후 시모네타가 결핵으로 숨지자 줄리아노의 첫사랑도 산산조각이 나고 줄리아노 역시 파치 가문의 쿠테타로 암살당한다. 우피치 미술관에 있는 〈프리마베라〉에서 시모네타의 모습을 발견할 수 있다.

이탈리아 말로 봄이라는 뜻의 〈프리마베라〉는 고대 신화에서 영감을 받은 작품이다. 가장 오른쪽에서 몸이 얼음처럼 시퍼렇게 칠해져 공중에 떠 있는, 겨울을 상징하는 서풍 제피로스가 요정 클로리를 붙잡으려 하고 있다. 요정은 서풍에게 잡히는 순간 꽃을 상징하는 플로라로 변신할 운명인데 바로 옆의 여인이 클로리가 변신한 플로라이다. 꽃의 상징답게 그녀는 꽃과 꽃잎으로 장식한 드레스를 입고 동산에 꽃을 뿌리고 있다. 화면 한가운데 있는 여인은 사랑의 여신 비너스로 시모네타의 얼굴을 하고 있다.

그녀의 위쪽에는 아들 큐피드가 눈을 가린 채 화살을 쏘고 있다. 큐피드의 화살에 맞는 자는 상대가 누구인지를 불문하고 무조건 사랑에 빠진다. 눈을 감고 쏘아대니 큐피드의 모습에서 사랑은 언제 어디서 맞을지 알 수 없으며 피할 수도 없는 상황을 보여 준다. 손을 잡고 춤을 추고 있는 여인들은 비너스의 세 시녀인 삼미신으로 여성의 아름다운 육체를 보여 준다. 화면 가장 왼쪽, 오렌지를 따고 있는 헤르메스가 보인다.

날개 달린 부츠를 신고 있어서 하늘을 날아다니며 사람들에게 소식을 전해 준다. 헤르메스는 상인들의 수호 성인이기도 해서 상업을 중요하게 여긴 피렌체에서 특별한 존경을 받았다. 이 작품은 메디치 가문이 파치 가문을 비롯한 그들의 정적들을 피렌체에서 완전히 제거한 후 정치적 안정을 되찾은 시기에 주문한 작품으로 추운 겨울이 가고 봄이 오듯 자신들의 도시인 피렌체에도 중세가 가고 예술과 학문 분야에서 찬란했던 고대가 부활하고 있음을 봄이라는 주제를 통해 상징적으로 보여 준다.

1492년 로렌초가 죽자 그의 아들 피에로 데 메디치는 독재 정치를 펼치다 얼마 가지 못하고 로마로 쫓겨난다. 수도사 사보나롤라에게 권력이 이양되지만 근본주의자인 그도 역시 얼마 지나지 않아 시뇨리아 광장에서 화형당한다.

이어 집권한 사람이 소데리니 장관과 마키아벨리이다. 그들은 피렌체 재건을 약속하며 재건의 상징으로 많은 조각가들이 도전을 포기하는 바람에 오랫동안 버려진 4미터의 대리석을 조각할 예술가를 찾게 된다. 처음에는 레오나르도 다빈치가 추천되었으나 당시 그에게 시작만 할 뿐 완성작이 없다는 결점으로 미켈란젤로에게 그 역할이 넘어갔다. 당시 로마 성 베드로 성당에 있는 미켈란젤로의 걸작 피에타 상이 결정적 계기가 되었다.

대리석을 보면 그 안에 자신이 조각할 인물이 보여 보이는 대로 조각한다는 미켈란젤로는 피렌체의 4미터 대리석의 주인공으로 다비드를 지목한다. 다비드는 구약 성서에서 거인 골리앗이 침략해 오자 돌 하나로 골리앗을 무찌른 영웅이다. 이전의 조각에서 다비드는 언제나 소년으로 묘사되었으나 미켈란젤로는 긴장감 넘치는 청년의 모습으로 다비드를 창조했다. 이는 쫓겨난 독재자 피에로 데 메디치와 그를 비호하는 로마를 향한 저항 정신에 부합하였기 때문이다.

다비드 동상이 있는 시뇨리아 광장에서 골목을 지나면 '두오모'라고 알려진 산타 마리아 델 피오레 성당이 나온다. 두오모는 대성당이라는 뜻으로 스페인어의 '카테드랄'과 같은 의미이다.

〈꽃의 성모〉라는 뜻의 산타 마리아 델 피오레 성당은 1294년 짓기 시작하여 1434년 브루넬스키가 8각형의 거대한 돔을 완성하면서 지금의 모습이 되었다. 성당보다 더 큰 돔을 성당 위로 올리면 성당이 무너지고 말 것이라는 예상을 깨고 브루넬리스키는 외부 돔 안에 작은 돔을 하나 만들어 연결하는 독창적인 설계로 아름답고 거대한 쿠폴라를 만들어 냈다. 두오모는 흰색 일색으로 지어진 중세 성당과는 달리 주황색과 녹색의 대리석을 기하학적으로 배열하여 고딕의 예리함을 표현하였으나 오랜 시간이 지나면서 색들이 변색되어 오히려 유연하면서 여성적인 아름다움을 느끼게 한다. 영화 〈냉정과 열정 사이〉에서 아오이와 준세이가 만나는 장소로, 사랑의 상징이 되어 버린 쿠폴라에 오르면 지나간 첫사랑을 생생하게 살릴 수 있을 만큼 로맨틱한 피렌체 풍경을 감상할 수 있다.

두오모 맞은편에 위치한 산조반니 세례당은 단테가 세례를 받은 곳으로 두오모 이전에 피렌체의 대성당으로 쓰인 곳이다. 이곳에서 3개의 청동문 중 동쪽 문은 기베르티가 공모에 당선되어 1425년부터 1452년까지 약 27년 동안 만들었는데 구약 성서의 10장면을 담고 있다. 르네상스 시대를 열은 신호탄으로 여겨지는 이 문을 두고 미켈란젤로가 〈천국의 문〉이라고 극찬하였다. 피렌체 중심에 있는 세례당의 문을 장식하는 것은 피렌체 사람들에게는 특별한 문화적 자부심이었다. 11~13

다비드

아브라함의 희생

카인과 아벨

세기에 완성한 가장 오래된 첫 번째 청동문은 상인 조합이 돈을 내고 안드레아 피사노가 완성했다. 그러나 나머지 문은 흑사병 때문에 중단되었다. 1401년 흑사병의 위험에서 벗어나자 피렌체 시민은 감사의 뜻으로 세례당의 문 조각을 공개 입찰했다.

이탈리아의 최고의 예술가들이 세례당 청동문 입찰에 참가했으며 공정한 심판을 위해 34명의 지도급 인사들이 심사 위원을 맡았다. 치열한 경쟁을 뚫고 로렌초 기베르티와 필리포 브루넬리스키의 작품이 최종 심사에 올랐다. 브루넬리스키 응모작이 더욱 극적이었지만 기베르티의 작품도 만만치 않았다. 우열을 가리지 못한 심사 위원들이 두 사람의 공동 제작을 권하였으나 브루넬리스키가 자존심을 내세우며 공모전에 사퇴를 해 기베르티의 작품이 선정되었나. 기베르디의 응모작 〈아브라함의 희생〉은 아브라함이 그의 아들인 이삭의 목을 내리치려는 순간 천사가 나타나 아브라함에게 경고하여 살인을 면하게 하는 장면을 연출하고 있다.

작품 전체에 흐르는 표면의 아름다움이 브루넬리스키 작품을 압도했다. 또한 시원한 뒤 공간을 창출하고 있는 세련된 구도에서도 심사위원의 후한 점수를 받았다. 여백이 많은 기베르티 작품이 네 잎 클로버 장식 안에 꽉 차 있는 브루넬리스키 작품보다 재료를 적게 써서 전체 경비가 적게 든다는 점도 계산되었다고 한다.

천국의 문

〈천국의 문〉에서 가장 인기가 있는 작품은 오른쪽 제일 위에 있는 〈카인과 아벨〉이다. 왼쪽으로 밭을 가는 아벨과 양떼를 지키는 카인이 보이고, 멀리 산꼭대기에 제단을 차린 두 형제가 번제를 올리는 모습도 보인다. 중앙에는 카인이 아벨을 몽둥이로 쳐 죽이는 장면이 묘사되어 있고, 왼쪽 상단 귀퉁이에는 늙은 아담과 이브가 대낮의 비극을 눈치채지 못한 채 오두막 앞에 웅크리고 있다.

이 부조의 압권은 오른쪽 하단에 지팡이를 들고 선 카인이다. 동생인 아벨을 죽인 카인은 "네 동생 아벨이 어디 있느냐."는 하나님의 질문에 뻔뻔스럽게 "제가 아우를 지키는 사람입니까."라며 한 손은 삿대질을 하고 있는데 다른 손에는 아우를 죽인 피 묻은 방망이가 들려 있는 장면이다. 카인은 머리를 뒤로 돌리고 있어 동그란 뒤통수만 빤질거린다.

천국의 문은 처음으로 회화적 원근법을 실험한 문이다. 기존의 문과 어떻게 다른지 세례당을 왼쪽으로 돌아 다른 두 개의 문의 조각상과 비교해보면 금세 알 수 있다. 다른 문과 달리 천국의 문은 세심한 원근법으로 시원하면서 깊은 공간과 표면적인 아름다움을 표현하고 있다. 기베르티는 이 문에 자신과 자신의 아들 초상을 조각했다.

피렌체 르네상스 여행의 마지막 일정은 피렌체 시내가 한눈에 보이는 미

두오모–산타 마리아 델 피오레 성당

켈란젤로 언덕이다. 항상 연인들과 여행객들로 분주한 광장 중앙에는 또 다른 '다비드' 상이 시내를 바라보고 서 있다. 광장 끝에 위치한 테라스에서 피렌체 시내의 전경을 바라보면 유유히 흐르는 아르노 강 위로 한가운데 두오모가 하늘을 향해 꽃처럼 피어 있다.

주황색 지붕으로 가득 찬 도시 위로 더욱 진한 오렌지색 석양이 내려앉자 피렌체는 타들어갈 듯 붉어진다. 붉은색 노을 아래 붉은색 지붕을 가진 열정적인 피렌체 시민들이 르네상스 시대를 열면서 무엇을 열망했는지 생각해 본다. 그들이 이상으로 삼았던 '오디세우스'의 이야기가 떠오른다.

트로이와의 전쟁을 10년간 겪은 그리스의 영웅 오디세우스는 신들의 저주로 자신의 고향 그리스로 돌아오기까지 10년의 세월을 보낸다. 자신의 고향 근처에서 마지막 조난을 당한 오디세우스는 여신 칼립소의 섬에 도착해 칼립소와 사랑에 빠지게 된다. 아름다운 여신 칼립소는 인간인 오디세우스가 언젠가 죽는다는 사실을 알고 신들의 음식인 넥타와 암브로시아를 건네며 영원한 생명을 선사하려 한다. 칼립소의 제안을 받은 오디세우스는 몇 주 동안 바다를 보며 고민한다. 그 바다 건너에는 무려 20년간 떠나 있던 그의 고국이 있다. 고국으로 돌아가야만 남편, 아버지 그리고 국왕이 되어 잘못된 악행을 바로잡을 수가 있다. 오랜 고민 끝에 오디세우스는 영원불멸의 존재가 되라는 제안을 거절한다. 칼립소의 섬에는 예측할 수 없거나, 불안하거나, 구할 수 없거나, 자유롭지 못한 것은 없지만 오디세우스가 전부를 던질 만한 미래가 없었다. 인간으로서 죽을 수밖에 없으며 그 한계로 살아 있을 때의 열렬한 사랑과 감정을 알고 있는 오디세우스에게 모든 것이 주어진 채 아무런 일 없이 영원이 산다는 것은 지옥이었다. 인간으로서 나약하고 아프지만 그래서 위대해질 수 있는 삶은 인간에게만 주어지는 특권임을 오디세우스는 알고 있었다.

르네상스 시대의 사람들은 단순히 현재 자신의 모습을 수용하고 자존감만을 가지는 데 만족하지 않고 고난과 아픔 속에 새로운 자유와 삶을 쟁취하는 것이 진정한 인간의 길임을 자각했다.

아시아와 유럽을 가르는 제국의 심장,
터키

〈스타워즈〉의 배경이 되었던 터키의 심장 카파도키아는 300만 년 전 화산 폭발과 대규모 지진으로 회색빛 응회암으로 뒤덮였다. 그 후 오랜 풍화 작용을 거쳐 기괴한 암석을 형성했고, 사람들은 암석에 굴을 뚫어 수천 개의 집과 수도원들을 만들었다. 코발트빛 푸른 하늘을 배경으로 우후죽순처럼 솟아 있는 집과 수도원을 바라보고 있으면 여행자는 마치 지구를 벗어나 새로운 별에 발을 들인 듯 희열을 느낀다. 특히 상상력의 바위라 불리는 데브렌트는 다양한 회색 바위들이 드넓은 들판에 물결치듯 펼쳐져 있어 숨 막힐 듯한 풍광을 선사한다. 이른 새벽 열기구를 타고 하늘을 오르면 태곳적 원시의 자연과 형형색색의 열기구들이 어우러져 환상적인 광경을 펼친다. 신의 눈높이에서 카파도키아와 떠오르는 태양을 보고 있으면 전능한 신과 자연의 기운이 나를 감싸며 나를 신성하게 한다. 터키의 백미는 대

카파도키아

자연의 울림을 주는 터키 중부 지방 카파도키아와 다양한 문화로 융합된 수도 이스탄불이다.

터키의 90퍼센트는 이스탄불이라고 말한다. 로마와 비잔틴 그리고 오스만 투르크 등 세계 역사를 주름잡았던 제국들이 차례로 수도로 삼았던 이스탄불은 그 자체가 인류의 역사이다. 아야소피아, 토프카프 궁전, 그리고 아시아와 유럽을 잇는 보스포루스 해협에 있는 돌마바흐체 궁전으로 대표되는 이스탄불의 구시가 유적은 동서 갈등과 화합의 인류 역사가 빚어 낸 최고의 인류 박물관이다.

특히 기독교의 성당인 아야소피아와 이슬람교의 사원인 블루 모스크가 천 년의 시차를 두고 마주하고 있어 동양과 서양이 만나는 역사의 한복판에 들어와 있는 묘한 감동에 휩싸인다.

우리와 형제의 나라라고 불리는 터키의 역사는 그리스 출신인 비자스라는 인물이 지금의 이스탄불에 비잔티움이라는 도시를 건립하면서 시작된다. 비잔티움은 곧 로마에 복속되었고 서기 324년 정적 리키니우스를 추적해 온 콘스탄티누스 황제가 정적을 죽이고 이곳으로 수도를 옮겨 '콘스탄티노플'이라 칭하고 동로마 제국을 선포하지만 불과 7년 후인 337년에 죽음을 맞는다. 그 뒤를 이은 유스티니아누스 황제 시대부터 콘스탄티노플에는 아야소피아를 비롯하여 수많은 건축물이 지어지며 천 년이라는 긴 시간 동안 기독교의 시대를 거친다.

1453년 오스만 제국의 지배자 술탄 메흐메드^{Mehmed}가 비잔틴 제국의 마지막 황제 콘스탄티누스 11세를 죽이고 이곳을 정복하였다. 그는 수도의 이름을 이스탄불로 이름을 바꾸고 토프카프 궁전과 이슬람 사원 등을 지으며 신생 제국의 위상을 떨친다. 그로부터 400년이 흘러 19세기가 되자 오스만 제국의 쇠락이 시작되고 1차 대전 이후로 국부로 불리는 아타튀르크가 앙카라를 중심으로 국가 재건과 독립운동을 전개하여 터키 공화국을 창건하면서 오스만 제국은 역사 속에 사라진다.

이스탄불에서 역사적으로 가장 중요한 건축물인 아야소피아는 서기 360년, 콘스탄티누스 2세 때 건축되었으며, 532년의 대화재로 소실된 부분을 537년에 유스티니아누스 1세가 재건하였다. 그러나 1453년 콘스탄티누스 11세 때, 오스만 투르크 제국의 술탄 메흐메드 2세에 의하여 콘스탄티노플이 점령당한 후, 이슬람의 모스크로 개조되었다가 터키 공화국이 선포된 1934년부터 '성스러운 지혜'라는 뜻을 지닌 아야소피아 박물관으로 개조되어 일반인에게 공개되었다.

'하늘은 둥글고 땅은 네모나다.'라는 그리스도교의 우주관이 드러나도록 네모난 건물 위에 20미터 높이의 둥근 돔 모양의 지붕을 얹은 아야소피아는 엄청난 돔의 무게를 지탱하기 위해 기둥 없이 30미터의 대형 아치 네 개가 돔을 떠받치는 식으로 건설되었다. 그 특이한 양식으로 아야소피아는 이집트 피라미드와 로마의 콜로세움 그리고 중국의 만리장성 등과 함께 세계 7대 불가사의로 꼽힌다. '그대에게 평화가 함께할지니 나는 온 세상의 빛이다.'라는 구절이 새겨진 성서를 들고 있는 예수가 새겨진 문을 지나 실내로 들어서면 중앙 돔 아래로 이슬람 문자가 새겨진 커다란 원판 4개가 보인다. 이는 알라와 예언자 무함마드를 비롯한 초대 칼리프의 이름으로, 칼리프는 이슬람교의 창시자 무함마드의 후계자를 말한다.

본당으로 들어가 제일 안쪽에 보이는 미흐라브는 이슬람의 성지인 메카의 방향을 표시하기 위해 지어진 것으로 메카의 방향에 맞추어 오른쪽으로 조금 치우쳐 있다. 미흐라브 오른쪽에는 이슬람의 금요일 예배를 위한 설교단인 민바르가 있고 왼쪽은 술탄이 앉은 자리이다. 본당 천장에는 성

아야소피아

모상을 중심으로 오른쪽으로 약간 훼손된 미카엘 천사가 보인다. 1923년 오스만 왕정이 무너지고 나서 터키 공화국을 창건한 아타튀르크 대통령은 1935년 아야소피아를 성당도 모스크도 아닌 박물관으로 지정했다. 그때부터 본격적으로 성당의 복원 작업이 시작되면서 회칠로 덮여 있던 비잔틴 시대의 성모와 예수 등 황금빛 모자이크들이 되살아났다.

아야소피아 성당을 처음 손에 넣은 메흐메드 2세는 성당에 새겨진 성화의 아름다움에 압도되어 성화의 보호를 위해 처음에는 하얀 천으로 가렸으며 이슬람교의 세력이 최절정이었을 때는 성화를 회칠로 가렸다. 나와 다른 가치, 다른 종교를 가지고 있다고 하여도 그들을 존중하는 오스만 제국의 메흐메드 2세로 인하여 오늘날까지 유물이 파괴되지 않고 그대로 보존된 아야소피아는 유네스코 세계문화유산으로 등재되었다.

본당의 불빛을 받아 찬연히 빛나는 천장의 성모와 아기 예수는 황금빛을 배경으로 인자하게 앉아 있다. 인자한 성모의 손이 무릎을 드러낸 아기 예수의 오른쪽 어깨 위에 놓여 있는 모자이크화를 자세히 보면 원근법이 보인다. 유럽에서는 15세기 르네상스 시대에야 시작된 원근법이 11세기 비잔틴 제국에서는 기본 회화 기법으로 이미 사용되고 있음을 보여 준다. 아야소피아 내부에 있는 91개의 채광창은 자연광을 이용해 벽화를 부각시키기 위해 의도적으로 만들었다고 한다.

아야소피아 1층에는 이 외에 고대 페르가몬에서 가져온 대리석 항아리와 구멍에 손가락을 넣고 완전히 한 바퀴를 돌면 소원이 이루어진다는 전설이 담긴 '땀 흘리는 기둥'이 있다.

아야소피아 1층에서 경사진 복도를 따라 2층으로 오르면 〈데이시스 모자이크〉와 엔리코 단돌로의 무덤을 만날 수 있다. '간청, 탄원'이라는 뜻을 지닌 〈데이시스의 모자이크〉는 그리스도에게 죄인을 벌을 가볍게 해 달라고 요청하는 성모 마리아와 세례자 요한의 모습을 묘사한 작품이다. 이 작품은 제4차 십자군이 콘스탄티노플을 점령한 1261년에 제작한 것으로 빛이 항상 등장인물의 오른쪽으로 들어오게 제작하여 수심이 가득한 예수와 마리아 그리고 요한의 얼굴을 효과적으로 보여 준다. 〈데이시스의 모자이크〉 맞은편 바닥에는 엔리코 단돌로Henrico Dandolo의 무덤이 있다. 제4차 십

아야소피아 내부

데이시스의 모자이크

자군의 베네치아 사령관이었던 그는, 이슬람 세력이 아닌 같은 기독교 세력을 공격해 기독교가 동서 교회로 완전히 갈라지게 만든 인물이다. 800년이나 흐른 2001년 교황 요한 바오로 2세는 이 사건에 두 번이나 사과의 뜻을 표명했다. 단돌로의 무덤은 영광은 영광, 아픔은 아픔 그대로 역사를 기억하고 간직해야 한다는 것을 보여 준다.

관람을 마친 후 나갈 때 1층 출구의 천장 뒤편에는 성모 마리아를 중심으로 비잔틴 제국의 황제들이 있는데 오른쪽이 콘스탄티누스 황제이고 왼쪽이 유스티니아누스 황제이다. 출구 앞에 커다란 거울을 갖다 놓아 작품 감상을 돕고 있다. 916년 동안은 교회로, 481년 동안은 모스크로 존재한 아야소피아는 기독교 문화 위에 이슬람교 문화를 입힌 곳으로, 이슬람교 문화위에 기독교 문화를 입힌 스페인의 알람브라 궁전과 함께 대립과 통합의 역사를 한눈에 보여 주고 있다.

유럽과 아시아 그리고 아프리카에 걸친 대제국을 건설한 오스만 제국의 심장으로 영광과 환희, 애환과 음모로 얼룩진 토프카프 궁전은 오스만 제국의 최고 실력자 술탄이 거주하던 궁전이다. 1453년 꿈에도 그리던 이스탄불을 장악한 술탄 메흐메드 2세는 현재의 위치에 궁전을 건립했고 이후 여러 술탄들이 증축을 거듭했다. 15세기부터 20세기 초까지 약 500년간 36명의 술탄 중 18명이 살았던 궁전은 정문 앞에 거대한 대포가 있어서 토프카프라고 불리게 되었다. 토프는 '대포', 카프는 '문'이라는 뜻이다.

4개의 정원이 있는 토프카프 궁전은 정원 주변으로 하렘과 보물관 그리고 정자 등 부속 건물이 있다. 궁전의 입구 정원인 제1정원을 지나 '정의의 문'을 지나면 왕의 즉위식을 비롯해 정복 전쟁의 출정식이 열렸던 제2정원이 나온다. 이곳에서 행해진 가장 인상적인 행사는 3개월마다 있었던 군인들의 급료식이다. 이 정원에서 오스만 군대는 성대한 의례와 함께 술탄이 직접 군인들에게 급료를 주었고 이 행사에는 외국 대사들을 참석시켰다고 한다. 수많은 군인들에게 천문학적인 규모의 급료를 나누어 주는 장면만으로 제국의 위용을 뽐낼 수 있었기 때문이다. 또한 전쟁의 승리나 국가적인 경사가 있을 때에는 술탄이 이곳 광장에서 직접 금화를 뿌리고, 그것을 주우려고 군인과 관료들이 앞다투어 몰려드는 진풍경을 연출했다고 한다.

제2정원 주위에는 왕실 주방이 있는 전시실이 있다. 오스만 제국 전성기에는 왕궁 거주자 5,000명에다 주방에서 일하는 사람만 300명이었고 하루에 도축하는 동물만 200마리였다고 하니 왕실 주방의 크기와 여유를 짐작할 수 있다. 주방에는 당시 사용하던 큰 솥과 주전자, 그릇과 청동 물병, 다양한 수저와 주방 기구들이 그대로 전시되어 있다.

전시장을 나와 술탄의 알현실로 사용되는 제3정원으로 가면 토프카프 궁전의 압권인 보물실이 나타난다. 그중 가장 뛰어난 것은 3개의 큰 에메랄드가 박힌 단검과 황금으로 만든 칼집으로 무수한 다이아몬드가 박혀 있다. 정교한 세공과 화려함의 극치를 보여 주는 이 단검은 오스만 제국의 술탄 마무드 1세가 이란의 나디르 샤가 선물한 황금 옥좌에 대한 답

토프카프 궁전

레로 보냈다가 이란의 복잡한 정치 사정으로 되돌아와 지금은 이곳에 있다. 보물실에서 눈길을 사로잡는 또 다른 유물은 86캐럿짜리 다이아몬드이다. 49개의 작은 다이아몬드가 한 개의 큰 다이아몬드를 감싸며 반짝이는데, 이 86캐럿의 다이아몬드는 세계에서 5번째로 크다.

  술탄과 가족들의 개인 공간이
었던 궁전의 제4정원으로 들어서
면 이슬람의 마지막 선지자 무함
마드의 유품이 전시된 이슬람 성
물관이 보인다. 이곳에는 무함마
드의 수염과 치아, 족적, 칼을 비
롯해 생전에 입었던 외투와 이슬
람 개종을 권유하는 친필 서명의
서신까지 전시되어 있어 종교적
으로 매우 큰 의미를 가지는 곳
이다.

토프카프 궁전 내부

  이 외에 제4정원 주위에는 크
고 작은 방이 250개가 있는 하렘이 있다. 하렘의 입구로 들어가면 미로 같
은 은밀한 내궁이 있으며 그다음으로 하렘의 살림을 맡았던 재무 기관과
중국식 타일로 화려하게 꾸민 궁녀들의 처소가 있다. 하렘의 여인들은 어
쩌다 주어지는 기회를 놓치지 않기 위해 온갖 지혜로 술탄의 사랑을 받고
자 혼신의 힘을 다하였고, 간택되지 못한 여인은 하렘의 부속물이 되어 평
생 한 많은 세월을 보내야 했다. 하렘은 흑인 내시들과 하녀들이 머물던 작
은 방부터 술탄의 아내이자 왕자의 어머니로 막강한 지위에 있었던 왕비의
침실, 도서관과 예배실, 응접실과 식당, 목욕탕과 휴게실에 이르기까지 또
하나의 작은 왕궁을 이루고 있다. 우리가 잘 아는 벨리 댄스는 하렘의 무희
들이 추는 춤으로 온갖 테크닉과 기교를 총동원해 유혹의 몸놀림을 보여
주며 술탄의 선택을 받기 위한 춤이었다.

돌마바흐체 궁전

　이스탄불의 또 다른 궁전인 돌마바흐체 궁전은 원래는 목조 건물이었으나, 1814년의 대화재로 대부분 불타자 31대 술탄인 압둘마지드에 의해서 1856년에 화려한 석조 건물로 재건되었다. 프랑스의 베르사유 궁전을 모델로 하여 외국 사신을 영접하는 기능을 중심으로 지은 궁전으로, 쓰러져 가는 오스만 제국의 부와 마지막 힘을 과시하려는 정치적 목적에서 매우 크고 호화롭게 꾸몄다. '채워진 정원'이란 뜻을 지닌 돌마바흐체 궁전에는 285개의 방과 43개의 홀, 6개의 발코니와 6개의 하맘이 있으며 280개의 화병과 156개의 시계, 56개의 크리스탈 촛대와 36개의 샹들리에로 장식되어 있다. 내부 장식에 무려 금 14톤과 은 40톤을 사용한 궁전은 당시 오스만의 재정 상황으로는 상상조차 하기 어려운 무모한 공사를 벌임으로써 제국의 멸망을 알리는 신호탄이 되었다.

　궁전 안으로 들어가면 4,500킬로그램의 세계 최고의 샹들리에를 비롯하여 벽과 천장의 모든 장식이 금으로 되어 있으며 순금 밥그릇과 산호 손잡이, 유럽 최고의 크리스탈 접시 등에서 화려함의 극치를 확인할 수 있다. 궁전 중앙에 있는 세람르크는 술탄이 공무를 보고, 각국의 대사를 접견하던 장소로 남성만 출입이 가능하였다. 궁전 안쪽에 있는 하렘은 왕실의 가정으로 술탄과 그의 가족들이 살았으며, 터키의 초대 대통령인 무스타파 케말 아타튀르크도 이곳을 관저로 사용하였다가, 1938년 11월 10일 오전 9시 5분에 집무실에서 사망하였다. 그 때문에 집무실과 침실의 모든 시계는 9시 5분을 가리키고 있다.

오스만 제국의 정복 전쟁은 17세기 중반 유럽의 최강국이었던 오스트리아의 합스부르크 왕가를 공격하면서 정점을 찍었다. 그러나 1683년 비엔나에서 일어난 합스부르크와의 전쟁에서 오스만 제국이 패하면서 술탄과 관료들은 물론 군인들까지 이스탄불로 돌아왔다. 이스탄불로 돌아온 사람들은 욕구를 채우기에 급급했으며 방탕한 생활을 이어 갔다. 끊임없이 이어진 방탕한 생활은 그 욕구를 채울 외부적 공급이 줄어들자 내분으로 치달았고 그 사이 500년간 영토 회복의 기회를 엿보았던 유럽 국가들의 반격이 시작되었다. 약 100년간의 힘겨루기 끝에 1789년 프랑스의 나폴레옹이 이집트를 공격함으로서 힘의 균형은 오스만 제국에서 유럽 국가들에게로 기울어졌다. 결국 거대한 오스만 제국은 1차 세계 대전에서 패망함으로서 흔적도 없이 사라지고 마침내 독립 전쟁의 영웅 케말 아타튀르크에 의해 터키 공화국으로 새롭게 탄생한다. 1924년, 터키 공화국은 술탄을 비롯한 술탄의 가족을 터키에서 추방한다.

터키 정부는 이들을 추방하면서 24시간 안에 터키를 떠날 것 요구했는데 재산은 아무것도 가져가지 못하게 했으며, 터키 국민의 자격이 없는 것은 물론, 남자들은 앞으로 50년간, 여자들은 28년간 터키로 돌아올 수 없는 법까지 만들었다. 파리에 정착한 오스만 황족은 몇 달 만에 가진 재산을 탕진하고 제국의 마지막 황태자 오르한은 일자리를 찾아 헤매다가 결국 파리에서 17세의 나이에 브라질로 건너간다. 그곳에서 그는 주물 공장 직원, 선박 화물 인부 등을 하였으나 역시 정착하지 못해 다시 이집트로 간다. 그곳에서 그의 처지를 동정한 이집트 왕자의 도움으로 자동차를 산 그는 장거리 택시 운전사가 되어 생계를 유지했다.

하지만 오스만 투르크 제국의 황태자가 택시 운전사라는 사실은 언론의 관심이 되었고 그는 자동차를 팔고 전업을 할 수밖에 없었다. 그 뒤 자동차 배달부 일을 한 황태자는 교통사고를 당해 몸까지 망가져 일을 그만두고 다음 페루로 건너가지만 그곳에서도 정착할 수가 없어 다시 파리로 돌아와 1957년부터는 파리에서 미군 용사의 묘지를 안내하는 일을 하게 되었다.

오스만 투르크 제국의 마지막 왕손이라는 굴레를 자식에게 물려주고 싶지 않아 평생 독신으로 산 오르한은 돌아갈 수 없는 조국을 방문하고 싶다는 소원을 언제나 안고 살았다. 그래서 시간이 있을 때마다 파리 오를리 공항에 있는 카페에 앉아 이스탄불로 향하는 비행기를 보며 20년을 매일같이 커피를 마셨다고 한다. 이런 사실이 신문을 통해 우연히 터키 국민들에게 알려지고, 황태자가 죽기 전에 조국을 방문할 기회를 주자는 동정 여론이 일어나자 정부도 임시 법을 통과시켜 그를 조국으로 초청했다. 돌마바흐체 궁전에서 태어나고 그곳에서 성장한 오르한이 터키에서 추방당한 것은 그의 나이 15세 때이다. 그가 터키로 돌아와 돌마바흐체 궁전을 다시 찾은 것은 그의 나이 83세가 되던 해로 일주일 동안 그의 모습이 생중계되었다.

성성한 백발에 주름이 깊게 팬 촌로 같은 황태자의 모습에 많은 이들은 슬픔과 연민을 느꼈다. 그렇게 일주일이 지나가고 다시 파리로 돌아갈 시간이 되자 시민들은 아쉬워했다. 비록 황태자가 나라를 잃은 황실의 적통이지만 당시 8세였던 황태자에게 모든 역사적 책임을 전가하는 것은 지나치다는 여론이 우세했다. 또한 터키가 발전해 국제 사회의 인정을 받고 있는 만큼 그가 여생을 조국에서 보낼 수 있도록 하자는 여론도 압도적이었다.

결국 터키 정부는 국민들의 뜻을 존중해 그에게 별장을 마련해 주고 여생을 편히 지낼 것을 정중히 요청하지만 그는 거절한다. "나는 나라를 잃은 죄인입니다. 더욱이 80년 동안 이 나라에 세금 한 푼 내지 않았습니다. 내가 어떻게 다시 이 땅에 발을 붙이고 살 수 있겠습니까? 그것은 오스만 제국의 자존심과 명예에 흠집을 내는 일입니다. 여러분의 용서와 사랑만으로도 저는 이제 죽어도 여한이 없습니다."라는 말을 남긴 채 그는 귀국하고 열흘이 채 지나지 않아 자신의 허름한 17평 아파트에서 삶을 마감했다.

아시아와 유럽을 가르는 보스포루스 해협의 유람선에서 바라보는 이스탄불의 야경은 황홀하다. 어둠이 내린 바다 위로 찰랑대는 검푸른 파도와 바람이, 제국의 심장인 이스탄불의 모스크들이 뿜어내는 불빛과 어우러져 신성 로마 제국과 오스만 제국 그리고 터키 공화국으로 이어지는 터키의 역사를 떠올리게 한다. 그리고 역사에는 절대적인 강자도 약자도 없다는 사실을 새삼 깨닫게 한다.

숨 막히도록 황홀한 아름다움,
노르웨이

노르웨이 하면 무라카미 하루키의 소설 《노르웨이의 숲》이 떠오른다. 방황하는 여행자의 아픈 상처를 숨김 없이 보여 주며 따뜻한 손길로 감싸는 소설이다. 이 책을 읽는 내내 높고 거친 침엽수림이 어른거렸으며 그 속에 햇살이 비치는 작은 양지가 그리웠다. 불안한 영혼의 방황과 아픔을 노래하는 하루키의 《노르웨이의 숲》과 뭉크의 〈절규〉는 너무나 닮아 있다.

노르웨이에서 가장 많은 사람들로 복작거리지만, 어느 시골의 소도시처럼 한적한 곳이 오슬로이다. 이곳 최대 번화가인 카를 요한스 거리에 위치해 있는 노르웨이 국립 미술관은 피카소, 르누아르, 세잔, 마네, 마티스 등 세계적 거장들의 작품들로 가득하다. 가장 눈에 띄는 것은 노르웨이를 대표하는 화가 뭉크의 작품 58점이다. 〈달빛〉, 〈절규〉, 〈마돈나〉, 〈사춘기〉, 〈생명의 숲〉 등 뭉크의 대표작 중 〈마돈나〉와 〈절규〉는 도난으로 더욱 유명해졌다.

2004년 3명의 복면 무장 강도가 백주대낮에 오슬로 뭉크 미술관에 난입해 당시 관람 중이던 수십여 명의 관람객을 위협하여 너무나 간단하게 〈절규〉와 〈마돈나〉를 훔쳐 갔다. 이들 두 작품을 2006년에 다행히 되찾기는 했지만 노르웨이 경찰은 되찾은 과정에 대한 발표를 거부했고 이는 아직도 미스터리로 남아 있다. 당시 도난으로 〈절규〉는 왼쪽 하단부가 습기로 손상되었고, 〈마돈나〉는 오른쪽 테두리 부분이 좀 찢어지고 마돈나의 팔에 2개의 구멍이 뚫렸다.

풍만한 육체에 흐트러진 머리카락, 발간 입술이 매혹적이지만 무엇인가 불길한 기운이 감도는 〈마돈나〉는, 뭉크가 자신을 배신한 여자에 대한 증오 때문에 그린 작품으로 알려져 있다. 여자를 사랑과 공포의 대상인 팜파탈로 본 뭉크는 여자에 대한 병적인 두려움을 화폭에 담아냈다. 여자의 사랑은 육체적인 것이 아니라 정신적인 죽음으로 본 그는 작품에서 여자를

마돈나

절규

마돈나이면서 메두사로 표현하고 있다. 저항할 수 없는 관능적인 아름다움으로 여자는 남성을 종속시키며 스스로 사랑을 만끽하는 모습을 보여 주고 있지만 그녀 역시 불안한 미래가 닥쳐 올 것임을 작품 전반의 분위기가 암시하고 있다. 사랑과 죽음 그리고 환희와 고통의 모습이 교차하는 마돈나의 모습에서 인간 존재의 복잡성과 유한성이 번뜩인다.

뭉크는 〈절규〉라는 제목으로 총 4작품을 그렸다. 최초로 유화 작품을 그리고 이어서 3점의 작품을 더 제작해 연작이 되었다. 유화 작품은 오슬로 국립 미술관이 소장 중이며, 템페라 작품과 판화 작품은 뭉크 미술관, 마지막 하나의 작품은 노르웨이의 억만장자 피터 올슨이 소장하고 있다.

우리에게 가장 잘 알려져 있는 〈절규〉는 오슬로 국립 미술관이 소장하고 있는 유화 작품이다. 우울하면서 복잡한 붉은 구름이 하늘을 뒤덮고, 다리 난간에서 한 인물이 공포에 질린 채 일그러진 얼굴로 절규하고 있다. 그는 자신의 절규에 저도 모르게 귀를 막고 있으나 그 무서운 상황으로부터 도망칠 수 없다. 절규는 바로 자신에게서 나오는 것이기 때문이다. 소리 높여 우는 인간은 파도치는 구름과 강물의 리듬처럼 주위와 하나가 된다. 하늘과 다리 밑으로 흐르는 강물도 악몽처럼 메아리친다. 〈절규〉는 빠르게 변화하는 세상에서 자신의 영혼을 잃어버린 채 살아가는 불안한 현대인의 모습을 보여 준다.

국립 미술관을 나와 뭉크의 작품들을 만끽하고 싶다면 뭉크 미술관으로 가면 된다. 뭉크 미술관은 1944년 뭉크가 세상을 떠나면서 자신의 모든 작품을 오슬로 시에 위탁하자 1963년 그의 탄생 100주년을 기념해 개관하였다. 뭉크 미술관에는 역시 〈절규〉와 〈마돈나〉를 비롯하여 〈사춘기〉, 〈병실에서의 죽음〉, 〈붉은 덩굴 풀〉 등이 있다.

오슬로에는 뭉크 이외에도 여행객들의 발길을 세우는 유명한 관광지로 국립 오페라 하우스와 비겔란 조각 공원이 있다. 총 건축비 5억 유로(우리 돈 약 7500억 원)이 투입된 오페라 하우스는 2003년부터 공사를 시작해 5년 만에 완성되었다. 32미터의 높이에 1,364석의 규모의 메인 무대를 갖추고 있

오페라 하우스

비겔란 조각 공원

는 오페라 하우스는 440여 석의 중 극장 2개를 비롯해 연습실 등 1,100개의 방을 갖추고 있다.

오페라 하우스의 실내는 어두운 갈색 참나무로 만들어졌으며, 최고의 음향 수준을 자랑한다. 오슬로의 오페라 하우스가 여행객의 이목을 끄는 이유는 그 외관에 있다. 깎아지른 빙하 침식 지형인 피오르 해안에 지어진 오페라 하우스는 대중 친화적인 최첨단 디자인으로 건물의 반이 바다에 걸쳐 있고, 지붕은 스키 슬로프 형태로 완만한 경사를 이루며 바다로 떨어진다. 사선의 하얀색 대리석 지붕 위에서 사람들은 자유롭게 산책과 피크닉을 즐길 수 있으며, 바다로 이어진 슬로프 끝에 앉아 물장난을 치거나 수영도 할 수 있다. 대중이 자유롭고 쉽게 접근하는 것을 가장 중요한 요소로 보고 지은 오페라 하우스는 북유럽의 기념비적인 건축물로 날로 유명해지고 있다.

연간 100만 명이 넘는 관광객이 찾는 비겔란 조각 공원은 노르웨이의 조각가 비겔란이 1915년부터 오슬로 시의 지원으로 지은 세계 최대의 조각 공원이다. 정면 입구에서 850미터에 이르는 직선 축을 중심으로 청동, 화강암, 연철로 조각된 그의 작품 212점이 전시되어 있는데, 이것은 인간의 탄생에서 죽음까지의 모든 삶의 모습과 감정 등을 표현하고 있다. 입구를 지나 보리수 가로수 길을 가로지르면 연못이 있고 그 위의 다리 위에 58점의 청동 조각상이 여행객을 처음으로 맞이한다.

인생의 다양한 모습을 연출하고 있는 청동 조각상 중 가장 인기를 끄는 것은 성난 꼬마를 연출한 〈신나타겐〉이다. 이 동상은 인어공주 동상처럼 무지로 인해 예술품을 파괴하는 반달리즘의 희생물이 되어 페인트를 뒤집어쓰고 다리가 잘리는 등 수난을 겪으면서 더욱 유명해졌다. 다리 아래에는 8명의 아이가 인생의 시작을 알리는 태아를 둘러싸고 있다. 다리를 지나 정면 분수대에 이르면 6명의 거인이 물이 넘치는 큰 대야를 높이 들고 서 있다. 분수대를 지나 계단을 오르면 조각 공원의 하이라이트인 〈모노리트〉가 보인다.

화강암으로 만든 17미터의 둥근 기둥 안에 121명의 남녀노소가 위로 올라가려고 서로 밀고 당기는 모습이 담긴 〈모노리트〉는 세 명의 석공이 14년에 걸쳐 완성한 작품으로 영원한 삶의 굴레를 보여 주고 있다. 이 역동적인 탑 뒤에는 해시계가 설치되어 있고 그 옆으로 7명의 사람이 수레바퀴를 만드는 조각상이 인생의 윤회를 상징하고 있다.

공원 남쪽에는 비겔란이 생전에 거주했던 집과 작업장이 박물관으로 조성되어 있는데 이곳을 방문하면 공원 내의 조각을 작업하던 흔적이 남아 있어 더욱 생생한 감동을 느낄 수 있다. 비겔란은 공원의 전체를 디자인했지만 완성을 보지 못하고 1943년 세상을 떠났다.

노르웨이의 수도 오슬로 시내를 여행했다면 노르웨이 여행의 하이라이트인 피오르를 감상할 시간이다. 가장 많은 여행자가 방문하는 송네피오르는 세계에서 가장 길고 깊은 피오르를 보여 준다. 이곳은 날씨가 맑을 때도 좋지만 비가 약간 내리는 날에 방문한다면 원시 시대의 무시무시한 아름다움을 느낄 수 있다. 피오르

모노리트

는 빙하의 압력으로 깎여진 U자 협곡으로 내륙의 중간을 칼로 찢어 놓은 것처럼 내륙 깊숙이 바닷물이 들어차 마치 넓은 강이나 호수처럼 보인다. 빙하가 깎아 낸 피오르의 수심은 수백 미터에 달하며, 인근 바다보다 더 깊은 곳도 있다. 병풍처럼 늘어선 절벽은 1,000미터를 넘으며 그 사이로 쏟아져 내려오는 폭포들은 장엄한 장면을 연출한다.

송네 피오르를 감상하기 위해서 오슬로에서 뮈르달행 기차를 타야 한다.

뮈르달은 산 위에 있는 역으로 마치 화성에 온 듯 식물은 보이지 않고 기괴한 암석들과 바위들로 둘러싸여 있다. 여름이지만 뮈르달이 있는 산 정상은 불어오는 바람으로 쌀쌀하다. 뮈르달에서 플롬행 산악 기차로 갈아타면 기차는 수직으로 내려가다가 다시 철로를 따라 지그재그로 내려가기를 반복한다. 그러고는 시원한 물소리와 함께 웅장한 93미터 높이의 키요스 폭포가 나타나면 기차가 멈춘다. 야성미 넘치게 쏟아지는 폭포를 감상하기 위해서다. 승객들이 내려 폭포를 감상하고 있으면 폭포 밑으로 한 여인이 나타난다. 그녀는 손짓으로 여행자를 유혹한다. 비현실적인 연출이지만 여인을 따라 폭포를 향해 가면 그곳에 싱그러운 세상이 숨어 있을 것 같다.

뮈르달에서 플롬까지는 20킬로미터에 불과하지만, 표고 차가 860미터에 달해 거의 수직으로 내려간다. 기차가 360도 회전해 철로가 절벽 아래에 놓이면 여행자들은 자기도 모르게 탄성이 나온다. 세상에서 가장 아름답고 환상적인 풍경을 선사하는 철로 중 하나이다. 플롬은 인구 500명에 불과한 산속 작은 마을이지만, 피오르 여행자들의 필수 코스로 연간 방문객이 50만 명을 넘는다.

우리나라의 통영처럼 한눈에 들어오는 아담한 플롬 항구에서 본격적인 피오르 관광이 시작된다. 산과 하늘 그리고 구름을 거울처럼 반사하는 물

피오르

살을 가르며 유람선이 미끄러지듯 움직여 나가면 유람선 뒤로 폴롬은 그 모습을 완전히 드러내었다가 점차 사라져 간다. 마을은 보이지 않고 유람선이 협곡의 구비를 돌아가자 피오르의 장대한 자태가 서서히 나타나기 시작한다.

협곡의 깊이와 호수의 고요함이 절묘하게 어우러진 피오르의 무시무시한 아름다움이 시작되었다. 유람선에 탄 세계 각국의 여행자들은 넋을 빼앗긴 채 카메라 셔터를 누르는 데 여념이 없고 출발부터 따라나선 갈매기는 힘든 줄 모르고 펄럭이는 노르웨이 깃발 사이를 오간다. 잉크색 물살을 가르며 놀고 있는 바다표범들의 서식지를 지나 협곡으로 쏟아지는 거대한 폭포 앞에 도착하면 배를 잠시 정지시킨다. 폭포에서 떨어지는 물을 받아 마시기 위해서이다. 대자연의 물을 마시는 여행자의 얼굴은 새로운 생명을 얻었다는 듯 연신 싱글벙글하다.

자연의 종합 선물 세트라 할 만한 피오르 한복판에 이르자 모든 여행자들이 말이 없다. 간간히 사진을 찍는 사람들 외에 모두 깊은 사색에 잠겨 있다. 무아지경이다. 고요와 평화로움을 맛보는 2시간 동안의 피오르 여행을 끝내고 나면 유람선은 구드방겐에 도착한다.

협곡에 자리 잡은 구드방겐은 자연과 호수 그리고 숲이 하나로 된 수정같이 아름다운 도시이다. 피오르 주위는 대체로 자연 조건이 험하지만, 농사를 짓거나 목축 또는 어업을 할 수 있는 지역에는 아름다운 마을이 점점이 형성돼 있다. 이곳에 이르면 "하루라도 더 있고 싶다", "여기서 여행을 끝내고 그냥 푹 쉬고 싶다."라고 사람들은 하나같이 이야기한다.

버스로 갈아타고 계곡과 산허리로 이어진 험준한 도로를 오르자 협곡과 호수, 마을이 어우러진 풍경이 펼쳐진다. 산간 마을 보스에 도착해 다시 버스를 타고 1시간 더 달려 가장 가까운 기차역으로 와서 베르겐행 기차를 타면 송네 피오르를 감상하기 위한 대장정은 끝이 난다.

사진 속에서 보던 깎아지른 절벽에서 장대한 피오르를 발아래 두고 한눈에 감상하고 싶다면 베르겐에서 스타방게르로 가야 한다. 스타방게르에 도착하면 30분에 한 대씩 운행하는 페리를 타고 타우로 이동한다. 그러고 나서 버스를 타면 프라이케스톨렌을 오르는 정류장에 데려다준다. 정상의 바위까지는 왕복 7.6킬로미터로 4시간 소요된다.

중간중간 빨간색 T로 표시된 이정표를 따라 가파른 바위산을 올라가면 중간쯤 평지의 숲길이 보인다. 그러나 정상에 다가가면 다시 아득한 돌산이 이어지고 심한 바람이 분다. 심한 바람으로 호흡을 가다듬고 심기일전하여 마지막 힘을 내어 바위산을 오르면 마침내 프라이케스톨렌이 거짓말처럼 눈앞에 나타난다. 시루떡을 칼로 자른 듯한 프라이케스톨렌 바위에서는 604미터의 완벽한 절벽이 주는 공포 때문에 서 있기만 해도 오금이 저린다. 심한 바람을 뚫고 한 발 한 발 절벽 끝을 향하여 그 끝에 서면 내 발아래 가장 장엄한 피오르가 아득히 펼쳐지고, 이곳에 서 있다는 사실만으로도 가슴이 충만해진다. 황홀한 대자연의 아름다움은 땀과 공포 그리고 자랑스러운 나를 담아내며 한순간에 기분을 고양시킨다.

화려한 야경을 뽐내는 중세의 보석,
프라하

세계적인 여행 정보서 《론리 플래닛》 프라하 편은 프라하에서 오랜 세월 동안 가이드를 한 두 명의 저자가 지은 책이다. 이 책에서 프라하에 가면 반드시 해 보아야 할 하이라이트 3가지로, 새벽안개가 내린 카를교 걷기와 현대 미술관 벨레트르주니 궁전 감상하기, 그리고 레트나 언덕 여름 정원에서 프라하 맥주 맛보기를 추천한다. 이번 프라하 여행에서는 이 세 가지와 함께 유럽 전체에서 가장 화려하다는 프라하 야경을 감상하고 프란츠 카프카를 만나기로 했다.

새벽안개가 내린 카를교를 걷기 위해 카를교가 가까운 곳에 숙소를 잡아 3일 내내 새벽잠을 설치며 카를교를 방문했지만, 쨍쨍한 하늘과 시원한 새벽 공기만이 여행자를 맞이한다. 겨울 우기가 되어야만 안개 싸인 카를교를 볼 수 있다는 것을 뒤늦게 깨닫고 첫 번째 코스는 포기하였다. 그 대신

프라하 야경

카를교를 갈 때마다 항상 사람들로 붐벼 제대로 보지 못하는 네포무크 동상으로 갔다. 얀 네포무크는 남부 보헤미아 필젠 근처에서 태어나 바츨라프 4세의 왕실 신부가 된다. 바츨라프 4세에게는 소피아라는 부인이 있었는데, 그녀는 바람을 피우고 죄책감에 빠져 이를 용서받고자 네포무크에게 고해성사를 한다.

우연히 이 장면을 보게 된 왕이 네포무크에게 고해성사 내용을 말하라고 명령하지만 네포무크는 하나님의 약속이 더욱 중요하다고 하여 거절한다. 격분한 왕은 네포무크를 카를교로 데려가 강으로 떨어뜨려 죽인다. 1323년 3월 20일에 일어난 실화이다. 이를 기념하기 위해 만들어진 네포무크 동상 아랫부분에는 네포무크가 왕비 소피아에게 고해성사를 받는 장면과 카를교에 빠져 죽는 장면을 그린 두 개의 동판화가 있다. 동판화 속에 있는 네포무크를 왼손으로 만지며 소원을 빌면 소원이 이루어진다는 전설이 있다.

두 번째 여행지인 현대 미술관 벨레트르주니 궁전 Veletrzni Palace을 방문했

풍경 속의 자화상

다. 외관상 아주 밋밋한 콘크리트 빌딩이지만 안으로 들어서면 현대적인 장식과 다양한 작품으로 가득하다. 엘리베이터를 타고 3층 유럽 작품관으로 오르면 밀레와 마네부터 피카소, 루소, 클림트, 미로까지 유명한 작가들의 작품이 있다.

여기서 가장 눈에 띄는 작품은 루소의 〈풍경 속의 자화상〉이다. 파리 오르세 미술관에서 〈뱀을 부리는 마법사〉를 접하면서 루소를 알게 되었고 뉴욕 현대 미술관에서 〈잠자는 집시 여인〉을 보면서 루소의 작품 세계에 빠진 나로서는 처음 보는 루소의 자화상이다. 이 작품은 앙리 루소가 전업 화가로 들어서기 3년 전인 1890년에 그린 작품으로 자신이 화가로 우뚝 서겠다는 강한 자신감이 보이는 자화상이다. 작품 속 루소는 화가의 상징인 베레모와 턱수염을 하고 거꾸로 잡은 팔레트를 들고 있다. 거꾸로 잡은 팔레트는 사실적 표현보다는 자신이 하고 싶은 이야기를 그리겠다는 의지의 표명이다. 정면을 바라보며 딱딱하게 취하는 포즈 역시 자신감을 표현하고 있다. 그가 입은 단정한 제복은 화가가 입기에는 불편한 복장으로 자신이 현재 생계를 위해 세관원 신분을 유지하고 있지만 자신의 진짜 모습은 화가라는 생각을 대변하고 있다. 루소의 어눌하고 소박한 표현력과 사실이 아닌 자신의 머리로 지어 낸 원시적이며 환상적인 작품 세계는 20세기 서양 미술의 시대 정신을 선도했다.

　　루소 등 유럽 화가 작품들을
감상하고 2층으로 내려가면 체코
화가들의 작품들이 전시되어 있
다. 특별히 눈에 띄는 것은 의자
와 테이블에 수많은 못을 박아서
서로 엮어 놓은 토니 그래그의
작품 〈사회적 처지〉와 검은 바탕
에 노란 해와 꽃 그리고 침대 위
의 빨간 사람을 그린 얀의 작품
〈클레오파트라〉이다. 또한 열정
적으로 일을 하며 구호를 외치는

클레오파트라

사람이나 오순도순 가족들이 모여서 웃는 모습들을 그린 공산주의 선전 작
품들도 보인다.

　　2층 전시실에서 가장 감동을 주는 것은 공산주의를 벗어난 체코 현대 작
가들의 작품이다. 그들은 감정을 절제하지 않고 인간들이 내면에서 갈망하
는 성적인 환상들을 숨김없이 보여 준다. 어떤 장면은 낯이 뜨거워 볼 수가
없지만 그 성적인 환상 속에 인간이 가지는 허무와 외로움을 고스란히 나
타내며 인간으로 태어난 이상 누구나 아프고 외로우니 너무 힘들어하지 말
라고 나에게 이야기를 건네는 듯하다. 순간 웃음이 터지며 여행 중 외로웠
던 마음들이 눈 녹듯 사라졌다.

　　프라하 현대 미술관에서 빼먹어서는 안 되는 곳이 1층 특별 전시실이다.
프라하가 낳은 천재 화가 알폰스 무하의 경이로운 작품들이 전시되어 있기
때문이다. 이곳을 방문하면 왜 프라하 시민 회관의 정면이 그의 만화 같은
작품으로 도배되어 있고 프라하 도심 중앙에 무하 박물관이 있으며 프라하

성에 있는 성 비타 성당의 스테인드글라스 중 무하의 작품이 왜 가장 빛나는지 알 수 있다.

현대 미술관을 나와 조금 걸어 올라가면 레트나 공원이 나온다. 프라하 성 동쪽에 있는 레트나 언덕은 숲이 우거져 시원하고 전망이 뛰어나다. 언덕 위 정원에 두 군데 비어 가든이 있는데 그냥 숲속에 있는 맥주집이었다. 맥주는 맛있었으나 프라하 어느 맥주집에서나 맛볼 수 있는 맛이었다. 단지 숲속에서 마신다는 것 말고는 별다른 감흥이 없었다. 그래서 점심을 해결하기 위해 시내로 들어와 프라하에서 가장 유명한 우베보두 식당을 찾았다.

입구에 있는 바를 지나 계단을 내려가면 밝고 아늑한 공간이 나온다. 메뉴 중간쯤 1킬로그램이라고 적혀 있는 것이 콜레노이다. 체코 전통 음식이면서 우리 입맛에 맞는 콜레노는 훈제된 돼지족발로 느끼하지 않고 쫄깃한 맛이 일품이다. 1인분이 1킬로그램으로, 2명이서 하나만 주문해도 양이 부족하지 않다. 콜레노와 찰떡 궁합인 체코 전통 맥주인 필스너 우르겔을 곁들이면 체코가 다 내 품으로 들어온 듯 즐겁다. 필스너는 우리나라 맥주와 같이 낮은 온도에서 발효한 맥주로 시원하면서도 목에 감기는 맛이 일품이다. 취향에 따라 흑맥주 코젤을 선호하는 사람도 많은데 첫 맛은 달콤하면서 목 끝까지 시원하게 해 주어 지친 여행자에게 안성맞춤이다.

이제 프라하 시내 곳곳에 있는 카프카를 만날 차례이다. 식당에서 나와 구시가 광장으로 들어서면 동유럽의 진주답게 고색창연한 광장과 교회 그리고 거리가 중세의 빛을 그대로 머금고 있다. 특히 천문 시계탑과 틴 성당 그리고 골즈킨스키 궁전으로 둘러싸인 구시가 광장은 어느새 우리를 중세 속 마을로 데려간다. 구시가 광장의 시청사를 지나면 옛날 교수대가 있었지만 지금은 교수대를 상징하는 섬뜩한 도끼를 심벌로 쓰는 카페 우카타가

카프카 박물관

나온다. 그 앞으로 카프카의 생가가 있다.

4층 집으로 된 생가에는 카프카의 얼굴을 새긴 동상만이 붙어 있고 박물관은 보이지 않는다. 다만 1층 건물에 프란츠 카프카의 이름을 내걸고 영업을 하는 카페가 보인다. 부유한 유대인 상인 아들로 태어난 카프카는 여기서 태어나고 자랐다. 프란츠 카프카의 작품을 볼 수 있는 카프카 박물관은 구시가에서 카를교를 건너면 나타난다.

박물관 정원에는 오줌 누는 사람들을 생동감 있게 보여 주는 다비드 체르니의 조각상과 카프카의 이름 첫 글자인 K를 새긴 큰 조각상이 놓여 있다. 박물관 안으로 들어가면 그가 생전에 남긴 원고와 작품들 그리고 사진들이 전시되어 있다. 특히 이곳에는 한글로 된 안내 책자가 있어 그의 작품과 사진들에 대한 이해를 돕는다.

마지막으로 카프카의 발자취가 남겨져

카프카

있는 프라하 성으로 이동한다. 프라하 성을 입장하여 성 이지 교회를 지나면 황금 소로가 나타난다. 원래 이곳은 성을 지키는 사병들이 살았던 곳으로 16세기 후반 금은 세공사들이 살기 시작하면서 황금 소로라 불렸다. 이곳 22번지에 있는 파란 집에서 카프카는 1916년 11월에서 다음 해 5월까지 《성》을 집필하여 완성하였다. 실존주의 문학가인 카프카는 《성》 이외에 그의 대표작으로 《변신》, 〈심판〉 등을 남겼으며 폐결핵으로 41세에 생을 마쳤다.

그의 작품 《변신》에서 주인공 그레고리는 별다른 취미 없이 가족을 위해서 헌신하며 살아가는 남자이다. 그런데 어느 날 눈을 떠 보니 거대한 벌레로 변해 있었고, 그 때문에 가족들에게 버림을 받는다. 그는 자기가 없어도 잘 살아가는 가족들의 모습을 보면서 나는 왜 그렇게 가족들을 위해 아등바등 살았을까 후회한다. 또한 왜 진작 내가 하고 싶지 않은 일을 그만두지 않았을까 자책한다. 그는 계속해서 나는 지금까지 무엇을 위해 살아왔나라고 묻는다. 소설 마지막에 그레고리는 가족들에게 완전히 버림받고 아무도 지켜 보지 않는 가운데 자신의 무능과 불안을 탓하며 서서히 죽어 간다. 그리고 자신의 돈으로 학원을 다니며 배운 동생의 연주를 들으며 음악과 일상이 얼마나 행복을 줄 수 있는지를 알게 된다.

프라하 성을 나오자 한낮의 더위는 사라지고 기분 좋은 저녁의 공기가 온 몸을 자극한다. 조금 걸어서 스트라호프 수도원이 있는 언덕 위에 서니 파란 하늘과 빨간 노을이 서로 끌어당기듯 어우러져 아름다움을 뽐내고 그 밑으로 프라하가 한눈에 들어온다. 진한 주황색 지붕으로 덮인 도시의 중앙에는 블타바강이 빠르게 흐르고, 멀리 시청사와 틴 성당이 우뚝 서 있다.

프라하 성

인적이 드문 프라하 성 계단을 천천히 내려가니 프라하 특유의 은은한 가로등 불이 켜지면서 시커먼 중세 건물들이 성큼성큼 다가온다.

카를교가 있는 도시로 접어드니 거리에는 삼삼오오 무리 지은 사람들이 저녁 시간을 즐기고, 사람들을 실은 트램들은 시간을 잊은 채 천천히 도시를 횡단하고 있다. 마치 온 도시가 포근한 저녁 빛에 잠겨 세상의 근심 걱정과는 전혀 상관없이 보인다. 야경까지는 시간이 조금 남아 있어 여행자는 가던 길을 멈추고 거리에 있는 카페의 구석진 자리에 앉아 커피를 마신다.

한참을 그렇게 앉아서 아무것도 욕망하지 않고 있는 그대로를 즐겼다. 날이 완전히 어두워져 카페를 나와 카를교가 보이는 강가로 나서자 프라하의 화려한 야경이 눈앞에 펼쳐진다.

언덕 위 수많은 불빛들이 무대 위의 주인공처럼 프라하 성을 비추고 프라하 성에 비친 불빛들이 다시 강물에 비치면서 프라하 성의 야경은 화려하게 춤추고 있다. 세상은 경이로움으로 가득 차 있고 인생은 매 순간 그 경이로움을 만나는 모험 여행이라고 이야기한 《연금술사》의 작가 코엘료의 말을 떠올리며 질리지 않는 프라하 밤의 운치를 즐겼다.